近五百年黄土高原的环境扰动与社会变迁（1449—1949年）

张 萍◎著

科学出版社

北京

内 容 简 介

本书共分五编，每编围绕一个主题，集中探讨了近五百年来以陕西为中心的黄土高原地区环境扰动与社会变迁。重点讨论边缘区与风沙过渡地带的环境利用与社会变迁、复杂地貌条件下的经济运行与市镇成长、脆弱环境下的灾害应对及社会响应、资源匮乏条件下的国家利益冲突与地方调控。旨在以历史发展的视角，观察复杂地貌条件下的人地关系，寻求在当今社会环境中人类与环境如何和谐共处，提供历史的经验。深入剖析了明清以来卫所军制、盐引专卖对传统时期内陆地区的影响。对近代化过程中的罂粟引种、霍乱西进等重大历史事件对黄土高原环境脆弱区的影响也做了解构。

本书可供历史学、经济学等领域的相关人员参阅。

审图号：GS（2019）2749 号

图书在版编目（CIP）数据

近五百年黄土高原的环境扰动与社会变迁：1449—1949 年 /
张萍著. —北京：科学出版社，2019.3
ISBN 978-7-03-060698-3

Ⅰ. ①近… Ⅱ. ①张… Ⅲ. ①黄土高原-生态环境-影响-社会变迁-研究-1449—1949 Ⅳ. ①X171.4②K294

中国版本图书馆 CIP 数据核字（2019）第 040516 号

责任编辑：王　媛　赵云杰 / 责任校对：韩　杨
责任印制：徐晓晨 / 封面设计：楠竹文化

编辑部电话：010-64011837

E-mail: yangjing@mail.sciencep.com

科学出版社 出版
北京东黄城根北街 16 号
邮政编码：100717
http://www.sciencep.com

北京中石油彩色印刷有限责任公司 印刷
科学出版社发行　各地新华书店经销

*

2019 年 3 月第 一 版　开本：720×1000　1/16
2020 年 1 月第二次印刷　印张：15 3/4
字数：287 000

定价：87.00 元
（如有印装质量问题，我社负责调换）

目　　录

图 目 录

表 目 录

引　言

　　中国历史上的环境与社会互动关系研究是近年来历史地理界与环境史界关注的热点问题，它体现了历史学者对当代环境难题、生态危机与人类未来命运的关注，也标志着历史研究观念与方法的变革，以及历史研究领域向纵深方向的发展，是国际史学界的新动向。然而，追本溯源，这一学科动向早在 20 世纪中期的欧美历史地理界就已展开。英国地理学家大卫·哈维（David Harvey）1961 年完成的博士学位论文《论肯特郡 1800～1900 年农业和乡村的变迁》，即以大量的事实论证了 1800—1900 年一百年间英国肯特郡乡村变迁与农业环境之关系，是环境与社会互动研究的一个典范。法国年鉴学派代表学者费尔南·布罗代尔（Fernand Braudel）也认为事件的发生常由动态史的局势和节奏调节，而动态史又受环境的制约，因此其在论著《菲利普二世时代的地中海和地中海世界》（商务印书馆，1996 年翻译版）和《十五至十八世纪的物质文明、经济和资本主义》（商务印书馆，2017 年翻译版）中均将环境与社会的互动关系置于具体研究中,这一研究特点在日本学者的区域社会史研究中表现得也很突出。

　　中国大陆学者从事此项研究的也不在少数。如王晖、黄春长发表了《商末黄河中游气候环境的变化与社会变迁》（《史学月刊》2002 年第 1 期）；冯贤亮写作了《明清江南地区的环境变动与社会控制》（上海人民出版社，2002 年版）；中山大学地球科学系郑卓、张珂主持美国岭南基金会"博雅教育"项目"三峡自然环境与社会变迁"（2004—2006 年）；刘魁立、高丙中主编《阿拉善生态环境的恶化与社会文化的变迁》（学苑出版社，2007 年版）；最有代表性的要数国家新闻出版总署"十一五"重点图书出版规划项目、邹逸麟主编的"500 年来环境变迁与社会应对丛书"（上海人民出版社，2008 年版），全书共五册，分别为《明至民国时期皖北地区灾害环境与社会应对研究》《太湖平原的环境刻画与城乡变迁（1368—1912）》《明清两湖平原的环境变迁与社会应对》《云贵高原的土地利用与生态变迁（1659—1912）》《清代至民国时期农业开发对塔里木盆地南缘生态环境的影响》，覆盖中国五大典型地区——淮河流域、太湖流域、长江中游的两湖地区、云贵高原和新疆塔里木盆地，旨在对明清以来中国代表性地区人地关系的复杂过程进行深入研究。诸如此类的研究近年来一直呈上升趋势，这一研究群体从不同的时段与地区出发，分析了环境变动与社会的应对及变迁，做出了很好的尝试。

黄土高原地处我国西北边疆，南倚秦岭，北抵阴山，西至乌鞘岭，东达太行山，大体包括山西、陕西二省及甘肃、宁夏、青海、河南部分地区，是一个特殊的地理单元：地貌条件复杂，从北到南依次为风沙滩地区、塬梁沟壑区、丘陵沟壑区、流域平原区；社会经济结构特殊，农牧兼营，民族多样，人口稀疏，聚落分散。由于地表千沟万壑，水土流失严重，因此长期以来关于其间的植被覆盖、土壤侵蚀等问题成为学术界关注的焦点，不少地质学家、地理学家、植物学家均投身其中。

20 世纪 60—70 年代开始，以史念海为代表的历史地理学者从环境变迁的角度也投入了相当的研究力度，包括黄土高原的土壤侵蚀、原隰变化、河流水位变动、植被覆盖、生态系统、农牧界线、交通道路、城堡遗址，以及黄土高原生态环境治理对策等诸多内容，并于 2001 年汇集出版了《黄土高原历史地理研究》（黄河水利出版社），皇皇七十余万字，这是从长时段历史时期研究黄土高原环境变迁的力作。它不仅在多数专题研究方向上得出了黄土高原环境演变的经典性结论，在研究方法上也起到了引领作用，现在依然为学界从事这一研究的基本理路。由于史念海先生的关注点主要集中于黄土高原自然地理面貌的变化，故研究时段一般跨度较大，如历史时期周原的演变、农牧分界线的变化，多数上溯至先秦汉唐以来，有些甚至追本溯源，上延至新石器时代。

黄土高原作为中国古代文明发祥地之一，其历史源远流长。在我国四大高原之中，黄土高原也是开发历史最早的地区之一，沧海桑田，自然环境的演变历史悠久。但是，从历史时期来看，黄土高原的人文社会环境变化也是极为剧烈的，而且那些自然环境演变的基本前提，大多建立在人文环境变动基础之上，如人口增加、聚落扩张、荒地开垦所带来的土地利用方式的变化，都在影响着这一地区自然环境的变化。近年来地理学者的研究表明，近三十年来，黄土高原各地区土地利用方式中，聚落变化幅度最大，其次为荒地逐渐减少。如果上溯历史，其实这种趋势至少应持续五六百年了。今天黄土高原地区聚落、城镇、交通以及社会组织稳定到这种状态，大抵可以追溯到明代，明王朝对今天长城沿线山西、陕西、甘肃地域的防卫与开发，将这一地区的交通、城镇、聚落连为一体，加速了这一区域的发展步伐，也影响到这一地区土地利用方式的改变，直接影响黄土高原的环境变迁，而近五六百年又是黄土高原地区环境变迁最剧烈的时期。因此，探讨近五百年来黄土高原聚落、环境与土地利用的变动就十分必要了。

另外，在诸多有关黄土高原自然环境变迁与经济社会发展的研究成果当中，对于人类经济活动影响环境变迁的研究成果相对较多，反之，对于环境变动所引发的社会结构变动这一主题成果相对较少。而黄土高原又是一个典型的环境敏感与脆弱带，如果说在优越的自然环境与经济发达地区，地区社会经济发展常常具有自我调控能力，每遇环境变动都会表现出社会组织的自我调适与应对功能；那么对于黄土高原来说，由于自身抗干扰能力有限，天灾人祸以及相关自然与人文环境的变动，往往会剧烈地改变地方的社会结构，成为社会结构重塑的引发力，地方社会也会在这种轮回起伏当中一次次地被重构。今天黄土高原的社会结构就是在这种一次次历史震荡的过程中，经历了跌宕起伏而最终形成的。因此，选择黄土高原作为典型地区，研究环境对社会的塑造，仍然具有深刻的学术与现实意义，同时具有相当的典型意义。以此为研究点，由浅入深，由表及里，可以进一步加深人们对环境与社会发展互动关系的理解，以及环境在区域社会结构构筑过程中的作用，丰富对中国基层社会历史发展进程的理解。从现实意义来讲，它还可以为我们充分理解今天黄土高原社会结构的形成过程提供历史的依据。

就黄土高原本身来讲，它涵盖的范围较为广大。我国境内的黄土分布区大体在北纬33°—47°。关于我国黄土高原的范围界线问题，大体有三种观点：以张宗祜为代表的地质学家主要以黄土分布的连续性与厚度作为划区的基本依据，把黄土高原的东界划定在山西吕梁山，吕梁山至太行山之间的区域，因黄土分布不连续，而且土层薄，所以未予划入。①以朱显谟为代表的水土保持学家则较多地着眼于水系流域及产水产沙过程的完整性，因而把黄土高原的北界推移到内蒙古大青山、阴山与宁夏贺兰山一线，把内蒙古高原的一部分划了进来。②地理学家则着重从综合自然地理的角度进行分区，普遍主张黄土高原北起长城、南界秦岭、东到太行山，但在东南部是否包括豫西北地区，东北部是否包括河北张家口地区，西部是否包括青海西宁附近地区的问题上，各家仍

---

① 张宗祜：《我国黄土高原区域地质地貌特征及现代侵蚀作用》，《地质学报》1981 年第 4 期，第 308—320、326 页。

② 朱显谟：《黄土高原水蚀的主要类型及其有关因素》，《水土保持通报》1981 年第 3 期，第 1—9 页。

有差异。①但无论如何定义，黄土高原的主体部分均集中在山西、陕西两省，山西、陕西两省黄土高原是我国境内面积最大、最集中的黄土原区（图0-1）。

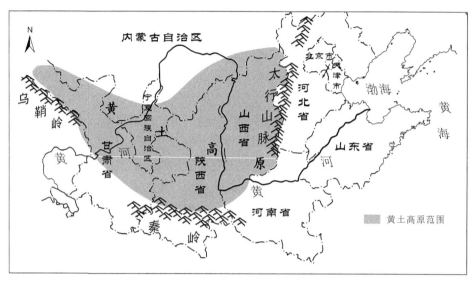

图 0-1   黄土高原范围示意图

本书主要选择了陕西黄土高原为研究单元，探讨了近五百年来这一地区的环境影响因子与整个社会变迁。山西、陕西两省作为面积最大的黄土地貌区，其地貌类型差异很大。山西省大抵位于黄土高原东翼，地貌类型有山地、丘陵、高原、盆地、台地等，而山地、丘陵在其中大约占到80%，高原、盆地、台地等平川河谷只占 20%。大部分地区海拔在 1000 米以上，境域地势高低起伏异常显著。而陕西黄上高原按其基本结构大体可分为北部风沙过渡区、黄土原区、关中平原区，其中黄土原区面积广大，占到陕西全省的40%以上。这些区域塬、梁、沟、峁地貌类型丰富，塬面广大，经济类型多样，同时也是我国历史时期环境变动最大的区域，研究黄土高原的环境与社会关系，这一区域更加具有典型性。

本书研究的时间起始定位于明正统十四年（1449 年）"土木之变"开始。"土木之变"是大明王朝历史的一个转折点，也是明朝对蒙古战争由主动出击到被动防守的转折点，其作用于长城一线，是影响这一区域经济社会结构变化的一个重要历史时期。陕北黄土高原的北界长城即修筑于这一时期，从而改变

---

① 中华地理志编辑部编纂：《中国自然区划草案》，北京：科学出版社，1956 年，第 5 页；任美锷、杨纫章、包浩生编著：《中国自然地理纲要》，北京：商务印书馆，1979 年，第 9 页。

了这一区域的交通、聚落与人口结构，奠定了这一区域社会结构的基本框架，同时也影响到关中地区经济的总体发展方向。截止时间为民国三十八年（1949年），也就是中华人民共和国成立前，前后历时五百年。

从整个篇章结构来看，全书主要由五编构成。

第一编，边疆与内陆：农牧交错带的城镇职能转化与社会变迁。本部分选择了黄土高原北部风沙过渡区作为研究单元，探讨了这一区域整体的社会变动；围绕明代边墙构筑、明代交通线开拓、清代政区整合到民国社会结构的稳固，基本构建起这一区域五百年来经济社会发展的总体脉络。作为黄土高原的南缘，陕北风沙过渡区长期以来是我国北方民族交错区，同时也是北方的农牧交错区，属于自然地理条件下的环境脆弱区，长期以来土地沙化严重，环境保护任务繁重，也是历史地理学者长期研究环境变迁的一个重点区域。近五百年是其环境变化的重要历史时期，与人类活动关系紧密。同时这一地区人口、移民与社会组织的构建也与环境相始终，受到地区自然环境的制约。本编全面研究了这一区域的社会变动过程，对这一区域环境与社会关系进行了系统梳理。

第二编，景观与格局：复杂地貌条件下的市镇成长与社会变迁。本部分选择了黄土高原的两个典型的复杂地貌带，即黄土塬梁区与秦岭北麓山原交错地带，探讨了它们的市镇格局与社会关系。明清时期是中国传统市镇经济发展的重要历史时期，市镇经济也是具有代表性的经济现象。针对这一现象，施坚雅曾做过大量调查与深入分析，江南市镇史成为明清江南经济史中最重要的研究方向。但是对于复杂地貌条件下的市镇经济及其与环境关系的研究却一直较欠缺，黄土高原地区的特殊性决定了它的市镇发展有别于其他区域，它的典型性也不容置疑。这一研究可以加深我们对黄土高原复杂地貌条件下经济成长与环境制约的认识，为新时期城镇经济发展提供历史借鉴。

第三编，生态与社会：脆弱环境下的灾害、瘟疫与社会变迁。黄土高原是典型的生态敏感区与脆弱带，受自然条件限制，经济发展远较东南地区落后，交通阻隔也限制了近代它的经济发展，并且其自然灾害防范效果差，抗干扰能力弱。因此，同等灾害的条件下，饥荒、年馑与人口流亡都成了这一区域的重要表现，在历史上一向影响较大。对于这样的环境脆弱区，如何避免自然灾害所带来的天灾人祸，其历史经验也十分重要，因此，本编选择了民国十八年（1929年）的陕西"大年馑"与民国二十一年（1932年）的陕西霍乱灾害作为研究案例，进一步探讨了脆弱环境下的灾害、防疫、社会与动荡，是加强这一区域防灾应变能力的一个很重要的历史总结。

第四编，制度与空间：社会经济运行与景观多元建构。黄土高原地区的经济发展受自然条件限制较大，从历史时期来看，其经济发展规模与水平受国家经济政策与地方规范的影响巨大，它的发展经常表现出曲折的历程与跌宕起伏，经济的荣枯和国家投入、政府政策性支持关系紧密。近五百年来黄土高原地区诸多经济表现都体现了这一点。因此，本部分选择了三个专题，分别从城镇格局、种植业产业与黄土高原的农业景观等方向探讨了制度与地方政策对形成黄土高原地方景观的关键性作用，为今天的国家政策实施与黄土高原地方社会的建构提供历史案例。

第五编，地方与国家：利益冲突条件下的干预、妥协与调控。黄土高原作为一个地理概念，是中国自然地理单元的重要组成部分，同时它在中国经济发展区域中也占有非常重要的地位。作为国家经济的重要组成部分，地方与国家的关系直接影响到地方经济的发展，同时也经常表现出地方与国家利益的冲突。土盐与官盐的矛盾在这一区域表现得非常突出，直接影响国家税收与民众生活水平。大量盐碱地为土盐的生产提供了环境基础，这是地方自然资源的优势所在，与国家税收的冲突又导致地方政策的矛盾，这种冲突也是黄土高原区域社会的一个特殊表现，明清时期表现十分明显。

总之，本书大多选择的是黄土高原边缘区、过渡带为研究单元，深入剖析了这些区域近五百年来环境与社会发展的内在协调与互动关系；同时也研究了大的气候背景与大的社会变动之下，黄土高原地区作为自然环境的敏感区与人文社会环境的脆弱带，人类对环境的响应过程，希望以此为契机，提供一些可资借鉴的历史经验。

第一编　边疆与内陆：农牧交错带的城镇职能转化与社会变迁

陕西黄土高原北部大体包括今天沿长城以北地区，这一地区正处于我国北方农牧交错地带，也是历史上重要的民族分界线。以今天的鄂尔多斯南缘长城沿线来看，这一地区共分布着6个县，由东向西分别为府谷、神木、榆林、横山、靖边与定边县。从综合自然地理分区上，一般可将其划分为两大部分：一为温带风沙化干草原——淡栗钙土自然地带，其中包括定边、靖边北部黄土高平原滩地湖盆区，榆林、神木、横山西北部高平原沙丘草滩区，府谷黄土丘陵沟谷区；一为暖温带草原化森林草原——轻黑垆土自然地带，其中又可细化为白于山黄土梁塬峁地区和横山、子洲、米脂、佳县、吴起黄土梁峁沟壑区两部分，这两部分的分界线大体以长城为界，略有南移。其中，第二部分在本区域内所涉范围极小，故略而不述。

长城以北的温带风沙化干草原——淡栗钙土自然地带，在地质构造上属鄂尔多斯台向斜陕甘宁拗陷带的一部分。第四纪以来，地壳缓慢上升，这一地区与伊克昭盟（今鄂尔多斯市）西南部连在一起，形成辽阔坦荡但有起伏的高平原地形，海拔在1300—1400米，较干旱；因缺乏流水切割，所以地势起伏小，地面比较平整。但是高平原上仍有地貌分异现象，地表沉积物分布、水文条件以及土壤、植被也有明显的地域性差异，它们相互作用，形成了许多不同的地域类型区，从西向东，变化明显，又可分为三部分（图1-1）。

一是东部定边、靖边北部黄土高平原滩地湖盆区，占有定边和靖边县的北部地区。地表类型主要表现为黄土高平原地域类型，地面平坦完整，起伏较小。地表组成物质为黄土和粉沙，局部地区分布薄层片沙，气候干燥。在高平原中常见滩地分布，由沙及黏土组成，是古代湖泊受气候变化干涸而成；中央低平，低洼部分常集水形成湖沼或盐地，面积大，可达几平方千米，甚至几十平方千米。湖泊也称海子，该自然区湖泊众多，星罗棋布，仅靖边县就有大小湖泊40

图 1-1   榆林地区综合自然区划图①

多处。二是中部榆林、神木、横山西北部高平原沙丘草滩区，占有榆林、神木和横山县的西北部地区。这一地区地势起伏，风沙沉积物厚度较大，且分布广泛，沙丘沙梁波浪起伏，是毛乌素沙漠的组成部分，丘间地和河谷地带有草滩、阶地出现，交错分布，彼此镶嵌，形成各具特色的土地类型区。沙地构成该自然区地域类型的主体，为中生代杂色砂页岩和新生代的河湖相沉积物，结构疏松，极易风化，在风的作用下，常形成连绵不断的沙丘，且以流动沙丘分布最广。滩地少，面积小，且多分布在沙丘之间的洼地区，有些分布在现代水系的

———————————

① 陕西师范大学地理系《榆林地区地理志》编写组：《陕西省榆林地区地理志》，西安：陕西人民出版社，1987年，第 239 页。

上游，原系古河道的谷地，后因沙丘包围，流水线被阻隔切断，形成了现在的内流滩地。该区湖泊也很多，星罗棋布，大小不等，水质较好，水源丰富，或可发展渔业生产。三是东部府谷黄土丘陵沟谷区，几乎占有府谷县全境以及神木县东北部地区。该区地势由西北向东南倾斜，海拔在1000—1200米。地形有黄土梁峁、宽阔谷地和峡谷等，地表沉积物有黄土、红土、沙以及近代河流冲积淤积物等，它们分布不同，形成了不同的地域类型区。

从生产条件来看，定边、靖边北部黄土高平原区，由于土质疏松，土层深厚，耕性良好，大片土地已被开垦种植春小麦、玉米等农作物。滩地则由于地下水位浅，盐渍化严重，形成湿盐碱草滩，生长有各种耐盐植物，如碱蓬、盐蒿、艾蒿和灰条，仅能放牧牲畜。海子多为盐湖和碱湖。定边西北部盐场堡一带，湖水矿化度高达20—40克/升，为产盐基地。榆林、神木、横山西北部沙丘草滩区，流动沙丘冬春季受强盛的西北风影响，大多向东南方移动，常压埋农田，淤塞河道。因此，防风固沙、种植牧草是主要任务。固定、半固定沙丘，以神木和榆神、榆横公路两旁最普遍，它们不同程度地为白草、冷荔、沙蒿、沙竹以及沙柳、柠条所固定，可用作牧场，放牧小牲畜。这里的滩地地势低平，地下水位浅，水源丰富，土质肥沃，夏季水草丰盛，是沙区的绿洲，开发方便，宜牧宜农，适合放牧羊、马和骆驼。农作物可种植春小麦、荞麦、玉米、谷子、马铃薯和甜菜，引水灌溉区能种植水稻。东部府谷黄土丘陵沟谷区，地面覆盖着薄厚不等的黄土和红土层，发育着淡栗钙土、绵沙土等，草场辽阔，可放牧牛、羊、马、驴；在开垦的耕地上，可种植糜子、谷子等作物。皇甫川、清水河、孤山川等河流两岸有较宽阔的冲积阶地，地势低平，便于灌溉，是该自然区主要的粮食基地。黄甫川两岸产粮区有"金皇甫，银麻镇"的美誉。[①]

依据今天的地理分区综合考察，在自然环境恶劣的西北地区，鄂尔多斯南缘（今陕西长城以北）却相对优越，是一片资源丰富的地域。民国时有调查称：河套地区"前套中部砂山连亘，高出黄河水面约一千尺，地势高亢，水分缺乏，沙砾弥漫，蓬蒿满目，颇不宜于农产。惟沿黄河一带及长城附近，地稍平坦，土质较佳。自清康熙末年，山陕北部贫民，由土默特渡河而西，私向蒙人租地垦种。而甘省边氓亦复逐渐辟殖。于是伊盟七旗境内，凡近黄河长城处，所在（皆）有汉人足迹"[②]。这充分肯定了鄂尔多斯南缘地区自然环境的优越性，在

---

① 陕西师范大学地理系《榆林地区地理志》编写组：《陕西省榆林地区地理志》，西安：陕西人民出版社，1987年，第242—244页。

② 督办运河工程总局编辑处：《调查河套报告书》，北京：北京京华印书局，1923年，第219页。

沙漠草原地带，这里不失为水草丰美、宜农宜牧之区。

　　长期以来，鄂尔多斯地区始终是多民族聚居之地，时常成为北方游牧民族与南方农耕民族拉锯战的战场。商周之际，这里分布着鬼方、昆夷、獯鬻、猃狁等部族。春秋战国以降，匈奴族成为这一地域的主人。元朔年间（前 128—前 123 年），武帝拓边，匈奴远遁，西汉王朝在这一区域除沿袭陇西、北地、上郡、云中四郡外，另取秦九原郡西部置朔方郡、东部置五原郡，另置西河郡（西北部辖区），部分附汉匈奴被安置在这一区域。魏晋至隋唐，氐、突厥、回纥等相继占据河套，唐高宗调露元年（679 年）设"六胡州"管理突厥降众。两宋时期，该地区大体为西夏管辖。明代北元王朝建立，鄂尔多斯地区又成为蒙古势力长期占据之地。虽然历史上这一区域不乏州县之设①，但民族的争夺与分割，成为这一地区历史发展进程的主旋律。而这一地区的社会变迁，以及今天社会结构的形成与近五百年来军事战争存在着极大的关系，从边疆到内陆，从军事防线到地区开发，构成了这一地区经济与社会结构性变动的主旋律。

第一节　明代边墙的构筑与沿边军事城镇的商业化

一、明代陕蒙边界区边防体系的构筑

　　明代陕西疆域较今大出许多。其时陕甘尚未分治，陕西北部地区又长期处于战备状态，因此，整个明代，陕北在一统版图上是一片较为特殊的区域。自始至终沿边一带没有形成行政建置上的州县分区，而是军政体制相参而用，营堡、镇寨周密布设。这些军事性营堡的布设又与整个王朝在北部军事防线的进退相一致。

---

① 康熙《延绥镇志》载："延绥镇在周为猃狁，春秋为白翟地，战国时属赵，秦始皇三十二年，命蒙恬略河南，拓榆中地千里，属上郡。汉广为榆，为云中郡之沙南县及五原郡之南兴县地。而榆溪之水出焉，所谓榆溪旧塞是也。东汉因之。晋为九原、云中二县地，属并州新兴郡。隋初，置胜州。炀帝初，州废，置榆林郡，统县三，曰榆林、富昌、金河。有榆林宫，东为榆林关。唐武德中，没于梁师都。师都平，复置胜州榆林郡，领县二，曰榆林、河滨。宋没于赵德明，为夏境。金、元为米脂县地。"（清）谭吉璁纂修，陕西省榆林市地方志办公室编：康熙《延绥镇志》卷 1《地理志》，上海：上海古籍出版社，2012 年，第 11 页。

明初，元朝被推翻以后，其残余势力被驱赶到漠北草原地带。这些残余势力退回草原游牧之区，重整旗鼓，成为朱明王朝的一大对抗势力，不断骚扰明朝北部边境，使统治者深感头痛。所谓"元人北归，屡谋兴复。永乐迁都北平，三面近塞。正统以后，敌患日多。故终明之世，边防甚重"①。

洪武年间，明王朝对北部边疆采取了积极进取的策略，建立起一整套带有攻击性质的防卫体系。以辽东、大同、大宁、甘州为联结点，分设都司与行都司，把所辖的开原、广宁、开平、兴和、宣府、东胜、宁夏的各镇卫联结起来，形成坚固的防线，力图将蒙古势力阻隔在漠北之地。这一防卫体系以辽东、大同、东胜、甘州为主体，基本沿黄河以北布设。陕西深处内地，并非防卫主体，分别设于洪武四年（1371年）、洪武十二年（1379年）的宁夏、甘肃两镇担当了这一带军事防卫的重任。史载宁夏镇"为关中屏蔽，河陇之噤喉……明初既逐扩廓，亦建为雄镇，议者谓：'宁夏实关中之项背，一日无备，则胸腹四肢举不可保也'"②。今天的陕北区域分设有延安、绥德两卫所，与当地的三州、十六县交错管理，军政不分。这是明朝初期陕西作为王朝边防次区而形成的军政体系。这一阶段，与辽东、大同等地相比，陕北布防较弱。宁夏、甘肃两镇驻军不多，以宁夏镇来看，成化以前，镇城兵员约有3.3万，到弘治中降到1.43万余。③甘肃镇军事地位低于宁夏镇，守军也不会太多。今天的陕北区域只设有分驻于延安府与绥德州两地的延安卫与绥德卫两卫所，下辖部分军寨，布军更少。据成书于天顺时期的《大明一统志》记载，延安卫下辖塞门、安定、保安三个守御百户所，绥德卫下仅设有十八军寨。④按照明代卫所规制，大体"系一郡者设所，连郡者设卫。大率五千六百人为卫，千一百二十人为千户所，百十有二人为百户所"⑤。这样计算，延安、绥德两卫所辖兵只有一万余人。正如魏焕所论，"今按河套边墙，自国初耿炳文守关中，已粮运艰远，已弃不守，城堡、兵马、烽堠全无"⑥。

"土木之变"中英宗被掳，明政府与蒙古的争战再度白热化。与此时间大体相当，蒙古军队南进，占据了鄂尔多斯地区。这样，蓟州、宣府二镇成为明朝

①　《明史》卷91《兵三》，北京：中华书局，1974年，第2235页。

②　（清）顾祖禹：《读史方舆纪要》卷62《陕西十一·宁夏镇》，上海：上海书店出版社，1998年，第2942页。

③　艾冲：《明代陕西四镇长城》，西安：陕西师范大学出版社，1990年，第93页。

④　（明）李贤等撰：《大明一统志》卷36《延安府·关梁》，西安：三秦出版社，1990年。

⑤　《明史》卷90《兵二》，北京：中华书局，1974年，第2193页。

⑥　（明）魏焕：《巡边总论·论边墙》，（明）陈子龙等选辑：《明经世文编》卷250，北京：中华书局，1962年影印本，第2629页。

国都北门的重要屏障，开始与大同处于同等重要的战略地位。延绥、山西镇（偏头关）的战略地位也大大提高。经略延绥成为正统以后明政府重要的军事布置。这一时期也就成为陕北军防发展的关键时期。

为了防范入套蒙古部族对延安、绥德与庆阳等地的骚扰，正统二年（1437年），镇守延绥等处的都督王祯开始在榆林一带修筑营堡，设防备敌。沿边共修筑营堡二十四座。[①]这二十四营堡大致分布在榆林边区，今天的长城沿线，所谓"延绥二十五堡（王祯所建二十四营堡与榆林镇城），东自清水营，西至定边营，俱系通贼紧阔处所"[②]。然此二十五营堡驻军尚不多，每堡驻军仅一二百人。成化元年（1465年），延绥总兵官张杰曾论述此事，"延庆等境广袤千里，所辖二十五营堡，每处仅一二百人，难以应敌"[③]，因此防守任务由轮班调派的客兵来完成。

延绥镇守备完善是在成化时期，余子俊筑边墙，改守套为守边墙。成化以后形成了以边墙为防御体系的沿边营堡中心。边墙修筑始于成化九年（1473年）三月，至第二年春夏之交完成。

边墙，今人称之为长城。延绥长城大体分布在今陕西省北部的府谷、神木、榆林、横山、靖边、定边、吴起七县境内，东北起自黄河西岸，西南达于今宁夏盐池县东界，所谓"东起黄甫川，西至定边营，千二百余里，墩堡相望，横截套口"。伴随着延绥长城的修筑，沿边营堡进一步展拓，全线列三十五营堡，外加镇城共三十六处，分东、中、西三路守御，这些营堡大多是在以往营、寨的迁建、挪移后形成的沿长城分布的稳固的边防基地。其中，镇城榆林镇在永乐时只称榆林寨，规模很小，也无防守军兵；正统初年改建为堡，成化七年（1471年）闰九月，巡抚王锐增立榆林卫于此；至成化九年（1473年）六月，迁延绥镇于榆林卫城，成为延绥镇的中心。其他营堡则大部分建于成化七年（1471年）至十五年（1479年），由余子俊督建完成，后历年略有修葺、增筑，至万历时升至三十九座，逐渐形成以长城为防线，沿城墙三十余城堡固定的防守前线。

二、营堡的布设及其规模

自延绥镇建立以后，驻军改过去轮班调操为固定编制，各营堡均有固定的

① 《明史》卷91《兵三》，北京：中华书局，1974 年，第 2237 页。
② （明）余子俊：《处置边务等事》，《余肃敏公集》卷之一，（明）陈子龙等选辑：《明经世文编》卷 61，北京：中华书局，1962 年影印本，第 492 页。
③ 《明史》卷91《兵三》，北京：中华书局，1974 年，第 2237 页。

军额。以万历时各堡驻军情况来看（表 1-1），东路营堡共 12 处，守军 14 496 员；中路 11 城堡，守军 17 850 员；西路 16 城堡，守军 16 693 员。这些驻防军队只是各镇的主兵，尚不包括客兵在内。按照明朝兵制，这种固定驻军往往都是带有眷属定居的军户编制，世代为兵，父死子继。如绥德卫驻军"自父母、昆弟、妻妾、子女，以至婢仆下隶，大户之内，食口浩繁。小户之内，亦不似民户单薄，故按籍则户少而口多"①。当时延绥镇也是如此，《延绥镇志》记本地风俗有论，"榆人每逢佳节，妇子相向而哭于门外，盖百战之后遗戍者多，而阵亡亦众也"②。由于有这种军户，各营堡均形成相对独立的居民群体。从对万历年间各营堡的统计数据来看，营堡规模都比较大，除新兴堡为一里一百四十六步、镇川堡一里三分、镇罗堡三百七丈以及威武、清平二堡分别为二百八十步、三百八十四步，其余均在二里以上。然从史籍记载来看，清平、威武二堡驻军不少，尤其清平堡，万历时驻军达 2224 员，马骡 1598 匹，实际规模恐不至过小。万历六年（1578 年），明政府曾投资，专门修葺、加固沿边城堡，砌以砖墙。为二城砌砖时，量得清平堡边垣长三十一里零二百六十九步，墩台三十一座；威武堡边垣则更长，为三十四里零三百二十一步，墩台二十一座；而城周围凡三里零九十步的双山堡边垣长也不过三十里零四十五步，可见清平、威武二堡实际规模应大于记载数字，《延绥镇志》记载显然有误。③延绥镇各营堡规模以周围二三里者居多，大者有至八里以上者，镇城更达一十三里三百一十四步，外加七里的逻城。这样规模的营堡与明代陕西小规模的州县城池基本相当。以延安府各州县来看，最小的县城吴堡只有周围一里七十步。葭州（今佳县）、鄜州（今富县）、洛川县城都在周围二里左右。安塞、甘泉、清涧等县为三里多（表 1-2），只有绥德直隶州、保安县城规模较大，与神木堡等大体相当，然仍小于榆林卫城。

表 1-1　明万历年间延绥镇营堡规模、驻军统计表④

镇堡	兴筑年代	规模（周围）	驻兵/员	马、骡/匹
榆林镇城	正统初年（1436 年）	一十三里三百一十四步、逻城七里	3644	1978

① 乾隆《绥德州直隶州志》卷 2《人事门·户口》，凤凰出版社编选：《中国地方志集成·陕西府县志辑》第 41 册，南京：凤凰出版社，2007 年，第 175 页。

② （清）谭吉璁纂修，陕西省榆林市地方志办公室编：康熙《延绥镇志》卷 1《岁时》，上海：上海古籍出版社，2012 年，第 9 页。

③ （清）谭吉璁纂修，陕西省榆林市地方志办公室编：康熙《延绥镇志》卷 1《地理志》，上海：上海古籍出版社，2012 年，第 11 页。

④ 据康熙《延绥镇志》卷 1《地理志》统计制作。（清）谭吉璁纂修，陕西省榆林市地方志办公室编：康熙《延绥镇志》卷 1《地理志》，上海：上海古籍出版社，2012 年，第 11—22 页。

镇堡	兴筑年代	规模（周围）	驻兵/员	马、骡/匹
保宁堡	嘉靖四十五年（1566 年）	二里一百四十步	1280	675
归德堡	成化十一年（1475 年）	二里六十七步	408	117
鱼河堡	正统二年（1437 年）	三里三十步	500	250
镇川堡	嘉靖二十九年（1550 年）	一里三分		
响水堡	正统二年（1437 年）	三里二百一十步	786	398
波罗堡	正统十年（1445 年）	二里二百七十步	828	305
怀远堡	天顺年间（1457—1464 年）	二里零一十七步	739	357
威武堡	成化五年（1469 年）	二百八十步	640	374
清平堡	成化二年（1466 年）	三百八十四步	2224	1598
常乐堡	成化十年（1474 年）	三里零五十步	648	243
双山堡	正统二年（1437 年）	三里零九十步	660	331
建安堡	成化十年（1474 年）	二里一百七十二步	680	347
高家堡	正统四年（1439 年）	三里零二十九步	1584	1058
柏林堡	成化九年（1473 年）	二里零一十二步	627	223
大柏油堡	成化初年（1465 年）	二里零九十二步	466	149
神木堡	正统八年（1443 年）	五里零七十二步	2405	1377
永兴堡	成化十一年（1475 年）	二里零二十五步	1106	399
镇羌堡	成化二年（1466 年）	二里二百二十九步	706	229
孤山堡	正统二年（1437 年）	三里零三十四步	2656	1764
木瓜园堡	成化十六年（1480 年）	二里零九十步	879	264
清水营	成化三年（1467 年）	三里一十八步	1120	428
黄甫川堡	天顺年间（1457—1464 年）	三里二百七十四步	1607	1149
龙州城	成化五年（1469 年）	二里三百一十六步	557	247
镇靖堡	成化二年（1466 年）	四里二分	2537	1789
镇房堡	万历二十八年（1600 年）	三百七丈	441	160
靖边营	景泰四年（1453 年）	八里	2255	920
宁塞堡	成化十一年（1475 年）	四里三分	2445	1571
把都河堡	成化九年（1473 年）	三里一百八十步		
柳树涧堡	天顺初年（1457 年）	三里七分	1082	384
新安边营	成化九年（1473 年）	四里三十五步	591	152
旧安边营	正统二年（1437 年）	四里三分	2084	1225
新兴堡	成化十一年（1475 年）	一里一百四十六步		
砖井堡	正统二年（1437 年）	三里二百五十步	850	433
石涝池堡	成化十一年（1475 年）	三里一百八十四步	442	219
三山堡	成化九年（1473 年）	二里二百四十步	372	221

续表

镇堡	兴筑年代	规模（周围）	驻兵/员	马、骡/匹
定边营	正统二年（1437 年）	四里一百七十五步	2690	1565
盐场堡	成化十一年（1475 年）	二里三分	120	8
饶阳水堡	成化十一年（1475 年）	二里三十步	227	85

表 1-2　明嘉靖二十年延安府部分州县城郭规模、户数统计表①

州县	城池规模	全县人户数/户	州县	城池规模	全县人户数/户
肤施县		3310	延川	四里	1315
安塞县	三里七分	2221	延长	四里二百四十四步	1392
甘泉县	三里三分	2807	清涧	三里五步	1482
保安县	九里三分	976	鄜州	二里一百三十步	7463
安定县	五里三分	1161	洛川	二里一百六十步	8012
宜川县	四里一百二十八步	2760	中部	四里一百三十六步	3078
宜君县	五里三分	5016	绥德州	八里二百八十步	1112
米脂县	五里三分	1608	葭州	二里一百一十步	400
吴堡县	一里七十步	362	府谷县	五里八分	719

　　各县户口据嘉靖《陕西通志》记载，嘉靖二十年（1541 年）延安府十八州县共有民户 45 194 户。其中，宜君县最多，5016 户；吴堡县最少，只有 362 户，平均十八州县每县有 2511 户。从这一统计数字可以看出，当时延安府各州县人口是相当稀疏的。而这一数字还是全县境内的户数，并非县城城居人口。明代的史籍往往不直接记载州县人口数字，尤其是陕西，很难发现有对州县城居人口的直接记录。文献中间接所录，记某州县"千户成廛"，大体也是相当富庶的一种表现。以明代白水县城来说，明中期县城居民"仅百家"，由于"城地高渴，凿井虽千尺不及泉"，"城东北烟火相望千余家"，因城外有"甘井三"处。嘉靖时边患骇骇，兵宪张公为卫民防患，在城东北起郭城七里，将千余人口筑入郭城之中，东北郭城成为白水县城人口集中之区，也成为白水县历史上城居人口最多之时。② 至清乾隆中后期"平定百年，屋宇比栉，然亦仅四百余户，

---

① 本表州县规模据康熙《延安府志》卷 1《城池》统计，户数据嘉靖《陕西通志》卷 33《民物一·户口》统计。

② 乾隆《白水县志》卷 4《艺文·兵宪张公创建外郭去思碑记》，凤凰出版社编选：《中国地方志集成·陕西府县志辑》第 26 册，南京：凤凰出版社，2007 年，第 522 页。

未能复旧云"①。这样看来，白水县在一般平稳之年城居人口只有数百户而已，明后期因战祸不断，"（虏）众长驱猝至中部，去白水才九十里耳"，才不得不扩城，扩入居民达千户，清代承平之时仍维持在数百户水平。可以说，明清时期的陕西，以农业为立命根本，农业人口占绝大多数，城居人口数量并不大。

这样来看，陕北沿边军事营堡因驻扎军户而构成的居民群体动辄即达五六百户（表 1-1），有些地理位置重要的营堡，驻军户口在千户以上，榆林镇城更高达三千余户，这样规模的营堡不亚于明代的州、县城居人口数量，甚至有过之。其时其地，他们构成了一组相当独特的城堡聚居群体。

三、延绥镇交通路线建设及商业利用

延绥镇交通路线的开辟与沿边防卫紧密相关。其时一镇军事上的供给多取于内地，故内地与各营堡间的路线成为这一带最重要的交通线，而核心则为榆林镇城。榆林镇城成为东西联系各营堡，南部与会城西安沟通的中枢。

1. 延绥镇各营堡间的联系

延绥镇三十九营堡均分布于边墙沿线，边墙以外挖有深沟，这样"深沟高垒"，墙堑结合，增加了边墙的相对高度。边墙内侧形成通道，"商旅游行，循沟垒不受惊张之虞"②。榆林镇东西两侧的边墙内有一条漫长的沿长城内侧而行的通道，自镇城赴黄甫川堡，沿途大体经常乐、双山、高家、柏林、大柏油、神木、永兴、镇羌、孤山、清水和黄甫川等，凡 13 营堡，渡黄河至山西三关镇防区的唐家会堡，共 540 余里的路程。西去的道路需跨榆溪河，在长城内侧经保宁、波罗堡，溯芦河而上，过怀远（今横山县城东南）、威武、清平、龙州转西行，历经镇靖、靖边、宁塞、柳树涧、旧安边、砖井、定边营（今定边县城）、盐场等，凡 14 营堡，直达宁夏花马池，路程大约 660 里，基本沿边墙内侧行走，所谓"运粮者循边墙而行，骡驮车挽，昼夜不绝"③即此。这是延绥长城各营堡之间最重要的东西交通路线。

① 乾隆《白水县志》卷 4《艺文·兵宪张公创建外郭去思碑记》，凤凰出版社编选：《中国地方志集成·陕西府县志辑》第 26 册，南京：凤凰出版社，2007 年，第 522 页。
② 嘉靖《宁夏新志》卷 5《外威·边防》，《中国方志丛书·塞北地方》第 8 号，台北：成文出版有限公司，据明抄本影印，第 230 页。
③ （明）王琼：《北虏事迹》，中国西北文献丛书编辑委员会编：《中国西北文献丛书》第三辑《西北史地文献》第 28 卷，兰州：兰州古籍书店，1990 年影印版，第 136 页。

至于边墙内的营堡间亦有道路沟通往来。当时陕甘尚未分治，陕边四镇军事上互为掎角。环县、庆阳府之间为延绥与宁夏、固原三镇重要的支撑点。联系安边营、三山堡、饶阳水堡与环县、庆阳府之间的交通道路颇受官方重视。这条道路分为二支：一为由旧安边营（在今靖边县与定边县之间的二边内）南行，穿过"大边"，经新安边营至庆阳；一为自定边营南行，经三山堡、饶阳水堡南至环县，以达庆阳府。其中，饶阳水堡因位于榆林镇与宁夏镇的接界处，二镇若有事，环县、庆阳府驻军可立即由此二道驰援。因此，陕西都指挥使司在此设仓储粮，以备当地驻军和过境援军所需。史载：饶阳水堡"设在腹里，东抵三山堡，西南抵固原红德城，北抵定边营，有大边可倚，唯聚粮饷以备本镇并邻镇固原、花马池（属宁夏镇）往来主客兵马支用"①，这一营堡是支援前线的后备粮仓。

由于沿边交通路线均为联系各营堡而设，因此当时边墙及附近地区"东西各路沿边，俱无驿，每堡额设募夫二名，站驴十头，以接塘报。草料与各驿同。其钱粮俱以布政司给发"。密集的营堡群及联系其间的交通道路节省了驿站的设置。

2. 延绥镇与内地的交通

延绥镇与内地的交通主要是靠官方驿递来实现的。从榆林镇城南下直达会城西安，是陕西布政司与沿边联系的主要道路，也是输粮于边的运输大道，更是西北边地与内地商业往来的重要通道。这条驿路从延绥镇城出发，经归德、鱼河、镇川、碎金、银川五驿，抵达绥德州城。其起点为成化中设于榆林卫城中的榆林驿；归德驿设在归德堡；鱼河驿设于鱼河堡中，均为成化年间所设驿站；镇川驿设于镇川堡；碎金驿在今米脂县西北40里处；银川驿设于米脂县城内。洪武年间绥德州城中曾设置青阳驿。从青阳驿南下经清涧、延川、延安、甘泉、鄜州、中部（黄陵）、宜君、同官（铜川）、耀州（耀州区）、三原等县直抵会城西安，中间设有14处驿站，平均每七八十里就有一处驿站，这条南北驿路将沿边军镇与内地联为一体。另外，在延安以北鄜州的鄜城驿又分出一条支驿，其为西向通往庆阳府的捷径，沿途经张村驿、隆益镇驿，越子午岭，复经邵庄驿（今甘肃省合水县东）、宋庄驿（合水县西）至庆阳府弘化驿。进入延安府后也分出两条驿路，西北行越白于山可至镇靖堡，是通往靖边的支路；东北

---

① （明）张雨：《边政考》卷2《榆林图》，中国西北文献丛书编辑委员会编：《中国西北文献丛书》第三辑《西北史地文献》第3卷，兰州：兰州古籍书店，1990年影印版，第331页。

行经过黄河可达山西永宁州，为晋粮输陕的重要粮道。[①]

由于陕边军镇布防的需要，陕西供军道路修缮完备，完成了关中与陕北交通道路的网络化。随之而来，其也成为商路发展的一个契机，商贾游行其间，贩盐贸布，促进了陕商的崛起，也促进了沿边军事城镇的商业化。

四、沿边军事消费带的产生与扩展

沿边军镇建设与交通网的修筑，加强了这一特殊军事地带与内地的联系。前面我们讨论了边镇与军户人口规模。从延绥镇营堡与人口规模来看，其不亚于州县城邑，与之不同的是，这种军事性营堡中人员的生计是以国家军饷开支来维系的，而州县、城镇居民则没有这种固定的收入。这导致军户的生产、生活方式必然与州县百姓不同，其对市场的依赖程度均大于普通农户。各级军镇将领多"世禄"之家，"不事耕织"，"以奢侈相尚"。[②]"食禄之家子弟多好放鹰走狗、弹丝吹竹之事，而才隽者则翩翩工翰墨焉。疾重巫祝，丧尚佛事，宴会有时，婚姻相称。"[③]士兵军户往往也是"以饷为命"[④]。就延绥镇驻兵来讲，除隆庆时一度达到八万人，一般均保持在五万左右，以五万军兵计算，所需军饷是相当可观的。

明朝士兵军饷的支给方法，据《万历会典》卷 41 "月粮条"记载，洪武"二十五年令，各处极边军士，不拘口数多少，月支粮一石"，以后虽或米钞兼支，但标准大体相当。《明实录》正统三年（1438 年）八月己未记载，陕西西安诸卫兵士的月粮，每月一石，以米布兼支。到成化七年（1471 年），延绥、庆阳两边卫兵士的月粮额则为总旗月粮一石五斗（其中八斗本色米，七斗为钞），小旗月粮一石二斗（米钞折半），有妻子的士兵一石（六斗米，四斗为钞）。[⑤]以军兵月粮一石来算，延绥镇五万军兵一年所需军饷就应是 60 万石粮食，其中有四成的军饷供给是以银钞支付的，军兵的行路粮、夜班津贴等常规供给尚不算在

---

① 王开主编：《陕西古代道路交通史》，北京：人民交通出版社，1989 年，第 369 页。

② 嘉庆《延安府志》卷 39《岁时》，凤凰出版社编选：《中国地方志集成·陕西府县志辑》第 44 册，南京：凤凰出版社，2007 年，第 276 页。

③ （明）郑汝璧等纂修，陕西省榆林市地方志办公室整理：万历《延绥镇志》卷 4《风俗》，上海：上海古籍出版社，2011 年，第 271 页。

④ 嘉庆《延安府志》卷 39《岁时》，凤凰出版社编选：《中国地方志集成·陕西府县志辑》第 44 册，南京：凤凰出版社，2007 年，第 276 页。

⑤ 《明宪宗实录》卷 93，成化七年七月丁丑，上海：上海书店，1982 年，第 1783 页。

内。仅就士兵来讲，这种军饷供给方式使他们有四成的收入投入市场，这已是一个不小的数字。

那么，再就五万军兵一年所需的 36 万石粮食来看，正德以前，延绥镇军粮供应大体包括民运粮、屯田粮、引盐银三个部分，由于延绥镇初建不久，民运粮食尚能保障。又逢连续丰年，军屯收获为数可观，仓储丰满，正统十一年（1446年），粮食丰收而价格便宜，官方曾对希望用银两支给月粮者以每两兑换四石米的比例付给银两。①

正德以后，官方考虑到民运粮运输艰难，为减轻腹里百姓负担，将民运粮部分转为折银征收。嘉靖时又改民运粮全部折银交纳。这样，输往边方的粮食全部变为银钞，而官方为支付士兵军饷中六成的粮食供应，也加入市场买卖当中去，政府成为边方粮食市场中的最大买主。②万历十七年（1589年），陕西巡按钟化民上奏，宁夏镇每年要动用军饷一万八百两，籴粮二万七千余石，以备官军本色月粮支用。③延绥镇与之情形大体相当。

官方、士兵均成为边方粮食市场上的买主，这种形势的发展促进了边方粮食市场的膨胀，也加速了这一带米价的暴涨，粮食的商业利润不断增高。史载"本边仓场，成化、弘治中储有民地、军屯引盐、银易诸色粮料草束，常有奇赢。又岁际丰亨，兵革不试，粮兼设处，草勤采打，无匮乏之虞。逮正德甲戌，都储侍郎冯公清奏各省夏、秋二税一切折价，则地亩粮、料、草无济矣。屯粮始皆米，后米豆兼征。嘉靖大祲之后，户口减省，地复抛荒，实纳粮之户十不五六，则屯田粮、料、草无济矣"④。这则记载基本反映了延绥军粮供应的时段性变化。

再就延绥镇粮价涨落情况来看，据唐龙《大虏住套乞请处补正数粮草以济紧急支用疏》记载："兼以榆林镇城百余里之内，一望沙漠，不生五谷，先年军人俱出边外耕种，又遇天年丰收，故米粟之多，每银一两，可籴二三石。自弘治十四年，大虏占套，民废耕种，粟米草料等项，俱仰给腹里搬运，银一钱，遇熟，籴米八九升；不熟，仅籴五六升。熟时实少，不熟时实多……"⑤从这一

① 《明英宗实录》卷 143，正统十一年七月戊辰，上海：上海书店，1982 年，第 2821 页。

② 这种政府出资购粮现象在正统时既已出现，只是当时并未成为制度，倘遇水旱或其他事故，政府会投资购买边粮，成化以后政府购粮数量逐年上升，边方粮价也不断升高，遂形成恶性循环。

③ 《明神宗实录》卷 207，万历十七年正月癸亥，上海：上海书店，1982 年，第 3872 页。

④ （明）郑汝璧等纂修，陕西省榆林市地方志办公室整理：万历《延绥镇志》卷 2《钱粮上·杂项银两》，上海：上海古籍出版社，2011 年，第 135—136 页。

⑤ （明）陈子龙等选辑：《明经世文编》卷 189，北京：中华书局，1962 年影印本，第 1948 页。

记载可以看到，延绥镇在弘治十四年（1501 年）以前粮价尚不低，一两银可以兑换二到三石粮食，较之前引正统年间一两银兑四石粮已有所减少。弘治十四年以后，粮价暴涨，一两银只能兑换八九斗粮食了，灾年只有五六斗。从《明实录》中所记某些片断可以看出延绥镇粮价变动的大体趋势（表 1-3）。同其他地区相比，这里的粮价远远高出全国平均水平。成化年间，因陕西饥荒，"摘拨江南漕运粮米数十万石以赈之……当时所费虽多，然比之太仓发银本处籴米，却省数倍"[①]。这说明陕西粮价比之江南，已不仅仅是高出几倍的问题了。

表 1-3　明代陕西边镇粮价变动表　　（单位：石/银 1 两）

年份	地点	米价	备注
正统十一年七月戊辰	陕西	4.0	岁熟
成化七年十二月癸巳	榆林	4.0	
成化八年九月癸巳	山西、陕西	0.7—0.8	
成化十一年九月甲寅	陕西	4.0	
弘治七年六月壬午	陕西	1.4	
正德九年六月丁酉	甘肃	0.14	
嘉靖十年二月丙子		1.0、0.33	平岁、凶岁
万历十一年五月癸巳	固原	0.4	
天启五年三月甲戌	榆林	0.5	
崇祯四年五月甲戌	榆林	0.17	
崇祯七年五月辛卯	延绥	0.14	大旱

除大批量的粮食需求外，对于陕北沙漠边缘区的延绥镇来讲，其他物品的需求量同样不小。如棉布、棉花，明制规定，每名士兵年赐棉布二至四匹，棉花每人约一斤八两。以陕西四镇二十万军队计，每年需布六十万匹左右，棉花三十万斤。《全陕政要》记，每年四镇需布五十六万五千一百三十三匹，棉花二十五万四千五百三十八斤，与估算大体相当。延绥镇五万军兵，年需棉布就应有十五万匹，棉花七万五千斤。明代陕北不产棉花，这些棉布、棉花均靠外运。据顾炎武称，明代"延安一府布帛之价，贵于西安数倍"[②]，较之江南产棉区价

① （明）万镗：《应诏陈言时政以裨修省疏》，（明）陈子龙等选辑：《明经世文编》卷 151，北京：中华书局，1962 年影印本，第 1514 页。

② （清）顾炎武：《日知录》卷 10《纺织之利》，《四库全书》影印本，子部，第 26a 页。

格更要高出许多，因此沿边一带这种消费市场也是相当可观的。

五、商人介入与沿边军事市场的膨胀

巨大的商业利润吸引着商人投资的欲望，投资者不仅有富商巨贾，亦有豪门贵戚，所谓"国家之储，北边是重……给纳之者，有权门、有贵家、有戚里、有世族、有豪商、有富贾"[①]。粮食是最紧俏的商品，"大抵边镇米价，不论丰凶，冬月犹可，一入初春，日益翔贵，商贩以时废居，卒致巨富"[②]，"各边所产米豆不多，而富豪乘时收买，十倍取赢"[③]。这些说的都是富豪们对粮食的投机，他们利用季节差价，囤积居奇，获取厚利。政府有时召商买粮，"至于召买，则势商豪贾，各挟重资，遍散屯村，预行收买。小家已卖青苗，不得私鬻，大家乘时广籴，闭粜牟势"[④]。这里所说的卖青苗是指财富之家在春季乘贫户青黄不接之时，为他们预付资本，定购其秋收之粟，以低价付出，收取高额利润。这是当时北部边塞区经常出现的农业高利贷活动。

边镇将领同样参与到这种商品交易之中。"近岁，榆林都指挥郑胤、商人张锐等，领籴本银三十万两，延久不完，多所侵匿。"[⑤]官商勾结，互利互惠者更多，"九边将官，往往私入各商之贿，听其兑折本色粮草，虚出实收，而宣大、山西、延绥为尤甚"[⑥]。正德四年（1509年），为避免粮食收买中的一些弊病，户部专门奏批，延绥地区交纳粮食者只限于殷实的商人，这更使一部分富有商人独占粮食市场，反而造成边镇粮食紧张。弘治年间左金都御使刘大夏改革，史载："（弘治）十年丁巳，年六十二。时敌寇云中，命兼左金都御史，整理北边粮草……公承命将行，尚书周公经谓曰：北边粮草，半属中贵子弟经营，公素不与此辈合，此行恐不免刚以取祸。公曰：处天下事，以理不以势，定天下事，在近不在远。俟至彼图之。既至，召边上父老，日夕讲究，遂得其要领。一日揭榜通衢云，某仓缺粮几千石，每石给官价若干；某仓缺草几万束，每束

---

① （明）何景明：《赠胡君宗器序》，《何大复集》卷35，清乾隆十五年何辉少刻本。转引自〔日〕寺田隆信：《山西商人研究》，张正民等译，太原：山西人民出版社，1986年，第122页。

② 《明世宗实录》卷122，嘉靖十年二月丙子，上海：上海书店，1982年，第2927页。

③ 《明世宗实录》卷306，嘉靖二十四年十二月丙辰，上海：上海书店，1982年，第5785页。

④ （明）赵炳然：《题为条陈边务以俾安攘事》，（明）陈子龙等选辑：《明经世文编》卷252，北京：中华书局，1962年影印本，第2684页。

⑤ 《明武宗实录》卷15，正德元年七月丙戌，上海：上海书店，1982年，第466页。

⑥ 《明武宗实录》卷558，嘉靖四十五年五月辛丑，上海：上海书店，1982年，第8970页。

给官价若干，封圻内外官民客商之家愿告纳者，米自十石以上，草自百束以上，俱准告报，虽中贵子弟不禁也。不两月，仓场粮草具足。盖先是籴买法，边民有粮百千石者，草千万束者，方准告报，以致中贵子弟争相为市，转卖边上军民粮草，陆续运至，利归势家。自公此法立，有粮草之家，皆自往告报，中贵家人，虽欲收籴，无处得买也。边上军民云，自公收市法行，仓场有余积，私家有余财，三十年来，仅见此耳。"① 可见，北部边塞粮食市场丰厚的利润曾是中贵子弟发财致富的方便门径。

由于有以上诸多商品交换的需求，以及诸多商人的参与，沿边形成了一个以军事消费为主的稳固市场区。这种市场区涵盖了具有一系列不同需求的商品消费者，因之形成了一系列具有不同等级规模的市场中心地。从万历《延绥镇志》记载来看，明代中叶，延绥镇各营堡的商业市场均有一定程度的膨胀，沿边三十九营堡，堡堡有市。大者如镇城，城中分"南北米粮市与柴草市、盐硝市、杂市、木料市、驼马市、猪羊市"，行市分区，形成固定的专业商品市场区，表明市场的专业化程度已相当高。镇城以外，神木堡、靖边营、新安边营、孤山堡、清水营、安边营俱有常市。所谓常市，即区别于一般定期市的常规市场，也就是日日开市的固定市场。明代陕西商品经济不发达，与东南地区无法相比，与中原华北地区各省相比亦显落后，各州县市场能够保持日日开市者并不多，关中区许多州县市场或为单日集、双日集，或为城、关轮集，开市频率还赶不上神木六堡。如凤翔府麟游县县内隔日一市。②扶风县"城中东街市与西街市、北街市三市以单日为期，十日相递"③。嘉靖年间，邠州城为单日集，其中初一、十一、二十一在北街，初三、十三、二十三在东街，初五、十五、二十五在南街、初七、十七、二十七在西中街，初九、十九、二十九在西门街，以上五处递轮。④这样比较，神木堡、靖边营等六营堡能够保持日日开市，市场的开市频率已明显高于许多州县集市。从市场发展规律来看，定期市场的开市频率往往代表了市场的实际效率，也是判定市场发展程度的一个重要指标。由以上比较可知，神木六堡的市场在商业强度上已明显超过了以上州县城市市场。

除镇城及以上六个开有"常市"的营堡外，陕北沿边尚有三十二营堡（万历年间延绥镇共有三十九营堡），这些营堡市场仍较繁荣，"或单日，或双日，

① （明）刘大夏：《刘忠宣公年谱》，《刘忠宣公集》，（明）俞宪：《盛明百家诗后编》，隆庆五年刻本。
② 顺治《麟游县志》卷 2《建置志》，清顺治十四年刻本。
③ 顺治《扶风县志》卷 1《建置志·市集》，清顺治十八年刻本。
④ 嘉靖《邠州志》卷 1《集场》，明万历年间刻本。

或月六集，或月九集"①。在其带动下，周围村庄市场也得到发展。如黄甫川左近的呆黄坪，清水营的尖堡则，神木堡附近的红寺儿、清水坪，高家堡的豆峪、万户峪，建安、双山堡左近的大会、通秦砦、金河寺、柳树会、西寺子，鱼河、响水、归德堡交接处的碎金驿，波罗堡迤西的土门子、白洛城、卧牛城，武威、清平堡的石人坪、麻叶河，镇靖堡近处的笔架城，靖边、宁塞迤西的跌角城、顺宁园、林驿、吴其营，把都河堡、永济、新安边营迤西的铁边城、锁骨朵城、张寡妇寺、李家寺、沙家掌、五个掌，共二十八处村寨市场。②

　　上述市场规模大小不同，开市频率各异，组成了沿边密集的市场网络体系。可以说，由于军事防线的布设、军需供给所需的驿路修筑，沿边区域联为一体，加速了本地经济的发展进程。由通往各营堡交通线所联系起来的诸营堡中间形成了广泛而频繁的市场交易区，这一市场交易区沿着狭长的边墙地带南北扩张，组成了六十七个开市频率不等、市场等级各异，并且相当密集的市场网络体系，对陕北区域的开发以及商业市镇的成长均起到了重要的推动作用。从目前国内学者对全国各地城乡市场分布格局的研究来看，总体认为，明中叶，江南、珠江三角洲地区城乡市场网络格局已基本形成，华北平原大体在明中叶起步，到清中叶形成了一个涵盖广阔、运作自如的农村集市网，湖广、江西、关中平原、四川盆地与华北平原大体处于同一水平。③而从以上对陕北沿边市场的研究来看，很显然，沿边一带市场出现超前发展的趋势，明中后期既已出现蓬勃发展的势头。

六、沿边军事城镇的商业化及其影响

　　所谓军事城镇商业化，主要是指城市职能的转变，城市职能是指某一城市在某一区域中所起的作用，所承担的分工，与城市性质相比更加具有时段性与可描述性。从明代陕北沿边各营堡的布防与军户构成来看，营堡的军事性质非常明确。但是，在这种军事用兵与军事消费的带动下，军事营堡内与营堡间的商品交换变得频繁而持久，士兵家庭每月固定的军饷收入要投放到市场当中去，

---

① （明）郑汝璧等纂修，陕西省榆林市地方志办公室整理：万历《延绥镇志》卷2《钱粮下·关市》，上海：上海古籍出版社，2011年，第162页。

② （明）郑汝璧等纂修，陕西省榆林市地方志办公室整理：万历《延绥镇志》卷2《钱粮下·关市》，上海：上海古籍出版社，2011年，第162—163页。

③ 许檀：《明清时期农村集市的发展及其意义》，《中国经济史研究》1996年第2期，第10—12页。

形成营堡内市场交换的主体；官府为支付军队各方面的开支，满足军兵六成的实物供给，以及与边方少数民族贡市，同样要投入市场当中去，甚至置身全国市场当中，形成营堡间及营堡与外界的市场联合体。以榆林镇城市场为例，万历年间镇城军兵达 3644 员，人口的市场需求大，市场发达，除前面所列各种行市分区外，镇城中还设有广有库、新建库、抚赏库、榆林卫库、神机库、军器库、利益库、药局、置造局等不同功能的仓库①，储存边镇所需各种物资，有本省及山西、河南民运粮以及折色征发的银、布等；当时布政司规定鄜、延本色输镇城，环（甘肃环县）、庆（甘肃庆阳）等处输边堡。②延绥东路城堡附近无屯田，所需军事供应除一部分由盐商以引盐籴豆运赴外，大部分靠镇城东调，延绥东路市场商品来源也大多靠镇城转运。镇城的抚赏库、药局、置造局尚储有"发买到江浙等处段绢、梭布、皮料"等物品，以及"川、广诸药料"，"发买到诸铜铁，督匠打造盔甲、炮铳诸器械"③。从这些记载可以看出，镇城的货物来源不仅有附近省区如山西、河南者，且包含有江南、川广等南方市场上的商品。榆林镇城北尚存一处大规模的交易市场，即与北边蒙古交易的官方贡市市场红山市。据《万历武功录·俺答列传》载，双方互市的商品，内地有缎、绸、布、绢、棉、针线、篦梳、米、盐、糖、果、梭布、水獭皮、羊皮、金等，蒙古牧民有马、牛、羊、骡、驴、马尾、羊皮、皮袄等。从以上对内外商品种类的记载不难看出，榆林镇货品来源广泛，是北部边塞集中的市场聚散中心，起到了边区货品调配的综合作用，这足以表明镇城市场商业职能的完备性。

神木、靖边、安边、孤山、清水、新安边六营堡无论从驻军数量（除新安边营为 591 名兵员，其余五堡兵员均在一千人以上，甚至超过两千人）还是间距上，均形成了一定的分布走势。它既是本地产品集散中心，又承担接受镇城输入商品，再分拨下属区域的中间市场作用。其市场开市频率比某些州县集市还要频繁，在边区市场体系中处于中间环节，这种市场需求同样导致了城镇职能趋于商业化。

其他三十二营堡开市频率高者为隔日集，低者亦每月六集，是满足各营堡内需外求的基层市场，也是各村、堡粮食和产品的集散中心，在经济职能上应

① （明）郑汝璧等纂修，陕西省榆林市地方志办公室整理：万历《延绥镇志》卷 2《边饷·贮所》，上海：上海古籍出版社，2011 年，第 128 页。
② （清）谭吉璁纂修，陕西省榆林市地方志办公室编：康熙《延绥镇志》卷 2《食志·运法》，上海：上海古籍出版社，2012 年，第 84 页。
③ （明）郑汝璧等纂修，陕西省榆林市地方志办公室整理：万历《延绥镇志》卷 2《边饷·贮所》，上海：上海古籍出版社，2011 年，第 128—129 页。

处于中间集镇的地位。

三十九营堡已形成独立的、人口集中的市场中心。这些营堡不仅军事防御性质明确，商业职能也得到了相当程度的加强。在形式上，它属于军事性质的营寨，而从内部市场结构来看，不亚于层级分明的商业市镇。我们知道，明清陕西商业城镇的成长不比江南，江南众多市镇的勃兴足以取代州县市场的中心商业职能。而陕西则恰恰相反，明清时期，这里商品经济发展程度低，真正能够取代州县城市商业地位的市镇寥若晨星，大部分州县城市虽是作为政治中心存在，但同时也承担着各州县中心市场职能。然而，从前面我们对明代关中部分州县城市市集开市频率的分析中，已明显可以看到，许多州县市集的开市频率尚不及神木六堡，城市的商业职能也弱于神木六堡。这样比较来看，用军事城镇商业化发展来形容陕北沿边军镇，至少在本区域内绝非夸大其词。

明代陕西北部军城的建设以及军事城镇商业化的过程是时代的产物。但是，由于军城建设带动的地方移民、人口增加、军路的商业利用等过程，对这一区域的发展无疑起到了非常重要的促进作用。清朝建立以后，随着边镇军队的撤离，尤其是雍正九年（1731年）撤镇划县，沿边州县均是在各军镇营堡系统之上重新加以整合的。当时的驻防重镇基本上成为各州县治所所在地，如靖边县治即设于原靖边营，定边县治则设在明代的定边营，怀远县即今天的横山县，县治设于明代的怀远堡。这些军事城镇之间的交通道路也是在军事驿路基础之上发展而来的，至今仍为沿边主要交通路线，影响远及当代，在陕北城镇发展史上占有举足轻重的地位。

第二节　清代边疆内地化背景下的区域经济整合

边疆内地化本是一个历史的进程，历朝历代在疆域伸缩、民族融合的过程中，南北区域均有不同体现。陕北长城沿线在明清交替之际，出现了这一过程，而这一过程又伴随着农牧生产方式转变、民族人口迁徙、省域边界外展等社会变迁，在北方农牧交错带以及鄂尔多斯南缘黄土风沙地区，进一步表现出区域自然环境的变迁。这一系列的变化不仅在中国历史发展进程中独具特色，在世界范围内也是一个备受关注的话题。①

一、雍正前后的陕北长城内外

1644 年清军入关，结束了大明王朝二百七十六年的统治，从此中国历史翻开了新的一页。清王朝是由满族建立起来的统一王朝，由于特殊的民族身份，其从一开始就形成了有别于历朝历代的民族统治方针，对于周边少数民族和边疆管理的重视程度也超出了一般的汉族王朝。

清初，中国的西北边疆主要分布的是蒙古族，蒙古族又分漠南蒙古、漠北喀尔喀蒙古和漠西厄鲁特蒙古三大部。明朝统治时期，蒙古各部一直为患边塞，成为大明王朝西北边疆的重敌。但对于满蒙关系来说，两族则始终保持着密切的往来。漠南蒙古在清军入关前就已归附清朝，清廷赐予蒙古各部落首领以亲王、郡王、贝勒、贝子等封爵，并与他们世代联姻；漠北喀尔喀蒙古也与清廷建立了纳贡关系。只有漠西厄鲁特蒙古准噶尔部在其首领噶尔丹统治之时，兼并漠西蒙古其他各部，占据天山南路以及青海、西藏的部分地区，进而进犯漠北喀尔喀蒙古各部，形成边患。康熙帝于二十九年（1690 年）、三十年（1691年）先后两次率领清军及其他蒙古军队御驾亲征。后经雍正、乾隆两朝，清政府终于在乾隆二十二年（1757 年）平定了准噶尔部，之后清政府派遣将军、参赞大臣、领队大臣率兵分驻伊犁各地，巩固了对西北地区的统治。

伴随着西北边疆战事的平靖，清政府进一步确立了在这一区域的统治权。区别于内陆地区，清政府对西北游牧民族采取了划界分疆的政策，实行盟旗制度，蒙汉隔离，互不交通。今天的陕北边外称伊克昭盟（今鄂尔多斯市），自为

① 相关研究较重要的有朱士光：《内蒙城川地区湖泊的古今变迁及其与农垦之关系》，《农业考古》1982 年第 1 期，第 14—18、157 页；朱士光：《评毛乌素沙地形成与变迁问题的学术讨论》，《西北史地》1986 年第 4 期，第 17—28 页；朱士光：《黄土高原地区环境变迁及其治理》，郑州：黄河水利出版社，1999 年，第 1—9、198—216 页；赵永复：《历史上毛乌素沙地的变迁问题》，中国地理学会历史地理专业委员会、《历史地理》编辑委员会编：《历史地理》创刊号，上海：上海人民出版社，1981 年，第 34—47 页；赵永复：《再论历史上毛乌素沙地的变迁问题》，中国地理学会历史地理专业委员会、《历史地理》编辑委员会编：《历史地理》第 7 辑，上海：上海人民出版社，1990 年，第 171—180 页；许清海、孔昭宸、陈旭东，等：《鄂尔多斯东部 4000 余年来的环境与人地关系的初步探讨》，《第四纪研究》2002 年第 2 期，第 105—112 页；顾琳：《明清时期榆林城遭受流沙侵袭的历史记录及其原因的初步分析》，《中国历史地理论丛》2003 年第 4 辑，第 52—56 页；王晗、郭平若：《清代垦殖政策与陕北长城外的生态环境》，《史学月刊》2007 年第 4 期，第 86—93 页；王晗：《清代陕北长城外伙盘地的渐次扩展》，《西北大学学报（哲学社会科学版）》2006 年第 2 期，第 89—93 页。

一盟，下分七旗，即准噶尔、郡王、扎萨克、乌审、鄂托克、达拉特、杭锦旗。[①]各旗之间分辖地域，互不相扰，南部以边墙（长城）为界。

　　与之隔墙而立的则为汉族农业区。清初这里依然沿袭明代旧制，以卫所制代替州县统辖。只是在驻军规模上明显减少，不足明代的五分之一（表1-4）。雍正九年（1731年），由于陕北沿边地区民事浩繁，"夷汉杂居，必须大员弹压"[②]，经宁远大将军岳钟琪提请，吏部议覆，将榆林沿边一带划定州县，由过去的军事管理改定行政区划，设置榆林知府一员，原靖边堡、定边堡、怀远堡所辖区域，以五堡为单位，划界分疆，设置州县。靖边县设于原明代的靖边营，下辖龙洲、镇靖、镇罗、宁塞四堡；定边县设于原定边堡，下辖安边、新兴、砖井、盐场四堡；怀远县（今横山县）设于原怀远堡，下辖波罗、响水、威武、清平四堡；榆林府设于原榆林镇城，附郭榆林县下辖保宁、归德、鱼河、镇川四堡；外加神木、府谷两县，构成沿边六县。六县沿边墙东西分布，也称陕边六县，从此清政府完成了陕北地区州县分区的厘定工作，终清一代，未有改变。

表 1-4　明清陕北长城沿线营堡兵额变动统计表　　（单位：员）

镇堡	万历驻兵	康熙驻兵	镇堡	万历驻兵	康熙驻兵	镇堡	万历驻兵	康熙驻兵
镇城中营	3 644	866	高家堡	1 584	145	镇罗堡	441	50
保宁堡	1 280	80	柏林堡	627	110	靖边营	2 257	203
归德堡	408	50	大柏油堡	466	100	宁塞堡	2 445	20
鱼河堡	500	100	东协 神木营	2 405	515	柳树涧堡	1 082	110
响水堡	786	100	永兴堡	1 106	110	安边堡	591	130
波罗堡	828	659	镇羌堡	706	110	旧安边堡	2 084	130
怀远堡	739	110	孤山堡	2 656	120	砖井堡	850	110
威武堡	640	50	木瓜园堡	879	120	石涝池堡	442	
清平堡	2 224	100	清水堡	1 120	100	三山堡	372	
常乐堡	648	110	黄甫营	1 607	197	定边营	2 690	535
双山堡	660	100	龙州堡	550	50	盐场堡	120	50
建安堡	680	120	镇靖堡	2 537	110	合计	40 397	3 915

　　资料来源：（明）谭吉璁撰，刘汉腾、纪玉莲校注：《延绥镇志》卷2《兵志》，西安：三秦出版社，2006年，第72—75页。

---

①　《清史稿》卷520《番部列传三》，北京：中华书局，1977年，第14357页。

②　《大清世宗宪皇帝实录》卷100，雍正八年十一月壬午，《大清历朝实录》，第16帙，第7册，第13页 b，伪满洲帝国国务院发行，日本东京大藏出版株式会社承印。

二、禁留地—黑界地—伙盘地

　　蒙汉分区是清政府民族隔离政策的一个重要表现。但是蒙汉两族自古交往，明朝时，由于军事战争，沿边一带往往设置市口，定期贸易；战事平缓，边民往来于内外亦为数不少。据《明史纪事本末》载，宪宗成化二年（1466 年），延绥纪功兵部郎中杨琚奏："河套寇屡为边患。近有百户朱长，年七十余，自幼熟游河套，亲与臣言：'套内地广田腴，亦有盐池海子，葭州（今陕西佳县）等民多墩外种食。'"①农业与游牧民族经济需求上的互补性决定了两族之间不是人为界限所能阻隔的。清初，政府划界分疆，在陕北区域最早以边墙为界限，以后为保证两族不相混杂，避免冲突，又于陕北及准噶尔、郡王、扎萨克、乌审、鄂托克等鄂尔多斯南部五旗间划定"界地"，设置缓冲地带，"于各县边墙口外直北禁留地五十里"②作为蒙汉之界，不准汉耕，也不许蒙牧。这条界线划定于何时，史书没有明确记载，道光《神木县志》只是说"国初旧制"③。但从史籍判断，至少在顺治或康熙初年既已确定，两族之间形成了一长条形的隔离带，史籍中多称此为"禁留地"。

　　越界耕牧对于蒙汉两族来讲都是违禁的。最早从制度上打破这种分隔格局者来源于蒙古贵族。康熙二十二年（1683 年）三月，蒙古"多罗贝勒松阿喇布以游牧地方狭小，应令于定边界外暂行游牧"，请示理藩院，同年六月经议政王大臣等会议议定，同意"多罗贝勒松阿喇布所请，暂给游牧边外苏海阿鲁诸地"。④康熙三十六年（1697 年）三月，贝勒松阿喇布再次上奏："向准臣等于横城贸易，今乞于定边、花马池、平罗城三处令诸蒙古就近贸易。又边外车林他拉、苏海阿鲁等处，乞发边内汉人与蒙古人一同耕种。上命大学士、户部、兵部及理藩院会同议奏，寻议覆，应俱如所请，令贝勒松阿喇布等及地方官各自约束其人、勿致争斗。得上口曰，依议。日后倘有争斗、蒙古欺凌汉人之事，

① （清）谷应泰撰：《明史纪事本末》卷 58《议复河套》，北京：中华书局，1977 年，第 888 页。
② 道光《神木县志》卷 3《建置上·边维》，凤凰出版社编选：《中国地方志集成·陕西府县志辑》第 37 册，南京：凤凰出版社，2007 年，第 490 页。
③ 道光《神木县志》卷 3《建置上·边维》，凤凰出版社编选：《中国地方志集成·陕西府县志辑》第 37 册，南京：凤凰出版社，2007 年，第 490 页。
④ 《清圣祖实录》卷 108，康熙二十二年三月、六月条，《大清历朝实录》，第 9 帙，第 5 册，第 15、16 页 b。关于此事，史籍记载有蒙古贝勒达尔查与多罗贝勒松阿喇布（相关文献也译作松拉普、松喇布）所请，略有歧异。

即令停止。"①从以上两条记述可以看出，禁留地本是蒙汉两族人为的界限，康熙二十二年（1683年）始由贝勒松阿喇布打破僵局，允许其游牧其间，但仍限定区域。由于蒙古牧民不谙农耕，松阿喇布再次提出请求——蒙汉合耕，康熙三十六年（1697年）再次得到朝廷的批准。蒙汉合耕不仅是蒙古民族的需要，对于内地汉民同样具有吸引力，开边一实行，立刻得到山陕地方的大力支持，《榆林县乡土志·政绩录·兴利》载："佟沛年，汉军正蓝旗人，康熙三十六年任榆林道。榆故旷衍，无膏腴田，康熙初，屯兵渐减，百姓逐末者益多，无以自给，沛年至议，以榆神府怀各边墙外地土饶广，可令百姓开垦耕种，以补内地之不足，诏准行之。是年秋，星使至榆，会勘于各边墙外展界石五十里，得沙滩田数千顷，沛年露处于外者数月，亲为画地正限，并为套人定庸租、征地课焉，今榆之东边外有地名大人窑子，即沛年憩息处，又城北十里雄石峡凿石开渠，引榆溪水溉田，榆民颂其德，比之明巡抚余子俊云。"②

自康熙三十六年（1697年）开边以后，蒙汉伙种，晋陕之人纷纷涌入。"沿边数州县百姓岁岁春间出口……皆往鄂尔多斯地方耕种。"③康熙五十八年（1719年）贝勒达锡拉卜坦明确提出，如果准予汉人无限制地越界种地，"恐致侵占游牧等"，请求朝廷，立定界址。清政府派出钦差侍郎拉都浑前去榆林等处踏勘，"得（陕边）各县口外地土，即于五十里界内，有沙者以三十里立界，无沙者以二十里立界，准令民人租种"，首次准确规定出边外耕种地土之界限，并规定"其租项按牛一锒征粟一石，草四束折银五钱四分，给与蒙古属下养赡"。④当时因开放地只限于边外二十至三十里，而耕种的土地经翻新，地色变白，"不耕之地其色黑"，故称二三十里外不耕之地为"黑界地"。⑤

乾隆元年（1736年）延绥总兵米国正上奏朝廷，认为"民人有越界种地，蒙古情愿租给者，听其自便"，史载"自此出口种地之民倍于昔矣"。⑥这再次引来农牧之争与划界分疆。乾隆八年（1743年），由于边地开放，边民越界耕种

①　《清圣祖实录》卷181，康熙三十六年三月乙亥，《大清历朝实录》，第11帙，第1册，第19页a。

②　全国公共图书馆古籍文献编委会编：《中国西北稀见方志续集》第3册，中华全国图书馆文献缩微复制中心，1997年，第6—7页。

③　中国第一历史档案馆，宫中档朱批奏折4./358/1。

④　道光《神木县志》卷3《建置上·边维》，凤凰出版社编选：《中国地方志集成·陕西府县志辑》第37册，南京：凤凰出版社，2007年，第490页。

⑤　道光《神木县志》卷3《建置上·边维》，凤凰出版社编选：《中国地方志集成·陕西府县志辑》第37册，南京：凤凰出版社，2007年，第491页。

⑥　嘉庆《定边县志》卷5《田赋志·中外和耕》，凤凰出版社编选：《中国地方志集成·陕西府县志辑》第39册，南京：凤凰出版社，2007年，第48页。

不断增多，各旗贝子等又联名上书，"以民人种地越出界外，游牧窄狭等情，呈报理藩院"。于是清廷再次派出尚书班第、川陕总督庆复会同各扎萨克等协商，决定"于旧界外再展二三十里，仍以五十里为定界。此外不准占耕游牧"①，并规定新旧界址区域租税有别：旧界租税仍旧，新开地区"按牛一犋，再加糜五斗银五钱"。此时，五十里禁留地全部向汉人开放。这次划界系插牌定界，"即于五十里地边或三里或五里垒砌石堆以限之，此外即系蒙古游牧地方。"②这样，原来的留界地便改称"牌界地"。牌界地系由陕北汉农雁行垦种，"春出冬归，暂时伙聚盘居"，因而又被称为"伙盘地"③。"凡边墙以北，牌界以南地土，即皆谓之伙盘，犹内地之村庄也"④，此章程的制定当在乾隆九年（1744 年）春季。⑤

三、划界分疆与人口结构的改变

划定州县与开放界地带动了边疆地区人口结构的变动，进而大大推动了陕北沿边地区的经济开发与社会发展。

第一，沿边人口结构的改变首先表现在军户转民户上。明代陕北边墙一带由于蒙汉持续争战，形成了两族对峙局面。界域分离带来民族分隔，边墙一带分立三十九营堡，驻扎着庞大的军队系统，据《大明会典》记载，明代延绥镇"经制官兵五万五千三百七十九员名，马骡驼三万三千一百五匹"，这些官兵皆军户编制，史载"有明时三卫皆军也"⑥；民户相当稀少，且主要分布于边墙以内。军事化的管理形成了这一带以军户为主体的户口结构形式。清初，虽仍行蒙汉隔离政策，但军事上的争执已经解除。康熙时期陕北沿边军队减少到"国

---

① 道光《神木县志》卷 3《建置上·边维》，凤凰出版社编选：《中国地方志集成·陕西府县志辑》第 37 册，南京：凤凰出版社，2007 年，第 490 页。

② 道光《神木县志》卷 3《建置上·边维》，凤凰出版社编选：《中国地方志集成·陕西府县志辑》第 37 册，南京：凤凰出版社，2007 年，第 490—491 页。

③ 道光《神木县志》卷 3《建置上·边维》，凤凰出版社编选：《中国地方志集成·陕西府县志辑》第 37 册，南京：凤凰出版社，2007 年，第 491 页。

④ 道光《神木县志》卷 3《建置上·边维》，凤凰出版社编选：《中国地方志集成·陕西府县志辑》第 37 册，南京：凤凰出版社，2007 年，第 491 页。

⑤ 《清高宗实录》卷 217，乾隆九年五月丙午有："榆林口鄂尔多斯蒙古地方。今春内地佃民。初定章程。牛具出口。先因旱燠。布种为忧。自四月下旬得雨。已获遍种秋苗。贫民与蒙古，彼此相安。"《大清历朝实录》第 24 帙，第 3 册，第 37 页 a。

⑥ （明）谭吉璁撰，刘汉腾、纪玉莲校注：《延绥镇志》卷 2《食志·户口》，西安：三秦出版社，2006 年，第 100 页。

朝经制、官兵九千六百二十九员名，马二千六百四十二匹"①。仅从兵员额度来看，其较明代已减少了五分之四强。经过明末的变乱，原明代官军，或流亡他乡，或"占籍而为民"，"十不一二"。②因此，康熙前期延绥镇的人口极其稀少，据《延绥镇志》载，"榆林卫户丁实在三百一"③，地广人稀成为这一地区的一个主要特征。康熙五十一年（1712年），清政府规定"滋生人口，永不加赋"，政府的鼓励以及沿边开放政策大大吸引了内地边民的开发热情，大批汉族无地或少地农民迁移流转，使这一地区的人口结构发生了翻天覆地的变化，沿边地区民户增长出现了迅猛势头。道光《榆林府志》对当时榆林府所辖榆林、神木、府谷、怀远、葭州五州县乾隆四十年（1775年）至道光十九年（1839年）四个阶段的人口作了详细统计。榆林府自乾隆以来人口增长速度是相当惊人的，尤其是榆林、神木、府谷、怀远四县，乾隆四十年总户数已达 54 192 户，人口 316 293口；至道光十九年，四县总户数为 76 570 户，人口 510 245 口。六十余年间户数增加 22 378 户，人口增加 193 952 口。也就是说，从乾隆四十年至道光十九年，陕边四县人口增加了二万余户，近二十万口，这还不包括靖边、定边两县（表 1-5）。④这种人口增长速度是相当惊人的，当然道光《榆林府志》所记人口包含边外人口在内，移民对陕北沿边人口增长起到了极大的促进作用。

表 1-5　清中期榆林府四县户口统计表

县　名	乾隆四十年		嘉庆十年		道光三年		道光十九年	
	户数/户	口数/口	户数/户	口数/口	户数/户	口数/口	户数/户	口数/口
榆林县	13 235	85 679	14 989	96 512	16 540	101 283	20 575	103 140
神木县	12 000	75 691	15 454	109 277	15 742	109 908	16 050	113 717
府谷县	15 984	71 283	20 276	85 414	26 071	140 036	26 234	204 357
怀远县	12 973	83 640	14 266	92 212	13 434	97 653	13 711	89 031
合　计	54 192	316 293	64 985	383 415	71 787	448 880	76 570	510 245

　　资料来源：道光《榆林府志》卷 22《食志·户口》，凤凰出版社编选：《中国地方志集成·陕西府县志辑》第 38 册，南京：凤凰出版社，2007 年，第 346 页。

---

① （明）谭吉璁撰，刘汉腾、纪玉莲校注：《延绥镇志》卷 2《兵志·兵制》，西安：三秦出版社，2006 年，第 72 页。

② （明）谭吉璁撰，刘汉腾、纪玉莲校注：《延绥镇志》卷 2《食志·户口》，西安：三秦出版社，2006 年，第 100 页。

③ （明）谭吉璁撰，刘汉腾、纪玉莲校注：《延绥镇志》卷 2《食志·户口》，西安：三秦出版社，2006 年，第 100 页。

④ 道光《榆林府志》卷 22《食志·户口》，凤凰出版社编选：《中国地方志集成·陕西府县志辑》第 38 册，南京：凤凰出版社，2007 年，第 346 页。

　　第二，清代陕北沿边人口结构的改变还表现在人口在区域分布上的变动。边外禁留地的开垦带动了边内的移民潮，伴随边民北移，人口在地域分布上出现南北平均的局面。乾隆年间府谷县编户四里，所辖乡村共计 227 村，而边外伙盘村落数量已达 354 个。①道光年间怀远县口内乡村 792 村，口外 437 村②，从村落分布来看，边外村落已占全县总数的三分之一强。在民国调查中常有"边外地土已越边内"的记录，如府谷县，"据现时调查，府谷边外属地几占全县之半"③；靖边县，"现时调查，靖邑边外村户之繁，已占全县大半"④；榆林县，"近年以来，开垦愈多，村庄愈密，向之称为伙盘者，今则成为村庄也，几占全县之大半"⑤（表 1-6）。

表 1-6　　1919 年陕北沿边六县边外村庄数、户数情况

	府谷县	神木县	榆林县	横山县	靖边县	定边县	总　计
村庄数/个	478	402	204	230	276	352	1 942
户数/户	4 982	2 952	1 657	2 232	2 111	2 179	16 113

资料来源：樊士杰编：民国《陕绥划界纪要》相关各县村户数量统计，民国二十一年静修斋印制。

　　当然，边外地土的扩张、村落的增加，并不标志着户口数量有逾边内，三家村、二家村还占有多数，总人口数量比之边内还要少得多。仅以府谷县为例，府谷县民国初年边内村落发展到 343 村，边外则有 595 村，而据民国十三年详细调查，府谷县有 21 963 户，152 792 口。其中，边内 13 736 户，97 346 口；边外 8227 户，55 446 口。边内人口比边外人口多 41 900 口，几乎多出一倍（表 1-7）。

---

① 乾隆《府谷县志》卷 1《里甲》、卷 2《田赋》，凤凰出版社编选：《中国地方志集成·陕西府县志辑》第 41 册，南京：凤凰出版社，2007 年，第 22—26、60 页。

② 道光《增修怀远（横山）县志》卷 1《乡村》，陕西省图书馆编：《陕西省图书馆藏稀见方志丛刊》第 12 册，北京：北京图书馆出版社，2006 年，第 321—326 页。

③ 樊士杰编：民国《陕绥划界纪要》卷 2《查界委员府谷县知事会呈文》，民国二十一年静修斋印制，第 45 页。

④ 樊士杰编：民国《陕绥划界纪要》卷 2《查界委员靖边县知事会呈文》，民国二十一年静修斋印制，第 1 页。

⑤ 樊士杰编：民国《陕绥划界纪要》卷 2《查界委员榆林县知事会呈文》，民国二十一年静修斋印制，第 5 页。

表 1-7 民国十三年（1924 年）本《府谷县乡土志》所载县域人口统计①

区域	土著		客籍	
	户数/户	人口/口	户数/户	人口/口
四乡合计	12 917	90 800	819	6 546
口外合计	7 796	52 470	431	2 976
总计	20 713	143 270	1 250	9 522

第三，清代陕北沿边人口结构最大的变化还在于民族结构的改变。明代自正统以后，蒙古部落南下，占据鄂尔多斯地区，以后余子俊修边墙，边墙成为蒙汉两族人为的分界线，边墙以内为汉人农耕区，边墙以外则为蒙古部落游牧之地。汉人越界耕牧时常会受到蒙古铁骑的冲击，明政府也明令各边将士严加防守，免起边衅，不得于界外耕牧。《明宪宗实录》成化八年（1472 年）有记："延绥沿边地方，自正统初创筑榆林城等营堡二十有三，于其北二三十里之外筑瞭望墩台，南二三十里之内植军民种田界石，凡虏入寇，必至界石内，方有居人，乃肆抢掠。后以守土职官私役官军，招引逃民，于界石外垦田营利，因而召寇，……乞敕所司申戒总兵巡抚等官，严加禁约，自后敢有仍于界石之外私役军民种田召寇者，官必降调，逃民即彼充伍。"②故在明代后期，边墙以北地域几非汉人之区，即便在短暂的和平之时，有汉人出口耕牧也是春去秋归，雁行伙聚，时居时撤。而入清以后，伴随界址北移，禁留地发展为伙盘地，进而形成村落。这种由山西、陕西移民形成的固定村落，人口构成均以汉民农户为主，蒙古族人口越来越少。关于清代陕北沿边人口的民族构成，史籍记载较少，据 1953 年人口普查，榆林全县有汉、回、蒙 3 个民族。汉族 168 672 人，占总人口的 99.98%；回族 2 人；蒙古族 33 人，蒙古族人均居住在本县与内蒙古自治区接界地。③同年府谷县的人口调查显示，"全县有汉、回、蒙 3 种民族，回、蒙两个民族仅有 2 人"④。1964 年靖边县人口普查，"全县有汉、回、蒙古、朝鲜、满、壮 6 种民族。汉族 131 435 人，占总人口的 99.97%。回族 24 人，蒙古族 6 人"⑤。以上人口调查资料显示，至迟至中华人民共和国成立初期，陕北沿边六县已基本成为汉民聚居区，蒙古族人口所占比例已微乎其微。虽然以上

① 《府谷县乡土志》卷 3《人类·户口》，陕西省图书馆编：《陕西省图书馆藏稀见方志丛刊》第 12 册，北京：北京图书馆出版社，2006 年，第 715—718 页。
② 《明宪宗实录》卷 102，成化八年三月丁巳，江苏国学图书馆传抄本，第 17 函，第 162 册，第 10b—11a 页。
③ 榆林市志编纂委员会编：《榆林市志》卷 4《人口志》，西安：三秦出版社，1996 年，第 139 页。
④ 府谷县志编纂委员会：《府谷县志·人口志》，西安：陕西人民出版社，1994 年，第 165 页。
⑤ 靖边县地方志编纂委员会：《靖边县志·人口与计划生育志》，西安：陕西人民出版社，1993 年，第 81 页。

统计数据距清代有一段距离，但从本地开发进程以及鄂尔多斯地域人口结构变动情况综合考察，这种局面的形成应始于清朝，在清代陕北沿边伙盘村落开发的过程中，不断的汉族移民改变了这里的居民构成，使其由明末的蒙古游牧之地完全转化为汉民开发之区。它与整个蒙地开放过程相始终，这一点还可参考民国年间整个鄂尔多斯七旗人口统计，其中汉族与蒙古族人口比例已基本持平，这些还不包括陕北边外人口在内，因"伊盟南境沿长城一带，有所谓牌借地及赔教地。为省旗权力所不及，故其居民无法查访，不在上列户口数额之内"①（表 1-8）。

表 1-8　民国二十一年、二十二年调查伊克昭盟（今鄂尔多斯市）七旗人口统计表

盟旗	总人口		蒙古族		汉族	
	户数/户	口数/口	户数/户	口数/口	户数/户	口数/口
准格尔旗	36 800	184 000		108 542		75 458
达拉特旗	21 432	109 597	6 815	28 263	14 617	81 334
郡王旗	2 300	9 400	1 300	4 400	1 000	5 000
扎萨克旗	1 202	4 892	802	3 292	400	1 600
乌审旗	1 795	8 976	1 795	8 976	0	0
杭锦旗	4 000	23 000	3 000	18 000	1 000	5 000
鄂托克旗	6 000	30 000	6 000	30 000	0	0
总计	73 529	369 865	19 712	201 473	17 017	168 392

资料来源：绥远通志馆编纂：《绥远通志稿》卷 35《户口》，呼和浩特：内蒙古人民出版社，2007年，第 5 册，第 34—38 页。

四、交通道路建设与商路拓展

交通道路是地域联系的纽带。明代延绥镇的交通主要服务于营堡军事供给，朝廷除了不断加强对会城西安至陕北榆林间南北驿路的修筑与维护，使之成为沿边与内地联系的主动脉外，还在东起黄甫川，西至宁夏花马池沿边墙内侧三十九营堡间亦修筑了一条漫长的通道。这条通道不仅是沟通各营堡间的主要道路，也成为沟通山西、陕西与宁夏间东西联系的主干道。但陕北与河套的交通基本处于封锁状态。入清以后，政府仍利用以往交通道路作为官方联络的主干线，同时也不断开辟便捷的交通道路网，尤其是与北部蒙古部落关系更加和谐，大大方便了两族间的经济往来，为北部交通线的开辟提供了保证。伴随着商贸

---

① 绥远通志馆编纂：《绥远通志稿》卷 35《户口》，呼和浩特：内蒙古人民出版社，2007 年，第 5 册，第 34 页。

取向的变化，陕北沿边的交通道路不断拓展，与明代相比，发生了重要的变化。

第一，榆林境内东西塘路的开辟。所谓塘路，即传递塘报之路，是清政府加强西北军事防范，为传递军事情报特辟的一条军路。其自北京北昌平州回龙观军站起，大体沿长城西行，经直隶宣化府、张家口厅，山西天镇县枳儿岭军站，陕西的府谷、神木、榆林军站，甘肃灵州花马池军站和肃州酒泉军站，出嘉峪关，再经新疆的哈密、迪化城（乌鲁木齐）、乌苏等地，达于伊犁将军驻地。沿途置军站、台站、腰站，配备塘马，专一快速地传递军事情报和军机处的命令。清道光四年（1824 年）奏定："军机处交寄西北两路将军、大臣加封书字，及各处发京折奏均由军站驰递。其内外各衙门与西北两路将军大臣往来，应行马递公文，均由驿站驰递。"[①]榆林府境内的塘路，是沿袭明朝大边、二边的军路而行，驿站也利用原明代边堡系统，东起府谷，西至定边，榆林府居于中间。其间每隔 20—30 里设站一处，最远不超过 50 里，共置正站、腰站 30 处。每正站设塘马 40 匹、马夫 20 人，腰站塘马 22 匹、马夫 11 人。雍正九年（1731 年），撤卫建县，各县又设置驿递铺，为各县境内传递公文之用。[②]从塘站的设置可以看出，榆林境内的塘路是对明代边墙东西交通线的继承与发展（图 1-2）。

第二，榆林府与内蒙古、宁夏府商贸往来"草路"的增多。"草路"有别于"塘路"，它不是政府特设，而是由蒙汉人民长期踩踏出来的沿边交通道路，大多为民间商道。清代陕北沿边最早开辟出来的"草路"大致有五条，当地人习惯称之为"五马路"，大多为东西向商路，但当地说法不一。大体上一马路，由榆林府西行，沿塘路经波罗堡、怀远堡、镇靖堡、张家畔、宁条梁、安边堡、砖井堡、定边县至宁夏府花马池，这条路基本为明代边墙内道路，仅在靖边县境跨出边外，走张家畔、宁条梁，且多数路段与塘路重合，主要运输"三边"所产食盐、粮食；二马路，由榆林城西出长城，经张冯畔至红墩界后，分出两条支线，西南经掌高兔至张家畔，与一马路合，直西经城川、白泥井至定边，也主要是运输食盐、粮食和百货；三马路，出榆林城直西偏南行，经张冯畔、大小石砭至城川后，折南行至宁条梁，与一马路合；四马路，由榆林城西北行，经补浪河、母户、陶利至三道泉后，折向西南至花马池；五马路，由榆林

① 民国《续修陕西通志稿》卷 53《交通二》，中国西北文献丛书编辑委员会编：《中国西北文献丛书》第 7 册，兰州：兰州古籍书店，1990 年影印版，第 464—468 页。

② 雍正《陕西通志》卷 36《驿传》，中国西北文献丛书编辑委员会编：《中国西北文献丛书》第 2 册，兰州：兰州古籍书店，1990 年影印版，第 445—446 页；民国《续修陕西通志稿》卷 53《交通二》，中国西北文献丛书编辑委员会编：《中国西北文献丛书》第 7 册，兰州：兰州古籍书店，1990 年影印版，第 464—468 页。

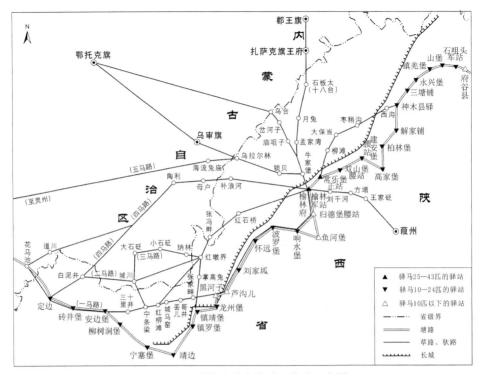

图 1-2　清代榆林府境内塘路、草路示意图①

城西出，经海流兔庙等，直达灵州，这条路主要经过伊克昭盟（今鄂尔多斯市）
腹地，以运输花马池的食盐为主（图 1-2）。以上五条草路，均位于榆林府西侧，与
内蒙古乌审旗紧密联系，路线多、运量大为其主要特点。当然，由于清代陕北沿边
民间贸易的迅速发展，草路也在不断开辟，在榆林府至神木县、葭州等地均出现了
一系列民间商道，这些商路虽无"五马路"那样知名，但其作用也不容低估。

　　第三，榆林府通往内蒙古地区商路的拓展。清代榆林府所属沿边各县，均
与内蒙古毗邻。随着内蒙古地区的日益开发，蒙古和汉族的经济交往更加密切，
贸易往来频繁。当时的归化城、托克托县、包头村及鄂尔多斯左翼前旗、中旗
（今伊金霍洛旗）、后旗（今达拉特旗），鄂尔多斯右翼中旗（今鄂托克旗）等地，
都是蒙汉人民的会集点。特别是归化城，在清康熙年间已是"商贾丛集"②；到
乾隆时期，另建新城，更是"人烟凑集"③，成为内蒙古最大的商业城市。清代

①　王开主编：《陕西古代道路交通史》，北京：人民交通出版社，1989 年，第 437 页。
②　《清圣祖实录》卷 177，康熙三十五年十月乙未，《大清历朝实录》，第 10 帙，第 10 册，第 6 页 b。
③　《清高宗实录》卷 16，乾隆元年四月甲戌、丁丑，《大清历朝实录》，第 18 帙，第 9 册，第 16 页 a、第 20 页 b。

榆林府通往蒙古盟旗的交通道路最重要的有两条：①榆林府至鄂尔多斯右翼中旗（鄂托克旗）的道路。其由榆林城北出，经牛家梁至赵元湾后，折西北行，沿席伯尔河，经庙咀子等地，直达鄂尔多斯右翼中旗；或由榆林城西行，至长海子、锁贝，再折西北至屹昂河，复西至乌审旗，由乌审旗再西北行至鄂托克旗。②榆林府至包头村和归化城的道路。此路驿程为：出榆林城北行，经牛家梁、孟家湾、刀兔，至十八台再北，经鄂尔多斯左翼中旗、东胜、后旗（今达拉特旗）、昭君坟（指包头市南的昭君坟），渡黄河至包头村（今包头市）。由包头村折东北行，即至归化城。归化城（今内蒙古呼和浩特市）东去，经张家口厅、宣化府至京师顺天府。所以，这也是由榆林府去北京的一条通道。①

　　清代陕北沿边交通道路的变化始于何时？据雍正《陕西通志》卷36《驿传》载：清代陕北塘路在靖边地方设于边外宁条梁，此时陕西官方驿站设置就已突破边墙的界限。而乾隆《府谷县志》卷2《道路》中亦记载有五堡口外道路和五堡口外牌界东西向道路。从以上两项记载可以看出，至少在雍正、乾隆时期，陕北边外交通道路就已初具规模，牌界内交通体系也已基本形成。

五、城乡市场体系的分化与重组

　　康熙初年，榆林镇市场设置沿袭明代旧制，《延绥镇志》载，"边市，距镇城之北十里许，为红山市。又东，为神木市，又东，为黄甫川市，皆属国互市处也。正月望后，择日开市。间一日一市，镇人习蒙古语者，持货往市……镇城及营堡俱有市，而沿边村落亦间有之。如黄甫川之呆黄坪，清水营之尖堡子、神木营之红寺儿、清水坪，高家堡之豆峪、万户峪。建安、双山之大会坪、通秦寨、金河寺、柳树会、西寺子。波罗逬西之土门子、白洛城、卧牛城。威武、清平之石人坪、麻叶河。镇靖之笔驾城。靖边、宁塞逬西之铁角城、顺宁、园林驿、吴旗营、把都、永济。新安边逬西之锁骨朵城、张寡妇寺、李家寺、沙家掌、五个掌者是也。其税少，止数钱，多不过二两而已。各堡之守备、把总司之，于春、秋两季解布政司充饷"②。与明代相比，除税收额度略有减少外，市场设置没有变化，基本仍沿边墙呈带状分布。

　　但是，这样的市场格局并未维持很久，伴随着边外地土的拓展，陕北长城

---

① 王开主编：《陕西古代道路交通史》，北京：人民交通出版社，1989年，第444—445页。
② （明）谭吉璁撰，刘汉腾、纪玉莲校注：《延绥镇志》卷2《食志·市集》，西安：三秦出版社，2006年，第113页。

沿线人口结构的改变，交通道路的拓展，与蒙古民族交通往来的日益增多，城镇与市场体系也发生了大范围的变动与重组，逐渐由明代的带状集中分布演变为分散的、多元发展模式，而最先打破这种格局的便是边外镇市的成长。

最早成长起来的边外镇市为靖边县的宁条梁镇，其在康熙年间就已发展起来了。康熙征讨噶尔丹时，鄂尔多斯贝勒松阿喇布就曾作为后援，为之筹粮、引路。①康熙御驾亲征，也曾驻跸榆林府，此时边墙内外已形同一家。据《清高宗实录》载，"议政王大臣等议覆：川陕总督庆复疏称，定边协口外之宁条梁、四十里铺、石渡口三处。经前督臣查郎阿请，各筑土堡一座，派弁兵驻守，原为军兴时商民凑集而设。今军需停止，行旅稀少，无需建堡。惟宁条梁有居民三百余家，应请于宁塞堡拨出把总一员，带马守兵四十名移驻。将前督臣奏请移驻之备弁兵丁，撤回原处安设。至四十里铺、石渡口二处，仍照原议派驻巡查。衙署兵房，酌量添建。应如所请，从之"②。上述记载让我们清晰地看到，塞北名镇宁条梁借康熙军兴得以发展，并初具规模，乾隆年间，大军撤离，略有衰落，人口尚存三百户之多，这在北边风沙滩地区实属人口繁盛的商业重镇了。

蒙汉贸易是边外市镇发展的最大驱动力。府谷县黄甫堡北门外的呆黄坪原设为蒙汉互市区，终明一代，一直为重要的市场中心。后由于边墙阻隔，交往不便，清政府设互市区于黄甫口外之麻地沟，取代了呆黄坪。蒙汉客商定期贸易并形成固定市场，这一改变促进了麻地沟镇的繁荣与发展。乾隆二年（1737年）陕西抚院上奏，请于麻地沟设置巡检，此时的麻地沟已发展为"秦晋之关键，夷汉之门户。现今居民一千五百余户，铺户二百余家"③的商业巨镇了，而呆黄坪则逐渐衰落下去。另外，府谷县城位于黄河北岸，跨河与山西保德县相邻。随着蒙汉交往频繁，府谷又正当陕北联系山西与鄂尔多斯蒙古的中间地带，终清一世，陕北及鄂尔多斯蒙古所需的棉布、棉花以及日常用品大多来自山西④，府谷成为沟通两地商贸往来的中坚。故入清以后，以县城刘家川为中心形成多条南北向通道，沿此道路，商贩往来，不断形成新的市场与镇市。由县城北上，经温家峁，沿黄甫川，过黄甫营、麻地沟（今府谷县麻镇）、古城镇，出境可达

①　《清史稿》卷 520《藩部列传三》，北京：中华书局，1977 年，第 14374 页。

②　《清高宗实录》卷 206，乾隆八年十二月丙辰，《大清历朝实录》，第 23 帙，第 10 册，第 9b—10a 页。

③　府谷县志编纂委员会：《府谷县志·附录·麻地沟请设巡检原奏》，西安：陕西人民出版社，1994 年，第806 页。

④　张萍：《明清陕西商路建设与市场分布格局》，陕西师范大学西北历史环境与经济社会发展研究中心编：《历史环境与文明演进——2004 年历史地理国际学术研讨会论文集》，北京：商务印书馆，2005 年，第 243—259 页。

准噶尔旗。此外，过温家峁，西北沿清水川北行，过清水堡可至哈拉寨（今府谷县哈镇），仍是一条通往鄂尔多斯贝子境的重要商道。民国年间人称："府谷县边外属地几占全县之半，哈拉寨、沙梁、古城等镇商业繁盛，为全县精华萃聚之区，由哈拉寨东北行三百五十里，为通包头镇控道，汉蒙贸易，往来若市，汉以五谷布匹、茶叶等类为大宗，蒙以皮毛、牲畜为特产，彼此交易，信用各著。"①因此，由于府谷县边外地土的开发，人口北迁，商业格局出现了北重于南的局面，在明代边墙以北地方兴起了麻地沟、哈拉寨、沙梁、古城四大重镇，成为府谷县最重要的商业市镇。以至民国时，陕绥划界，府谷地方提出，此地"一旦划归绥区，不惟诸政立即停止，即汉蒙贸易因关税之设势必断绝"，对于两地经济的发展将造成极大困扰，可见边墙以北地土以及相关镇市的发展对带动这一地区经济成长之促进作用。当然，由于县南北交通的打通，汉蒙贸易频繁，在北边市镇贸易带动之下，边墙以南沿南北交通线亦不断生成新的市镇。乾隆时期，盘塘、碛塄、圆子占、石马川四处集镇已经成长起来②，与边墙以北之镇市构成南北贸易统一体，且持续发展，构成省内重要的交易中心。这样，至少自乾隆年间开始，府谷境内镇市的分布格局已经发生了重大改变，晚清时期则进一步打破了明代沿边墙集中分布的旧有局面，形成了一个覆盖全境，大小不一，沿主要商道分散布局的统一的市镇网。

变化最巨的要数靖边县。靖边县设治时由靖边、龙洲、镇靖、镇罗、宁塞五堡构成，县城设于原明代的靖边营。靖边营处于二边以内，是明代榆林镇沿边各营堡中位居腹里的堡镇，向北可达镇靖堡，与沿边交通往来，向南经杏子城、园林驿、安塞通延安府城，内外联系均较方便。这也是靖边县设治于此的主要原因，明清以来此城一直为靖边之首镇。然而，自康熙平定噶尔丹，实现蒙汉一家，边内与边外经济协调发展，靖边县的经济也随之超越牌界，向北伸展，宁条梁率先发展起来，成为靖边县甚至整个沿边地区最早发展起来的边外城镇。伴随着边外垦殖的推进，靖边县经济发展由对内延安府转为对边——蒙古贸易。经济中心开始北移，与宁条梁仅一墙之隔的镇靖堡由于位处东西交通要道，设置塘汛，成为"通商大路"，商贾往来，贸易繁盛，"城中向极繁富"③，

---

① 樊士杰编：民国《陕绥划界纪要》卷1《查界委员府谷县知事会呈文》，民国二十一年静修斋印制，第43页。

② 乾隆《府谷县志》卷1《市集》，凤凰出版社编选：《中国地方志集成·陕西府县志辑》第41册，南京：凤凰出版社，2007年，第30页。

③ 光绪《靖边县志稿》卷4《艺文志·兴镇靖城中集市告示》，凤凰出版社编选：《中国地方志集成·陕西府县志辑》第37册，南京：凤凰出版社，2007年，第358页。

经济渐超县城，"承平时治在新城（靖边营城后称新城），税局在镇靖"①，而靖边营城则位居腹里，逐渐失去了发展的优势。同治年间陕甘回民起义，关中、陕北受害颇巨，靖边县城堡皆毁，"四乡居民沿崖傍涧，往往二三十里仅见一二人家"②，"民数无几，荆榛瓦砾之场。回忆昔时全盛，竟不得百分之一二焉"③，县城靖边城，"城陷破坏"，"民多逃亡"，"衙署一切均被贼毁"④。这次战争无异于雪上加霜，使原本已衰落的老城更加破败。同治八年（1869 年），县治彻底迁至北边镇靖堡。关于迁治原因，靖边地方多强调是靖边堡在回民起义战争中遭受的破坏较大，甚至到二十余年后的光绪年间"仍无人烟"。而镇靖堡虽在战乱中也遭到破坏，但相比而言，"五堡均被贼毁，民多逃亡，惟镇靖居民尚有三四十家"⑤，与靖边堡的人烟全无相比，情况要好一些。而实际原因当与靖边县经济中心的北移有关。镇靖堡在战乱前既已发展为"商贾云集，为繁要地"了，且与蒙古贸易频繁。县治迁于此堡对靖边县总体经济的成长无疑更为有利，也为民国以后县城再次北迁张家畔，彻底脱离明代的边堡系统准备了条件。⑥府谷、靖边如此，其他四县发展也与之大体相当。

六、区域经济整合与社会变迁

清代陕北长城内外经历了历史上最重要的一个变革期。由于这一带在历史上一直是北边民族交错带，民族争端、农牧演替此消彼长。城镇聚居体大多由堡寨发展而来，军事防御之需求带动了城镇体系的发展，区域的经济发展也往往建立在军事消费基础之上。至清代，伴随蒙汉关系协调，两族间的交往不断

① 光绪《靖边县志稿》卷 4《艺文志·兴镇靖城中集市告示》，凤凰出版社编选：《中国地方志集成·陕西府县志辑》第 37 册，南京：凤凰出版社，2007 年，第 358 页。

② 光绪《靖边县志稿》卷 4《艺文志·拟改修城垣未能筹办通禀由》，凤凰出版社编选：《中国地方志集成·陕西府县志辑》第 37 册，南京：凤凰出版社，2007 年，第 347 页。

③ 光绪《靖边县志稿》卷 1《户口志》，凤凰出版社编选：《中国地方志集成·陕西府县志辑》第 37 册，南京：凤凰出版社，2007 年，第 288 页。

④ 光绪《靖边县志稿》卷 4《艺文志·捐廉创修书院拟抵衙署禀本道府》，凤凰出版社编选：《中国地方志集成·陕西府县志辑》第 37 册，南京：凤凰出版社，2007 年，第 348 页。

⑤ 光绪《靖边县志稿》卷 4《艺文志·拟改修城垣未能筹办通禀由》，凤凰出版社编选：《中国地方志集成·陕西府县志辑》第 37 册，南京：凤凰出版社，2007 年，第 346 页。

⑥ 李大海：《明清民国时期靖边县域城镇体系发展演变与县治迁徙》，陕西师范大学西北历史环境与经济社会发展研究中心编：《历史环境与文明演进——2004 年历史地理国际学术研讨会论文集》，北京：商务印书馆，2005 年，第 260—274 页。

加深，整个社会也发生了翻天覆地的变化。

边墙外从禁留地到伙盘地的发展过程人为地将沿边六县的地土向外延展，虽然终清一代，这一带伙盘地并没有划定归属，但很明显，人口为口内陕民，土地也由过去的牧区变为农区或农牧兼营区。不管清政府愿不愿意承认，沿边五十里禁留地成为农业的扩展区，也是陕北六县的外延区，为民国以后划界分疆、禁留地最终归入陕西做好了经济准备，也夯实了社会基础。

沿边人口结构的变动，大大改变了这一带的城乡结构体系，军户转民户，以一家一户小农经济为主体的城乡聚居体，构成了当地的主要人口成分。边外的延展又打破了以往营堡集中发展的形态结构，民族结构由蒙转汉，城乡聚落体系发生了重大的变化。

交通是区域联系的纽带。清代陕北长城沿线的交通已完全突破明代边墙的阻隔，无论是官驿大道，抑或民间"草路"，均出现了东西与南北向的拓展，尤其在边墙以北延伸出一系列网络状交通路线，将边墙内外整合为一体，四通八达，为陕北经济的外向发展提供了保障。

以上社会变迁带来了城镇与市场体系的大范围变动与重组。县镇市场格局突破了边墙——这一人为界线，由明代的带状集中分布演变为分散的、多元发展模式，使边内边外经济结构联为一体。虽终清一代，旧有的体系仍在发挥着作用，但新的经济增长点也在蓬勃兴起，经济与社会结构发生了本质的变化，而这种变化又都是建立在边疆内地化的基础之上的。如果说陕边六县经济地理格局肇基于明代，那么，清代沿边经济的发展又促使其进行了一系列大范围的分组与重构。进入民国以后，陕北边界延展，陕绥（绥远省）重新划界，以及新兴市镇彻底取代明代边堡系统，这种变革表现更加明显。

第三节　从军城到治城：北边农牧交错带
城镇发展的轨迹

一、作为军镇的明代榆林镇之崛起

今陕北榆林市位于内蒙古毛乌素沙漠与陕北黄土高原交接地带，东经

108°58′—110°24′，北纬 37°49′—38°58′，是今天陕北地区的一个重要政治、经济、文化中心。从城市发展进程来看，榆林城市兴起的历史并不算长，由于这一地区一直是我国北方少数民族聚居地，行政建置起步迟。宋元以前，榆林作为地名尚未出现。明初榆林开始出现居民点，文献上称之为榆林庄。侯仁之先生认为，榆林庄居民点的出现，与普惠泉的水源"应有密切关系"。①《榆林县乡土志》载："（榆林城内）偏北有普惠泉，水由山根涌出，疏而成渠，灌溉园圃，郡人半汲食之。"②永乐初年"守臣奏筑营寨，集军望守"③，于是改榆林庄为榆林寨。

榆林城镇的崛起与明王朝对蒙古的战争有密切关系，其时间大抵从"土木之变"肇启。"土木之变"是明王朝与蒙古争战的一个转折点，1449 年，英宗被掳，蒙古军队也顺势占据了鄂尔多斯地区，延绥镇（初设治于今陕西省绥德县）的战略地位大大提高。为防范入套蒙古部族对延安、绥德与庆阳等地的骚扰，正统二年（1437 年），镇守延绥等处都督王祯开始在榆林一带修筑城堡，设防备敌。沿边共修筑城堡二十四座④，大致分布在榆林边区，今长城沿线。成化时期，余子俊筑边墙（今称长城），改守套为守边墙，至此，明王朝北边防线内移到边墙以内，榆林地区真正成为防卫前线。与此同时，边镇将领也加强了榆林寨堡的拓修工程。

成化七年（1471 年）闰九月，巡抚王锐在原榆林寨基础之上拓修城堡，立榆林卫于此。⑤九年（1473 年）六月，余子俊将延绥镇移驻于榆林卫城，榆林正式成为整个长城沿线的重要守卫据点，延绥镇的中心，全镇的心脏。榆林堡改建为延绥镇，主要是考虑到它交通地理位置的重要性。在整个陕北长城沿线，榆林镇基本上处于中间地带，是联系东西各路营堡的中坚，而向南与绥德、延安以及葭州（今陕西佳县）均有便捷的道路联系，是集军、运输以及传递军机最方便的地点。

伴随着榆林镇军事地位的提高，镇城规模也在不断扩大。成化初年余子俊

---

① 侯仁之、袁樾方：《风沙威胁不可怕 "榆林三迁"是谣传——从考古发现论证陕北榆林城的起源和地区开发》，《文物》1976 年第 2 期，第 66—72、86 页。

② 民国《榆林县乡土志》卷 1《地理》，民国六年编、抄本，全国公共图书馆古籍文献编委会编：《中国西北稀见方志续集》第 3 册，中华全国图书馆文献缩微复制中心，1997 年，第 58—59 页。

③ 榆林市志编纂委员会编：《榆林市志》卷 28《附录·碑文·新建榆林卫庙学记》，西安：三秦出版社，1996 年，第 814 页。

④ 《明史》卷 91《兵三》，北京：中华书局，1974 年，第 2237 页。

⑤ （明）谭希思编辑：《皇明大政纂要》卷 30，湖南思贤书局刊本。

在迁移延绥镇址的同时，即将原榆林堡向北扩建，扩建的部分当时称作"北城"，旧有部分则称"南城"。成化二十二年（1486年），巡抚黄黻又展拓关城。弘治五年（1492年）巡抚熊绣拓展南城，形成周围凡一十三里三百一十四步的规模。正德十年（1515年）又增修南关外城。隆庆元年（1567年）再加筑一段外罗城，于是形成了榆林城的最后规模。以后嘉靖、万历年间各届巡抚又有修缮，"渐用砖甃"①，然规模无变化。入清以后，其又有多次修缮，一直维持到清后期，由于风沙湮埋才在北墙部分向南收入大约一百六十丈，以后城池再无变化。可见榆林城镇的最终形成过程中，明代是一个关键时期。

榆林镇是以军事城堡的形式出现的，由于升堡为镇，榆林镇的官兵人数急骤增多，康熙《延绥镇志·地理志》载，万历年间驻军达3644人，马骡1978匹（头）。出于军事、政治发展的需要，榆林镇大兴土木，修建各衙署。据万历《延绥镇志·镇城图》中的标注以及相关资料记载，当时榆林镇城中的军政衙门有布政司、管粮厅、兵备道、都察院、总督府、会事厅、左营衙门、右营衙门、医学、城堡厅、游击衙门等，另外还设有官方驿站榆林驿，以及征收商税的税课司等。从以上衙署设置情况来看，其军事性质非常明确，而榆林镇城的修筑也大半考虑军事防御需要，"半倚驼山为固，西临榆溪、芹河诸水，系极冲中地"②。从整个布局结构来看，榆林城北依长城，西、南两面以河水护卫，东部有驼峰山高地，完全体现了边城要塞的防卫需要。这种军事地形的选择，影响了镇城发展的走向，从几次拓城来看，由于受到东西两面河水和山势所限，镇城只能向南北发展，形成了南北狭长的不规则矩形布局。

二、军卫带动下的城镇政治、经济职能扩展

伴随着镇城军事重镇地位的提高，榆林的经济与文化进一步发展，镇城的政治与经济职能也在加强。镇城中设有总镇署，作为三边总镇、政令中枢，榆林镇成为这一带号令四方的中心。另外，榆林镇城还担负着保证下署营堡军需供应的重责，城中设有广有库、新建库、抚赏库、榆林卫库、神机库、军器库、

---

① （清）谭吉璁纂修，陕西省榆林市地方志办公室编：康熙《延绥镇志》卷1《地理志》，上海：上海古籍出版社，2012年，第13页。

② （清）谭吉璁纂修，陕西省榆林市地方志办公室编：康熙《延绥镇志》卷1《地理志》，上海：上海古籍出版社，2012年，第12页。

利益库、药局、置造局①等不同功能的仓库，储存边镇所需各种物资，为边镇物资调配服务。如本省及山西、河南民运粮或折色征发的银、布等，当时布政司规定"鄜、延本色输镇城，环、庆等处输边堡"②，这些商业职能可参考上节论述，从中可见镇城的货物来源有山西、河南者，而且包含江南、川广南方市场上的货品，这些货品主要也是用于边镇各营堡军需的。另外，自余子俊创建镇城以后，为保证榆林官兵子弟文化素质的提高，立即着手发展教育，兴修屯田。"清厘陕人有伍籍诡落及罪谪者，徙实之。择其才子弟，为建学立师教之。又开界石外地，兴屯田，岁得粮数万石。事皆创始而经画焕然，自是榆为雄镇。"③发展高峰时，榆林镇已是"巍然百雉，烟火万家"④，"屹然为三边雄镇"⑤，成为西北边陲屈指可数的繁华城市之一。当时榆林镇城中聚集着大量军事将领，多"素封"之家，这些官宦世家聚居镇城，改变了城镇的整体文化氛围。榆林城镇建筑格局十分规整，所建衙署、庙宇、学宫及官员府邸、富户宅居、店铺等多仿效京城建筑风格，为砖瓦结构，四合院式建筑，有亭台楼阁、牌坊、塔楼，素有"小北京城"的称誉。⑥

军事与文化的发展，又带动了商品经济的进步，明代的榆林镇成为北部边塞的商业中心城市。⑦镇城南北两区均分布有米粮市、柴草炭市与盐硝市。北米粮市、柴草炭市俱在鼓楼前，南米粮市、柴草炭市，俱在旗神庙前后，盐硝市各随南北米粮市、凯歌楼位居城镇中心，是全镇最繁华的区域，也是市场集中区。杂货市在凯歌楼前，以后又经发展向北延续直达鼓楼附近，驼马市在凯歌楼南，猪羊市在税课司南，即南城新明楼附近。镇城广有仓前又有木料市⑧，由

①　（明）郑汝璧等纂修，陕西省榆林市地方志办公室整理：万历《延绥镇志》卷 2《边饷・贮所》，上海：上海古籍出版社，2011 年，第 128 页。

②　（清）谭吉璁纂修，陕西省榆林市地方志办公室编：康熙《延绥镇志》卷 2《食志・运法》，上海：上海古籍出版社，2012 年，第 84 页。

③　（清）谭吉璁纂修，陕西省榆林市地方志办公室编：康熙《延绥镇志》卷 1《地理志》，上海：上海古籍出版社，2012 年，第 32 页。

④　榆林市志编纂委员会编：《榆林市志》卷 28《附录・碑文・香严寺新创万桃山序》，西安：三秦出版社，1996 年，第 817 页。

⑤　榆林市志编纂委员会编：《榆林市志》卷 28《附录・碑文・重修榆林镇城记》，西安：三秦出版社，1996 年，第 819 页。

⑥　榆林市志编纂委员会编：《榆林市志》卷 11《城乡建设志》，西安：三秦出版社，1996 年，第 331 页。

⑦　明代中后期，陕北蒙汉边界区军事城镇具有商业化发展趋势，相关内容可参张萍：《明代陕北蒙汉边界区军事城镇的商业化》，《民族研究》2003 年第 6 期，第 76—85、109 页。

⑧　（明）郑汝璧等纂修，陕西省榆林市地方志办公室整理：万历《延绥镇志》卷 2《钱粮下・关市》，上海：上海古籍出版社，2011 年，第 162 页。

于北城为镇城中心，故各市场均偏居城北。南部米粮市、柴草炭市则居南关之外，旗神庙前（旗神庙在南关外）。很明显，这一市场不仅仅是为南城居民购买米粮、柴炭、盐硝而设，同时具有一定的批发功能。市场设于南关外，既方便附近地区粮食售卖者随近就市，又不受城门启闭的制约，方便转输。

除供边镇服务的军需市场外，榆林镇城北尚存在一处大规模的交易市场，即与北边蒙古交易的官方贡市市场——红山市。红山市距离榆林镇城偏北十里许长城口外。[①]嘉靖四十三年（1564 年），为方便双方贸易，延绥镇将在此督筑城，成为陕北地区最大的边贸市场，"当贡市期，万骑辐辏"[②]，交易相当活跃。

贡市是蒙汉间官方互市的一种形式。由于明王朝自建立伊始即与蒙古处于对立状态，双边百姓互市贸易受到很大限制。明政府对蒙古长期施行经济封锁，嘉靖初年，双方达成协议，在榆林等蒙汉交界处开设互市场所，进行官方贸易，红山市是其中之一。其时规定："汉商以茶、布、绸缎等上市，禁易粮食、铜铁器；蒙古以羊、牛、绒毛、皮张等上市，禁易马匹。"隆庆五年（1571 年），明穆宗接受了高拱、张居正等人建议，对蒙古采取缓和互市政策，九月，红山市再次开市。在此之前，延绥镇动用十万两库银，"委官带领铺商人等前往出产缎布等货的地方，照依彼时市估银两易买，星驰运赴市所，专备易马"。当时巡抚郜光先著文《仰仗天威疏》[③]记录了此次互市的前后经过，从中可以了解到如下信息。

第一，此次互市以官市为主。官市资金来源包括"客兵银一万两，专备抚赏……专听互市一切宴赏之用，事完分别造册奏缴"。其他还包括各镇"桩朋、肉脏、地亩等银，原系买补各营入卫倒、死马匹正项"银，现用为易马之资。可见，延绥镇互市皆由本镇出资进行交易。

第二，官市以易马为主，所用的货品包括绸缎、梭布、茶叶等，这些货品均为镇城官将带领本镇铺商人等前去产地买来。这种交易将官方与私商结合为一体，商人参与其中，既是官方代表、物品的采购者，又是互市市场交易者，对带动榆林镇城商品交换的发展是有利的。

---

① （清）谭吉璁纂修，陕西省榆林市地方志办公室编：康熙《延绥镇志》卷 2《食志·市集》，上海：上海古籍出版社，2012 年，第 91 页。

② （清）谭吉璁纂修，陕西省榆林市地方志办公室编：康熙《延绥镇志》卷 6《艺文志·镇北台记》，上海：上海古籍出版社，2012 年，第 546 页。

③ （清）谭吉璁纂修，陕西省榆林市地方志办公室编：康熙《延绥镇志》卷 6《艺文志》，上海：上海古籍出版社，2012 年，第 470—471 页。

第三，对商贩明确限制。"大家止许市马一二匹，余小家或每家一匹，或两家一匹，不许贪多拥挤。货物不足，徒费往返。"

第四，确定了以后双边互市的时间，即每年的三月，"每开市一次，许十日即止"。

蒙汉由于所处的地理环境不同，双边经济发展形式各异，互利互惠的双边贸易是无法用政治力量加以遏止的。大量蒙古牧民对内地商品的需求与依赖形成了巨大的市场潜力，这种潜力在明代却因双方战争而受到限制，发展扭曲，这种情况一直延续到明末。

万历以后，蒙古族与汉族在红山互市的次数不断增多，商品交易额十分可观。尤其万历九年（1581 年）以后，红山互市几乎年年举行，政府投入的易马银均在一万两左右，每年购易马匹都在一千匹以上。如：

（万历）九年，红山互市。用银九千一百三十六两零，易马一千六百二十四。时虏往西，未全市故。

（万历十年）九月，红山互市。用银一万一百二十两零，易马一千九百七十四匹。

（万历）十一年，红山互市。用银九千三百一十九两零，易马一千七百五十八匹。

（万历十二年）九月，红山互市。用银九千二百七十五两零，易马一千六百七十匹。

（万历）十三年，红山互市。用银一万六百九十九两零，易马一千六百八十三匹。

（万历）十四年，红山互市。用银一万七百三十七两零，易马一千六百八十五匹。

（万历）十五年，红山互市。用银一万三千六百一十八两零，易马一千九百八十一匹。

（万历）十六年，红山互市。用银一万三千二百一十八两零，易马一千八百二十四匹。

（万历）十七年，红山互市。用银一万二千五百五十八两零，易马一千七百六十八匹。

（万历）十八年，红山互市。用银一万二千三百八十一两零，易马一千八百四十二匹。

　　（万历）二十九年，复款，互市红山。用银二万五千三百九十六两零，易马二千七匹。

　　（万历）三十年，红山互市。用银二万三千六百一十三两零，易马一千九百九十六匹。①

　　红山互市不仅限于官方贡市，与之并行的还有民市开放。民市是在官市之外，蒙古族与汉族百姓或商贩间的交易。这种交易早在明初即有，但由于政府限制，一直未得到扩展。隆庆五年（1571年），明政府在开贡市之后，又允许百姓间互市，"官市毕，听民私市"②。民市贸易得以迅速发展，当时民市无论从双方交换的货品种类，还是数量上都要远远大于官市贸易。据《万历武功录·俺答列传》载，双方互市的商品，内地有缎、绸、布、绢、棉、针线、篦梳、米、盐、糖、果、梭布、金等，蒙古牧民有马、牛、羊、骡、驴、马尾、羊皮、水獭皮、皮袄等。万历以后，明政府与蒙古间的官市贸易逐渐衰落，民市贸易则不断发展，明政府对蒙古族与汉族间的贸易干预也在不断减少，红山市也由年市到月市，直到清初演变为隔日市。不管怎样，红山市官市与民市都是由商人直接参与其中的，官市贸易中易马货品也大多由商人随将官去产地购买而回，民市中更免不了商人的参与。明代陕西商帮中有很大一部分人都是在这种边市贸易中获利的，由此也能反映出红山市发展的一个侧面。总之，红山市是榆林镇商业市场的一个重要组成部分，同时也将北方游牧民族与中原农耕民众紧紧联为一体。

　　当然，从明代榆林城市商业发展来看，其商业职能主要还局限于官方市场，或为满足镇城及周围堡寨军事消费提供保障，或为官方互市提供场所，它的发展在很大程度上还受到官方市场调控与军事和战因素的影响，市场辐射范围与影响力还十分有限。

三、清代榆林府的设置及其政治、经济职能的强化

　　入清以后，西北地区的政治格局大大改变，原明代北边军防体系亦随之改

---

① （明）郑汝璧等纂修，陕西省榆林市地方志办公室整理：万历《延绥镇志》卷3《纪事》，上海：上海古籍出版社，2011年，第233—237页。

② （明）王士琦：《三云筹俎考》卷2《封贡考》，中国西北文献丛书编辑委员会编：《中国西北文献丛书》总第102册，兰州：兰州古籍书店，1990年影印版，第71页。

变。清军入关以后，在完成平定中原、稳固政权统治的前提下，统治者进一步致力于对边疆地区的控御与开发。康熙三十年（1691 年），康熙帝亲往塞外，抚绥安辑喀尔喀蒙古，至多伦淖尔（今内蒙古自治区多伦县）主持会盟，受喀尔喀汗及各台吉朝，编审旗分，与内蒙古四十九旗同列。三十五至三十六年（1696—1697 年）康熙帝又三次出塞，御驾亲征，平定了蒙古准噶尔部以噶尔丹为首的分裂势力的叛乱活动，统一了漠南、漠北蒙古，将内外蒙古正式纳入大一统王朝统辖的版图之内。边疆开发进程进一步加速，蒙古民众的生产、生活方式也随之改变，而陕北地区也由明代的边防前线退居为内陆省区。伴随着陕北边塞内地化的发展进程，陕北与鄂尔多斯地区的汉蒙关系走上正常化轨道，民族交往不断加强。康熙三十六年（1697 年），伊克昭盟（今鄂尔多斯市）盟长松拉普奏请朝廷，"乞发边内汉人，与蒙古人一同耕种黑界地"①。所谓黑界地，本是清初政府在蒙汉边界划定的隔离两族的中间地带，而此时伊克昭盟（今鄂尔多斯市）盟长却主动提出要与汉民一起开发原来的封禁地。与此同时，榆林道官员佟沛年也提出"以榆、神、府、怀各边墙外地土饶广，可令百姓开垦耕种，以补内地之不足"②。清政府考虑到利害得失，最终决定"有百姓愿出口种田，准其出口种田，勿令争斗"③，自此放宽了蒙汉边界政策，允许汉民到长城以北地带与蒙古牧民合伙开垦边外土地，"黑界地"转为"伙盘地"④。这样，榆林沿边开放，经济得到空前发展，吸引了大批山西、河北等地的民众、商贾来此垦田、经商并移民定居。民族间的经济交往逐渐打破了时空界限，市场交易也不仅仅局限于红山市一地一时。⑤

随着蒙汉双边经济往来的增多，包括榆林地区在内的北边边区军事防卫性质逐渐弱化，撤镇设县成为当务之急。雍正九年（1731 年），政府正式在今山西、陕西、甘肃、宁夏、青海等省（自治区）原明代边镇地区施行改制，撤镇设县。今榆林地区正式设置以府、县为单位的行政治所，划界分疆。榆林具有最为有利的交通与地理位置，以及原有的明代北边重镇的旧有基础，当仁不让

① 《清圣祖实录》卷 177，康熙三十六年三月乙亥，《大清历朝实录》，第 10 帙，第 11 册，第 6 页。
② 民国《榆林县乡土志·政绩录·兴利》，民国六年编、抄本，全国公共图书馆古籍文献编委会编：《中国西北稀见方志续集》第 3 册，中华全国图书馆文献缩微复制中心，1997 年，第 6 页。
③ 《清圣祖实录》卷 177，康熙三十六年三月乙亥，《大清历朝实录》，第 10 帙，第 11 册，第 6 页。
④ 道光《增修怀远县志》卷 4《边外》，清道光二十二年刻本。
⑤ 清朝初建之时，榆林驻军尚未完全撤出，蒙汉双边仍以互市为主，红山市从正月望日后开市，"间一日一市"，互市货物，汉商以"湖茶、苏布、草段、盐、烟，不以米，不以军需"，蒙古牧民所带的货物多为"羊绒、驼毛、狐皮、羔皮、牛、羊、兔，不以马"。(清)谭吉璁纂修，陕西省榆林市地方志办公室编：康熙《延绥镇志》卷 2《食志·市集》，上海：上海古籍出版社，2012 年，第 92 页。

地成为这一地区府治所在地，即榆林府。府下设附郭县及神木、怀远（今陕西横山县）、靖边、定边五县，榆林正式成为陕北地区的行政中枢。

作为地方上府一级的行政治所，榆林府城的政治职能更加突出。雍正九年（1731年）设榆林府、县署后，原明代的旧有衙署城堡厅改为府署，知县署占用原察院，道署移建在新明楼巷。在此之前，康熙初年就曾整修或重建各衙署，原明代榆林城北部所建榆林卫、兵备道、管粮厅、布政司等带有军事性质的衙署或已废弃，或改作他用，而相应地增修、扩修了文庙、学宫、书院等各种文教设施，以及钟楼、鼓楼、凯歌楼、新明楼等各种城市标志性建筑。康熙至乾隆年间又修建了万佛楼、文昌阁等宗教与文化性建筑，城市的军事氛围一扫而空，军事城镇转向地方化发展，榆林的城市性质彻底改变。

乾隆元年（1736年）清政府又批准榆林府部分地区"准食蒙盐，并无额课"，这样又疏通了鄂尔多斯盐、碱流向内地的通道。双边封锁解除以后，榆林城一改过去东、西、南三路联系，而变为东西南北四达通衢。乾隆以后逐渐辟出榆林长城以北通往神木、定边及鄂尔多斯草原各旗间的通道。以榆林为起点，大体有五条通道，当地称之为"五马路"，较重要的有榆林城至乌审旗，城川达定边，榆林城至乌审旗达鄂托克旗。民族交往的频繁，交通道路的增辟，都为榆林商贸发展提供了保障。此时榆林城市商业的发展一改明时官方控制的局面，进而转为民间交往，其市场辐射力更是增强。每年大批榆民携带茶、烟、布匹以及皮靴、火链、佩刀、铜锡器、皮货、羊毛口袋、毡、马鞍挽具、银器等手工业品出口外贩卖，买回蒙古驼、马、牛、羊以及相应的畜产品，榆林城成为北方重要的畜产品集散地及毛皮专卖市场，马、牛、骆驼等均为市场上重要的商品种类。据《榆林县乡土志·物产》载：马则由于"本邑地连蒙界，动物之蓄惟马为最，每岁五、七、九月由蒙地来集，市县境四五日或七八日，电驰腾骧队立，身材稍逊于西产，而偶傥过之"；牛则"产自蒙地者多，每岁正、十月集市十余日，购者甚众"；"骆驼，产自蒙地，邑人购回，取其刍荛省而所负重，奔走于并门伊、洛之间，时获什一之利焉"。清代榆林地区多与蒙古进行马、牛、骆驼等牲畜产品的交易，这种交易大多集中于榆林府城，榆林市场担负着北方农耕民族与西北游牧民族双边贸易的中坚与集散职能，可以说是西北最重要的畜产品市场。

榆林城作为北方畜产品中转市场，从清代至民国一直驰名远近，它的市场吸引范围以及产品销售额都非常可观。据民国时人所撰《延绥揽胜》记载，榆林城"每岁跑边的边客（也叫边商，到蒙古做生意的汉族商民，时仅榆林城就有一千余人）七月回家，秋高牛马肥硕，均牵归贩卖，届期晋商及南路秦川的客人辇金群来，争购牛马，交易畅旺，牛马成群，故有七、八、九、十月四大集会。蒙汉糜集，商贾辐辏，皮毛货物满载汇聚。因之经纪栈店，奔走关说，承交过付之人赖以生活，觅利者充斥市场，驰驱道跑"。交易范围包括陕西、山西、河南乃至直隶各省，每年数量亦不少（表 1-9）。

表 1-9　清末民初榆林输入蒙古货物表

货品	数量	产地	销路
马	1 000 匹	蒙古	陕、晋、豫
牛	1 000 余头	蒙古	本境、晋
骆驼	无定额	蒙古	本境
绒毛	10 000 余斤	蒙古	泾阳，近时运山西、直隶
驼毛	无定额	蒙古	本境
兔	10 000 余只	蒙古	本境
酥	无定	蒙古	本境
雕翎	数十副	蒙古	本境

资料来源：民国《榆林县乡土志·物产》，民国六年编、抄本，全国公共图书馆古籍文献编委会编：《中国西北稀见方志续集》第 3 册，中华全国图书馆文献缩微复制中心，1997 年，第 88—89 页。

此外，榆林城还担负着内货外运的职能。大量蒙古游牧民族所需货品均由本处转输，包括本地所产皮鞓、火链、铜锡器、皮货、羊毛口袋、毡、马鞍挽具、银器等，以及外运而来的湖茶、梭布、烟酒、红白糖等。榆林边商入蒙，大多携带茶、烟、布匹等内地产品进行交易。[①]顺治十年（1653 年），榆林、神木二道始行茶法，《神木县志》载，"边地食茶与他省异，茶产于楚南安化，商人配引，由襄阳府验明截角运赴榆林，行销榆属五州县及鄂尔多斯六旗，其茶色黄而梗叶粗大，用水沃煎以调乳酪，以拌黍糜，食之易饱，故边人仰赖与谷食等"[②]。时发引征商，"商人俱往荆襄市茶，至边口易卖"[③]。当时行茶者往往"与烟并至"[④]，成为销往蒙古的重要货品。陕北地区榆林为茶、烟总站，许

---

① 民国《榆林县乡土志·物产》，民国六年编、抄本，全国公共图书馆古籍文献编委会编：《中国西北稀见方志续集》第 3 册，中华全国图书馆文献缩微复制中心，1997 年，第 86—90 页；道光《神木县志》卷 2《舆地下·物产》，凤凰出版社编选：《中国地方志集成·陕西府县志辑》第 37 册，南京：凤凰出版社，2007 年，第 483 页。

② 道光《神木县志》卷 4《建置下·茶政》，凤凰出版社编选：《中国地方志集成·陕西府县志辑》第 37 册，南京：凤凰出版社，2007 年，第 510 页。

③ （清）谭吉璁纂修，陕西省榆林市地方志办公室编：康熙《延绥镇志》卷 2《食志·茶法》，上海：上海古籍出版社，2012 年，第 89 页。

④ （清）谭吉璁纂修，陕西省榆林市地方志办公室编：康熙《延绥镇志》卷 2《食志·烟税》，上海：上海古籍出版社，2012 年，第 90 页。

多榆林茶商还在外地设分店，如神木县"南关外茶店一处；高家堡南门外茶店一处；分管札萨克台吉旗地方茶店一处，用蒙古包设铺，囤茶时有迁移；分管郡王旗地方茶店一处……以上四茶店均系榆商分设"①。

双边贸易的发展也促进了本城经济的繁荣。道光时期，榆林城市场分为三区：一为县北红山市集，仍为蒙汉交易之处，时称"镇北台马市"，每年五月集会三日；二为县南关集，每年七、九、十月集十日；三为县城集市，"岁无虚日"②。城内店铺大多分布于城中南北大街东西两侧，此为榆林市场的集中区。其时，榆林城中市场繁荣，"登万佛楼，俯视市廛栉比，似京师崇文市"③，榆林城市场可与京师崇文门市相提并论，足见其繁华程度。清中叶县中仅当铺就有近三十座，全县牙人十三名。榆林府每年征收商税银一千九百六十两，茶课银三百九十两。④从清中叶至民国，榆林城商业店铺一直保持在二百家以上。以民国二十年（1931年）左右统计来看，榆林城有私营皮毛庄、店铺三十多家，绸缎布匹、百货、烟茶等杂货大商店三十多家，小店铺五十多家，大小杀坊（屠宰）四十多家，粮米店铺七家，盐店五家，染房六家，油坊十多家，大饭馆八家，小饭摊三十多家，货栈三十多家，从业人员一千余人。⑤此时虽距离清代已逾二十年，但商业店铺的数量、规模与清末大体相当，变化不大。

清代榆林城商业辐射范围大体来说，北达蒙古，西到山西乃至直隶，东至定边以远，南达关中。除北边与蒙古的商贸往来外，本地所产羊皮、绒毛为泾阳毛皮加工的主要原料；蒿子、款冬花、麻油、羔皮、羊皮等货品则远销山西，有些直达直隶；而陕北长城沿线各县所需梭布、棉花、绸缎洋货、铁等货，则又来自山西，销于附近各州县（表1-10）。清代的榆林府城是陕北地区名副其实的北边商贸中心，较明代发展程度又有过之。

总之，清代榆林府的设置为榆林城市经济的发展提供了行政上的保障，城市转型也成为促进城市繁荣的一个外在动力，今天陕北榆林作为北边重要的政治与经济中心，亦奠基于此。

---

① 道光《神木县志》卷4《建置下·茶政》，凤凰出版社编选：《中国地方志集成·陕西府县志辑》第37册，南京：凤凰出版社，2007年，第510页。

② 道光《榆林府志》卷24《市集》，凤凰出版社编选：《中国地方志集成·陕西府县志辑》第38册，南京：凤凰出版社，2007年，第357页。

③ （清）顾骏：《榆塞纪行录》卷1《记上》，中国西北文献丛书编辑委员会编：《中国西北文献丛书》，兰州：兰州古籍书店，1990年影印版。

④ 道光《榆林府志》卷22《食志·课税》，凤凰出版社编选：《中国地方志集成·陕西府县志辑》第38册，南京：凤凰出版社，2007年，第347页。

⑤ 榆林市志编纂委员会编：《榆林市志》卷12《商贸粮油志》，西安：三秦出版社，1996年，第359页。

表 1-10　清末民初榆林城货物输出统计表

货品	数量	产地	销路
羊	10 000	本境	本境
羊皮	10 000	本境	本境，部分至山西、直隶
石灰	100 000 斤	本境	本境
小盐	数十石	本境	本境
蒿子	数十石	本境	本境
款冬花	数十石	本境	直隶、祁州
羔皮	数千张	本境	泾阳、山西、直隶
麻油	数万斤	本境	本境、山西
蓝靛	千余斤	本境	本境
黑瓷器	数万石	本境	本境
毡	数千块	本境	山西
梭布	数百石	山西平遥等处	本境
棉花	数千斤	山西碛口镇等处	本境
绸缎洋货	数十石	天津、山西汾州府太古县	本境
铜器	数百金	神木	本境
铁	数千斤	山西柳林镇	本境
表纸、纸、炮	数百石	蒲城县兴市镇	本境

资料来源：民国《榆林县乡土志·物产》，民国六年编、抄本，全国公共图书馆古籍文献编委会编：《中国西北稀见方志续集》第 3 册，中华全国图书馆文献缩微复制中心，1997 年，第 86—90 页。

四、从军城到治城：北边农牧交错带城镇发展的一个轨迹

陕北榆林市是晚近成长起来的一个边疆城市。明朝初年那里还只是一个小小的村庄聚落点，名不见经传。贯穿明王朝始终的蒙汉军事战争为其提供了发展的契机，军事争战所带动的地区移民又使榆林由最初的军事驻所逐渐发展为三边雄镇，城市发展初具规模。

明末李自成起义以及清军入关，使大明王朝统治土崩瓦解，中国历史的发展进程发生了改变，国内的政治格局也发生了巨大变化。伴随着清王朝统治地位的确立，困扰明政权两个半世纪之久的边疆民族争端得到了根本性的解决。康熙三十六年（1697 年）平定准噶尔部叛乱，清王朝完成了统一漠南、漠北蒙

古的大业。乾隆二十四年（1759 年）清政府又在今新疆地区平定了准噶尔余部和"回部"叛乱，统一了天山南北。雍正年间，朝廷继续致力于对西南地区的"改土归流"以及西藏驻藏大臣的派驻工作，这一系列的开疆拓土使清王朝的版图迅速扩大，原明代长城沿线的北部边疆成为大清王朝的内陆地区。总结前朝败亡教训，清朝统治者充分认识到"边疆一日不靖"，"内地一日不安"①。皇太极面对漠南蒙古势力曾深有感触地说，"以威慑之，不如以德怀之"②，因此在统治策略上采取了较为缓和的民族政策。康熙帝在位 61 年，为稳定边疆，曾多次出巡塞外，雍正、乾隆亦遵循这一政策。在这一政策指导之下，汉蒙、汉回关系均走上正常化发展轨道，地区间民族交往不断加强。

蒙古归宁，清政府在北疆蒙古地区推广并施行盟旗制度，两族交错地带也成为开放之区。原明代所建军卫已无须存留，划界分疆、设置州县成为现实中迫切所需。在这种形势下，原明代北疆边镇开始重新整合，繁盛一时的三边雄镇榆林镇不但没有随着边卫的裁撤而退出历史舞台，反而一跃成为榆林府的府城，城市性质发生了根本性的改变，城市发展再次焕发出勃勃生机。随着北边开放，经济上蒙汉两族伙种制的推广，交通道路增辟，商贸往来增多，榆林城市的经济职能进一步加强，并迅速成长为北边民族商贸中心，其城市地位更加稳固，成为名副其实的地区政治、经济与文化中心，彻底完成了城市的转型工作。

在鄂尔多斯南缘长城一线，如榆林这样发展起来的边疆城市并非只有一个，在这一地区甚至具有相当的普遍性。翻检今天的地图或地志，我们可以清晰地看到，今陕北横山县是由明代的怀远堡改建而来，靖边县在明代本为靖边堡，定边县为明安边堡改建而成。当然，西北地区甘肃岷县在明代为岷州卫，宁夏灵武市明为灵州所，青海乐都县明为碾伯所，山西左云县明为左云卫。这些县市城镇均是在原明代北边边镇卫所营堡基础之上成长起来的市、县级行政治所城镇（表 1-11），伴随着明代军事防卫的需要而兴起，又随着清代的改制而发展，相沿至今。其城镇发展均经历了这样一个由军城到治城的发展历程，地区经济开发也经历了一个由边疆到内地的渐进过程，近乎走过相同的城市发展道路，城市的文化内涵也有着很多相似的地方。就这一点而言，我们可以说榆林城市的发展历程不仅仅代表了其自身，它是这一地区整个城市发展历程的一个缩影，是这一地区城市发展总体规律的体现。

---

① 《清世宗实录》卷 105、《清高宗实录》卷 527，北京：中华书局，1985 年影印版。

② 《清太宗文皇帝圣训》卷 5，乾隆年间刻本。

表 1-11　明代北边军镇卫所与今县市对照表

今省（自治区）	明代卫所	清代府县	现今市县	今省（自治区）	明代卫所	清代府县	现今市县
陕西省	榆林卫	榆林府	榆林市	甘肃省	岷州卫	岷州	岷县
	靖边营	靖边县	靖边县		镇番卫	镇番县	民勤县
	定边营	定边县	定边县		永昌卫	永昌县	永昌县
	怀远堡	怀远县	横山县		庄浪所	平番县	永登县
	保安所	清裁	志丹县		古浪所	古浪县	古浪县
宁夏回族自治区	宁夏卫	宁夏府	银川市		甘州卫	甘州府	张掖市
	平罗所	平罗县	平罗县		山丹卫	山丹县	山丹县
	宁夏中卫	中卫县	中卫市		高台所	高台县	高台县
	宁夏所	清裁	盐池县		肃州卫	肃州厅	酒泉市
	灵州所	灵州	灵武市		靖房卫	靖远县	靖远县
山西省	丰川卫	丰镇厅	丰镇市		凉州卫	凉州府	武威县
	宁武所	宁武府	宁武县		礼店所	清裁	礼县
	偏关所	偏关县	偏关县		阶州所	清裁	陇南市武都区
	五寨堡	五寨县	五寨县		西固城所	清裁	舟曲县
	左云卫	左云县	左云县		文县所	清裁	文县
	安东中屯卫	清裁	应县	青海省	西宁卫	西宁府	西宁市
	井坪所	清裁	平鲁县		碾伯所	碾伯县	乐都县
	阳高卫	阳高县	阳高县		归德所	贵德厅	贵德县
	天镇卫	天镇县	天镇县				

资料来源：牛平汉主编：《清代政区沿革综表》，北京：中国地图出版社，1990 年。

　　当然，就今天来讲，以榆林为代表的北边城镇总体发展程度仍然是不均衡的，往往有强有弱，经济发展水平也有高有低，这主要与各具体城市所处交通地理位置、所在地域开发程度，以及资源状况有关联。陕北榆林既成为北边政治中心，又成为这一地区的经济与文化中心，城市的繁荣程度非一般城镇可比，这些往往是由多种因素促成的，绝非偶然。

第二编 景观与格局：复杂地貌条件下的市镇成长与社会变迁

　　黄土高原是一个复杂的地貌带，它的市镇成长过程与地理环境关系紧密，黄土高原多数地区市镇体系形成于明中叶，除关中平原地区的市镇发展较为稳定外，边缘地区与复杂地貌带的市镇体系形成了多元发展格局，且市镇变动较大，与平原地区相比有着截然不同的发展轨迹。本编分别选取了黄土高原塬梁区与秦岭山地过渡地带为典型，考察了复杂地貌条件下市镇体系的成长历程，以利于我们理解黄土高原地区的地理环境与社会关系的互动。①

第一节　黄土高原塬梁区城乡集镇的发展与结构变迁

　　陕北黄土高原在地貌分区上大体可分为风沙高原区、黄土梁峁高原沟壑区

---

① 自美国学者施坚雅（G. William Skinner）开辟中国传统市镇体系研究以来，其不断受到学界的关注，作为一种方法论的支持，近年来中国各区域市镇研究成果也不断涌现，同时跳出施氏之窠臼，重新审视传统市镇体系及其与地方行政体系、经济体系之关系，且将视角转移到边缘区、过渡地带等进行研究，也产出了大量见解独到的学术成果，使人耳目一新。这些成果也不断提醒我们去思考，中国传统市镇体系的形成与发展究竟受哪些因素的影响？区域间的各种要素在其中所起的作用究竟有哪些？地区的行政体系与经济体系之间的关联度有多大？尤其对于边缘地带来讲，经济结构与行政结构之间是怎样一种互动？相关研究如下：〔美〕施坚雅：《中国农村的市场和社会结构》，史建云、徐秀丽译，北京：中国社会科学出版社，1998 年；范毅军：《明代中叶太湖以东地区的市镇发展与地区开发》，《"中央研究院"历史语言研究所集刊》75 本第一分；范毅军：《明中叶以来江南市镇的成长趋势与扩张性质》，《"中央研究院"历史语言研究所集刊》73 本第三分；樊铧：《民国时期陕北高原与渭河谷地过渡地带商业社会初探——陕西同官县的个案研究》，《中国历史地理论丛》2003 年第 1 辑，第 21—33 页；张萍：《黄土高原塬梁区商业集镇的发展及地域结构分析——以清代宜川县为例》，《中国历史地理论丛》2003 年第 3 辑，第 46—56 页；张萍：《明代陕北蒙汉边界区军事城镇的商业化》，《民族研究》2003 年第 6 期，第 76—85 页；吴滔：《明清江南基层区划的传统与市镇变迁——以苏州地区为中心的考察》，《历史研究》2006 年第 5 期，第 51—71 页；谢湜：《十五至十六世纪江南粮长的动向与高乡市镇的兴起——以太仓璜泾赵市为例》，《历史研究》2008 年第 5 期，第 35—57 页。

与黄土塬梁高原沟壑区。风沙高原区主要分布于长城以北，少部分在长城以南，是毛乌素沙漠的南延部分。其余两部分黄土梁峁区与黄土塬梁区占据了陕北地区的大部分地域，其分界大体以延安—延川一线为界，以北以梁、峁为主，地面破碎、崎岖不平，起伏较大；以南则以塬为主，梁较少，塬面大体平坦开阔，坡度小，如洛川塬、交道塬、宜川塬和彬县、长武塬等。[①]在黄土塬梁地区市镇发展最为典型的则数宜川县。因此，本书即以宜川县为代表，研究历史时期宜川县的集镇发展及地域分布规律，进而把握黄土塬梁区部分较有代表性的地域集镇发展的整体面貌。

宜川县是陕北延安地区最靠东南部的县。它东临黄河与山西接壤，南接韩城与关中为界，是陕北联系关中与山西的孔道。今天的宜川县面积为 2954 平方千米，属陕北的中等县。清代，宜川县的面积较今天更为广大，时黄龙尚未设县，今黄龙县的大部分地区属于宜川；北部则延伸到今延长县的安河以北，今延长县东部将近一半的地域归属宜川，宜川是当时陕北面积较大的州县，地理位置十分重要。《宜川县志》称"宜川东据黄河，南扼孟门，峻岭广阜，名胜要区"[②]。而这一地区正处于黄土高原塬梁区，它的集镇发展具有相当的典型性，其历史大体可以追溯到清初时期。

一、清代以来宜川县商品经济发展的条件

（一）清至民国宜川县商品粮的生产

清代的宜川县是陕北集中的粮食产地，也是重要的商品粮输出地。宜川县具有良好的农业生产条件。县境属陕北黄土高原的一部分，地势西北高、东南低，海拔 800—1600 米，虽说其地貌属构造侵蚀型，境内塬、梁、沟、川、峁，地形复杂。但是，川梁之间往往形成平坦的塬地，如阁楼塬、高柏塬、牛家殿塬、降头塬等，均为陕北高原上面积较大的塬区，农业生产一向发达，是宜川县小麦的重要产区。南部的河清川、鹿儿川、白水川等川道滩地亦多耕地，主产玉米等秋粮作物。

---

① 张宗祜：《我国黄土高原区域地质地貌特征及现代侵蚀作用》，《地质学报》1981 年第 4 期，第 308—320 页；王永焱、张宗祜主编：《中国黄土》，西安：陕西人民美术出版社，1980 年。
② 乾隆《宜川县志》卷 1《方舆志·形胜》，薛天云编：《宜川县文史资料·旧志书集·吴志》，西安：西安地图出版社，2006 年，第 76 页。

　　除川、塬等利于农业的土地外，宜川县还是陕北地区水利资源较为丰富的地区。较大的河流有小清水（今安河）、延河（两河今属延长县）、云岩河、县川河、鹿儿川、白水河、猴儿川等，这些河流在境内由北向南东西流向，均流入黄河，河道两岸土质肥沃，灌溉方便，有利于农业生产的发展。

　　清代以来宜川县农业生产实行夏、秋两季作物制，"夏季以大小麦、豌豆为大宗，秋季以包谷、糜谷、高粱、豆类为大宗"。"县北及东北两部平原地，宜种小麦、糜子、荞麦等。西南两部宜种包谷、高粱、粟谷等。县东南之康平、白水、河清等乡，沿黄河地区，气候较暖，土质砂砾，宜产棉花。"多种作物种植，对宜川县民来讲，"如遇丰稔，每亩平均收获三斗，即可自给"[①]。以民国时期各种农作物种植及收获量统计来看（表2-1），宜川县在一般丰收之年，粮食收获量均在每亩三斗以上，故粮食自给有余，属陕北区域的商品粮输出县，是粮食输晋及运销韩城的主要县域。

表 2-1　民国时期宜川县粮食种植比例及亩产量统计表[②]

种类	每亩平均收获量	种植亩数百分比/%
小麦	四市斗	60
粟谷	七市斗	5
糜子	八市斗	4
包谷	七市斗五升	10
豆类	六市斗	8
高粱	五市斗	2
荞麦	四市斗五升	1
棉花	二三十斤	3
其他		7

（二）其他手工业输出品

　　农业生产的发展，带来了农产品加工业的繁荣，清代以来宜川县生产的粮食、油菜籽等农副产品除大量销往山西及省内韩城、合阳等地外，本地又发展起酿酒业、榨油业。清中后期，酿酒与榨油业成为宜川县重要的加工工业，也是宜川县大量输出的重要产品。

① 民国《宜川县志》卷 8《地政农业志》，凤凰出版社编选：《中国地方志集成·陕西府县志辑》第 46 册，南京：凤凰出版社，2007 年，第 147—148 页。

② 民国《宜川县志》卷 8《地政农业志》，凤凰出版社编选：《中国地方志集成·陕西府县志辑》第 46 册，南京：凤凰出版社，2007 年，第 147—148 页。

另外，宜川县幅员辽阔，林牧资源均较丰富，"西南两部，山谷纵横，水草均便"，宜于畜牧。宜川县民"牧羊素盛"①，盛产羊毛，"毡"很早就成为宜川县手工制品与市场出售品。清中后期，宜川县生产的羊毛"口袋、毡毯、毡帽、毡鞋、毡袜"②等毛制品，为县中大宗的手工业输出品。

宜川县西部林木资源较丰富，出产木材，当地生产木蒸笼（蒸馒头用具）。县北四十里的牛家殿市集，交易即以牲畜、花布、木蒸笼为主。清代宜川市场上除以上货品外，"棉花、棉布、丝、绢、蜀黄蜡、麻、苇席、烟叶、蜂蜜、油、靛"③等生活用品也较为集中，商品经济虽比不上南方县市，但在陕北地区尚属兴盛。

（三）方便的交通条件

宜川县的交通条件较为优越。一方面，它东邻黄河，川津口岸较多。沿黄河西岸，自北向南分布有以下渡口。

冯家窝渡：在县北二百二十里黄河上。与山西永和县铁罗坡相对。

马头关渡：在冯家窝渡南三十五里，与山西大宁县曹娘娘滩渡相对。

禹王坪渡：在马头关渡南二十五里，与山西大宁县平头关渡相对。

衣巾（锦）渡：在禹王坪渡南四十里，与山西吉县冯家集渡相对。

柴村渡：在衣巾渡南二十五里，与山西吉县官滩渡相对。

骠骑渡：柴村渡南十五里，与山西吉县马粪滩渡相对。

小船窝渡：今六圪针滩。骠骑渡南二十五里，与山西吉县小船窝渡相对。

关头渡：小船窝渡南三十五里，与山西吉县平子园渡相对。④

从这些渡口可以看出，沿黄河一线，每隔二三十里就有一个口岸，两岸来往颇为方便。这些渡口从清初既已存在，它奠定了宜川县与山西省商贸往来的基础。

另一方面，宜川县境陆路交通也非常发达，川塬之间往往形成道路，以县

① 民国《宜川县志》卷 8《地政农业志》，凤凰出版社编选：《中国地方志集成·陕西府县志辑》第 46 册，南京：凤凰出版社，2007 年，第 154 页。

② 民国《宜川县志》卷 9《工商志》，凤凰出版社编选：《中国地方志集成·陕西府县志辑》第 46 册，南京：凤凰出版社，2007 年，第 159 页。

③ 乾隆《宜川县志》卷 3《田赋·物产》，凤凰出版社编选：《中国地方志集成·陕西府县志辑》第 45 册，南京：凤凰出版社，2007 年，第 255—256 页。

④ 民国《宜川县志》卷 10《交通志》，凤凰出版社编选：《中国地方志集成·陕西府县志辑》第 46 册，南京：凤凰出版社，2007 年，第 178 页。

城为中心，向北经牛家殿、北直镇可达府城延安；西北经平路堡、云岩镇与延长县之临真镇相联系；向东又可经秋林镇达龙王辿（今壶口）；县城以西经茹平堡、英王镇直达洛川；县西南经瓦子街、圪台街可达洛川，亦可南通韩城；县东南经薛家坪、集义镇直通韩城，这条道路向北延伸又可到达延安；县东经秋林镇、圪针滩，越黄河与山西往来，圪针滩也是宜川粮食输晋的集散之地。这些陆路商路到清中叶为止，基本上构成了以县城为中心，东连晋省，西通洛川、鄜州，北达延郡，南通韩城、郃阳的交通网络，成为陕北地区与内地、邻省贸易的重要交通线。

二、清前中期宜川县集镇的发展及地域结构特征

清初，受明末李自成起义以及天灾人祸的影响，宜川县社会经济发展受到很大冲击。至乾隆时期仍是"废壤多于井里，荒碛全无居民"，"承平虽久，元气未复，各里每多断甲绝户"。[①]乾隆时期，整个宜川县的集镇只有五处，即县东三十里的秋林镇，县西四十里（当为西北八十里）的云岩镇，县北九十里的北直镇，县东北九十里的阁楼集，县东北一百二十里的安河集。[②]而这五处集镇又均分布于县川河以北，也就是宜川县的北部地区。县川河南无任何集镇，这和整个宜川县的经济格局是一致的。宜川县农业发展最早、最集中的地区是县川河以北。北部高原，塬面平坦，面积较大，农业一向发达。乾隆年间全县共分十七里，而"地粮只编十五里，西川、南川地粮分附各里，又汪韩里系卫地，新由肤施改隶宜川"[③]。这十七里中，县川河以南只有六里，西川、南川、汪韩三里均包括其中，实际可维持一里之贡赋者只有三里，其余均分布于县川河北，经济发展的不平衡性显而易见。这种经济格局造成了当时宜川城乡集镇集中，且多分布于县川河以北的局面。

道光年间，宜川县经济发展进入高峰期，人口达到 79 100 口[④]，是宜川县

---

①　乾隆《宜川县志》卷 1《方舆·里甲》，凤凰出版社选：《中国地方志集成·陕西府县志辑》第 45 册，南京：凤凰出版社，2007 年，第 103—226 页。

②　乾隆《宜川县志》卷 1《方舆·城池》，凤凰出版社选：《中国地方志集成·陕西府县志辑》第 45 册，南京：凤凰出版社，2007 年，第 81—221 页。

③　乾隆《宜川县志》卷 1《方舆·里甲》，凤凰出版社选：《中国地方志集成·陕西府县志辑》第 45 册，南京：凤凰出版社，2007 年，第 225 页。

④　民国《续修陕西省通志稿》卷 31《人口》，凤凰出版社选：《中国地方志集成·省志辑·陕西》第 5 册，南京：凤凰出版社，2011 年，第 707 页。

人口的最高峰。不仅县北经济较前发展，县南发展更为迅猛，市场范围不断扩大，出现了一系列经济中心地，城乡集镇发展到 19 处之多。

首先，宜川县城经济得到发展。当时城内商号较多，吸引了隔河晋民及邻邑韩城、澄城等处商贾盘踞渔猎。据民国初年统计（经回民起义之后，市廛大不如前），城内尚有正式商号三十余户，连同摊贩小商约百户。由于商品经济的发展，宜川县城已不能满足商业发展的需求，嘉庆年间扩展到城南门外南河滩，南河滩形成固定、集中的商业区。道光二十六年（1846 年），南川水暴涨，庐舍冲没，部分集市移入城内南街，这一商业中心被废掉。此后，商业中心向北发展，至咸丰末年，城北党家湾代之而起，"极为繁盛，可称商埠，当商有之"①，一直到同治六年（1867 年）毁于战火。县北除清初的四处集镇外，又增加了平路堡、牛家殿两处商业集市。这六处集镇在嘉道时期得到发展，咸同年间达到高峰。

北直镇由于历史的原因，商业贸易在县北一直处于重要地位。然清中叶县北商业集镇发展最快的还要数云岩镇。云岩镇在宜川县西北八十里。镇西通临真（延长首镇），北达延安，东至龙王辿（壶口），地理位置十分重要。清同治年间（回民起义前）商业达到极盛。镇中商号达百余户，多晋人，每月二、五、八集会，月凡九日。一至集期，"居民遐迩云集，交易而归，其种类以杂货、油酒、当业为大宗"②，是县北首屈一指的商业城镇。安河与阁楼二集，清初既存在，清中叶以后进一步发展。两集偏处县北，与延安、延长等县往来较多。安河集，会集较盛，每年七月，有大会数日。逢会，延长、延川、山西人多云集此地，交易骡马，"遇会马匹多至二三百不等"③。阁楼集则俗称"牛市集"④，可知交易耕牛较集中。牛家殿与平路堡均为道光年间新增集市。两地处于北上交通要道的中间站。商号数户，小贾数家，月凡六集，买卖以牲畜为主。牛家殿还是县中重要手工业品木蒸笼的集中售出地。

宜川县南部地区在清初尚无一处集镇，清中叶迅猛发展，共设镇、集七处，集镇密度超过了县北，显示出县南经济突飞猛进的发展。集义镇是县南首镇，

---

① 薛观骏：《宜川续志》卷 1《地理志·城池附镇集》，薛天云编：《宜川县文史资料·旧志书集·薛续志》，西安：西安地图出版社，2006 年，第 40 页。
② 民国《宜川县志》卷 9《工商志》，凤凰出版社编选：《中国地方志集成·陕西府县志辑》第 46 册，南京：凤凰出版社，2007 年，第 169 页。
③ 薛观骏：《宜川续志》卷 1《地理志·城池附镇集》，薛天云编：《宜川县文史资料·旧志书集·薛续志》，西安：西安地图出版社，2006 年，第 37 页。
④ 薛观骏：《宜川续志》卷 1《地理志·城池附镇集》，薛天云编：《宜川县文史资料·旧志书集·薛续志》，西安：西安地图出版社，2006 年，第 37 页。

它位于县东南一百里。其向北可达延安，南通韩城，东接山西，西北入县城，为县南之交通枢纽，故形成货物集散中心。清末时其还是鸦片贩运的一个中心地，各地鸦片商纷纷集于此地，趋之若鹜，当时有"宜川首镇"之称。①另一重要商业中心为县西南七十里的圪台街，它是大南川之重镇。其西经瓦子街可达洛川，南通韩城，北达县城。清同治年间圪台街商业极盛，"油酒当铺，无不有之"②，成为县西南的商业重镇。其他如县东南四十里的崖底镇、五十里的薛家坪，县南五十里的瓦子街，县东南一百一十里的石台寺，以及县东南的孙市集在道光至同治初年均以商贸繁盛著称。这些集市大多为交通枢纽，也是各乡里的贸易中心，行商坐贾，一一俱备。

县东部最早在鹿儿川口形成虾蟆凫集市，为宜川县对晋省商品粮输出的中转站。咸丰年间圪针滩取而代之，成为宜川粮食贸易集散中心。除每年五月、六月河水大涨，十一月、十二月、正月结冰外，常年收粟，由船装至禹门口贩卖，粮食贸易盛极一时。"未立之先，满目圪针，因之为名"③，可见，圪针滩优越的地理位置为其成长奠定了基础。

由于县城、圪针滩两处商贸中心的发展，在其中间的秋林镇一度衰落，清中叶竟不能为集，由清初县东重要集镇逐渐消亡，直到民国年间才再度兴起。

县西为英王镇、茹平堡两处镇集。茹平堡位于县城与英王镇之间，是县城通往英王镇的中间站。清同治前，有大小商号十数户，为县西的一个贸易中心。县西最繁富的集镇是英王镇。此镇立于道光初年，咸丰、同治年间发展到高峰，一度"商业为县城所不及"。由于它是西部重镇，交通一向发达，由此镇可通府城延安，邻县洛川、鄜州。镇城距县城又近，商贸往来方便，由山西、韩城等处入陕北货流大多经此镇输入。"传当时该镇月起标驮（凡贵重或大宗货物银钱，由骡马起运，则请标局中人保护之），而城内则不能。"④当时有俗谚称"三街（圪台街，瓦子街，龙泉街）不如一湾（曲家湾），三湾（泥湾，庙湾，金盆湾）不如一角（王家角），一角不如一窝（俗名英王镇为英儿窝）。由此可想见当年之

① 薛观骏：《宜川续志》卷1《地理志·城池附镇集》，薛天云编：《宜川县文史资料·旧志书集·薛续志》，西安：西安地图出版社，2006年，第37页。
② 民国《宜川县志》卷9《工商志》，凤凰出版社编选：《中国地方志集成·陕西府县志辑》第46册，南京：凤凰出版社，2007年，第170页。
③ 薛观骏：《宜川续志》卷1《地理志·城池附镇集》，薛天云编：《宜川县文史资料·旧志书集·薛续志》，西安：西安地图出版社，2006年，第39页。
④ 民国《宜川县志》卷9《工商志》，凤凰出版社编选：《中国地方志集成·陕西府县志辑》第46册，南京：凤凰出版社，2007年，第170页。

盛"①。贸易以油、酒、当业为主，兼贩运鸦片。

清中叶以后，随着县南经济的崛起，宜川县南北两区经济发展趋于平衡，集镇分布也进一步均匀发展，城乡市场形成了较为合理的流通网络，构成了以县城为中心，以交通为原则（K=4系统）的中心地结构。各级中心地层次清晰，分布均匀。

一级中心地为基本居于县域中心的宜川县城。它的商业职能最高，辐射范围最广，影响腹地最大。第一，它的市场兼具聚货与转输双重功效，由县中市、党家湾（前期为南河滩）商业中心双重市场组成。县城中"多贩运羊毛、毡毯、布匹、麻油、烧酒及鸦片等"②。其时，宜川县最重要的产业榨油、烧酒、皮毛加工、毡毯织作均主要集中在县城，是全县输出商品的集散地、输入商品的转发市场。第二，它还是全县商业组织、信息传递的中心。由于宜川县经营者多为山西人，城中建有"山西会馆"一处③，为商户联络市场、传递信息以及经营管理的重要场所，会馆建筑宏伟，可见晋人当年经商之盛。第三，县城商户最为集中，咸丰、同治时，至少在二百户以上。县北党家弯"自道光至咸丰末年，极为繁盛，可称商埠"④，担负着重要商品的转输职能。

二级中心地为县北九十里的北直镇、县西北八十里的云岩镇、县西六十里的英王镇、县西南七十里的圪台街、县东南一百里的集义镇、县东一百里的圪针滩。这六处商业集镇的发展均得益于优越的交通地理位置，集镇规模小于县城，平均商户在数十至一百，有较好的商品转输条件。云岩镇最繁盛时商户达百户之多；英王、圪台两镇油、酒、当业俱有；云岩、北直两镇每旬九集；集义镇还是陕北区鸦片转输中心；圪针滩则为商品粮集散中心。

三级中心地为阁楼集、牛家殿、平路堡、孟尝镇（已废）、茹平堡、孙市、瓦子街、石台寺、薛家坪、崖底、秋林镇、龙王迪（图2-1、图2-2）。这十二处市场中心地规模较小，大多仅有商户数家，以市集贸易为主，旬六集者居多。集市商品多为粮食、布匹、牲畜，且有些市集兴废无常，是村、里地方商品集散中心，为基层市场单元。

① 民国《宜川县志》卷9《工商志》，凤凰出版社编选：《中国地方志集成·陕西府县志辑》第46册，南京：凤凰出版社，2007年，第170页。

② 民国《宜川县志》卷9《工商志》，凤凰出版社编选：《中国地方志集成·陕西府县志辑》第46册，南京：凤凰出版社，2007年，第167页。

③ 民国《宜川县志》卷9《工商志》，凤凰出版社编选：《中国地方志集成·陕西府县志辑》第46册，南京：凤凰出版社，2007年，第167页。

④ 薛观骏：《宜川续志》卷1《地理志·城池附镇集》，薛天云编：《宜川县文史资料·旧志书集·薛续志》，西安：西安地图出版社，2006年，第40页。

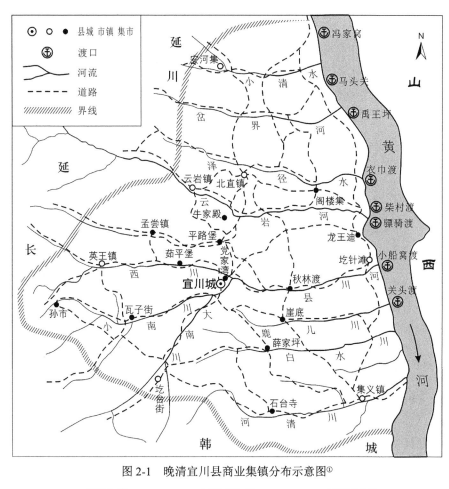

图 2-1　晚清宜川县商业集镇分布示意图①

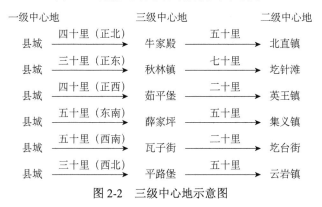

图 2-2　三级中心地示意图

---

① 民国《宜川县志》卷 1《疆域建置志》，凤凰出版社编选：《中国地方志集成·陕西府县志辑》第 46 册，南京：凤凰出版社，2007 年，第 55 页。

这样，清代中叶，宜川县城乡市场的中心地结构体系进一步完善，从图 2-3 可以看出，绝大多数集镇均有各自基本的六边形市场区，并按照县市、镇市、集市分为三个等级序列，集镇网络结构以交通为原则，按中心地理论（即 K=4 原则）排列，交通通达性的优劣决定了集镇等级规模的高低。

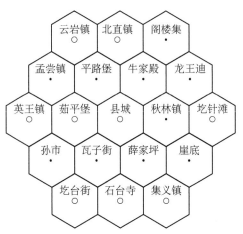

图 2-3　清中叶宜川县城乡市场中心地结构图

三、晚清民国宜川县集镇的变迁

晚清民国时期是宜川县集镇又一变动期。由于天灾人祸不断，集镇兴衰起伏尤为剧烈。宜川县集镇的衰微大致从同治年间陕甘回民起义开始。同治元年（1862 年）陕西同州府回民起义，揭开了陕甘回民起义的历史序幕。六年三月，起义军由临真镇突入宜川县云岩镇，南北乡驻军一月有余，抢掠一空。同年十月，回民起义军十八大营再次分两路进入宜川县境，至七年二月，攻破县城。至十月、十一月，捻军首领小燕王又两度驻云岩川，拉锯式的战争导致军民损失惨重，商业市镇破坏在所难免。此后，兵匪不断，四乡粮食被抢劫一空，为躲避战事，宜川居民多修寨堡，山居躲避，斯时山上，胜似市镇。但由于战乱不断，山居寨守，山寨湫隘拥挤，秽气逼人，引发瘟疫，同治八年，疫病大作，"有朝发夕死者，有随发随死者"[1]，人口损失"十之三四"[2]。至九年正月，"斗

---

① 薛观骏：《宜川续志》卷 1《地理志》，薛天云编：《宜川县文史资料·旧志书集·薛续志》，西安：西安地图出版社，2006 年，第 75—76 页。

② 薛观骏：《宜川续志》卷 8《艺文志·杂记》，薛天云编：《宜川县文史资料·旧志书集·薛续志》，西安：西安地图出版社，2006 年，第 208 页。

麦钱一千文，升米百五六，秋粟五六百，升盐六七百，人多乏食，饿死甚众"①。这种兵劫一直持续到同治十一年（1872 年），方才平定。但好景不长，光绪二年（1876 年），陕西又遇百年一遇的特大旱灾，此次大旱灾持续三年之久，波及华北五省，史称"丁戊奇荒"。宜川县境，在光绪三年（1877 年）时已是"赤地千里，夏麦薄收，秋禾干枯，至秋种麦之处，亦少有。四年夏秋间青黄不接，死人枕藉，有闭户一家俱死者，实浩劫也"②。"当大旱之际，每升米钱四百，每斗麦钱四千，良田十亩变价不得一饱，红颜少女随人自配，谷糠糜衣每升钱百余，亦不得有，草根树皮都挖剥净，县官捐富户，上司发赈济，终不免一死，在此荒年，饿死者过于兵劫死亡之数倍蓰矣。"③自此后，宜川经济基本未得到恢复，光绪二十六年（1900 年），宜川县又发生饥荒，"县斗麦涨价二千文之谱"④。民国改元，宜川县的动荡局面没有根本性的改变，由于经济萧条，百姓民不聊生，土匪四处横行。民众虽选择堡寨居住，但由于多使用火枪，仍不免寨破堡毁，百姓伤亡，终民国时期，宜川县基本处于动荡不安之中。

　　由于受战争和饥荒影响，宜川县集镇发展受到极大的冲击，清代前中期发展兴盛起来的集镇在这一时期多被创受损，元气大伤。据时人记载，宜川县县城，在清代时，商业市场繁荣，历史悠久。"查南门外南河滩，古之高场也，老人传言……川水暴发，庐舍冲没，至党家弯之兴替，自道光至咸丰末年，极为繁盛，可称商埠，当商有之，同治六年以后回贼付之一炬，又被拆毁者，可惜二处金汤之区，一为河水所啮，一被兵劫，所毁惜哉。"⑤"时全邑当铺十三家，皆迁城，不意城陷，付之一炬，其他各业，损失可知。"⑥县北三十里的平路堡，原本有集，"同治兵荒后"，只余"旅店数家"，直到宣统元年（1909 年）再次立集，"每月六集，逢集只有小贩卖零货，四乡跟集者以买卖牲畜为重要"。⑦云

---

① 薛观骏：《宜川续志》卷 8《艺文志·杂记》，薛天云编：《宜川县文史资料·旧志书集·薛续志》，西安：西安地图出版社，2006 年，第 208—209 页。

② 薛观骏：《宜川续志》卷 8《艺文志·杂记》，薛天云编：《宜川县文史资料·旧志书集·薛续志》，西安：西安地图出版社，2006 年，第 215 页。

③ 薛观骏：《宜川续志》卷 8《艺文志·杂记》，薛天云编：《宜川县文史资料·旧志书集·薛续志》，西安：西安地图出版社，2006 年，第 215 页。

④ 薛观骏：《宜川续志》卷 1《地理志》，薛天云编：《宜川县文史资料·旧志书集·薛续志》，西安：西安地图出版社，2006 年，第 76 页。

⑤ 薛观骏：《宜川续志》卷 1《地理志》，薛天云编：《宜川县文史资料·旧志书集·薛续志》，西安：西安地图出版社，2006 年，第 40 页。

⑥ 民国《宜川县志》卷 9《工商志》，凤凰出版社编选：《中国地方志集成·陕西府县志辑》第 46 册，南京：凤凰出版社，2007 年，第 167 页。

⑦ 薛观骏：《宜川续志》卷 1《地理志》，薛天云编：《宜川县文史资料·旧志书集·薛续志》，西安：西安地图出版社，2006 年，第 38 页。

岩镇在清代也是非常繁荣的集镇，商户百余家，多晋人。经回民起义战争以后，云岩镇一蹶不振，直到民国十二年（1923 年）重修城垣，复立集，然亦只余商号十余家；至民国三十三年（1944 年）时，"市面萧条，又屡患匪，迄今仅商号数户，复因军事关系，货物无从采运，运亦无人购买云"①。县北九十里的北直镇是一处发展历史较悠久的集镇，清中期前后两集，相隔里许，前后轮集。民国改元以后，后集荒废，居民只有三二户。②变化最巨的市镇还应数县西六十里的英王镇。英王镇一名英旺，为宜川通西北交通要道，道光年间立集，商业为县城所不及，"传当时该镇月起标驮（凡贵重或大宗货物银钱，由骡马起运，则请标局中人保护之），而城内则不能。其俗谚全文云：'三街（圪台街，瓦子街，龙泉街）不如一湾（曲家湾），三湾（泥湾，庙湾，金盆湾）不如一角（王家角），一角不如一窝（俗名英王镇为英儿窝）。由此可想见当年之盛。其贸易多以油酒、当业为主，兼贩运鸦片等。后亦因回变而衰。鼎革以来，屡经匪扰，迄今依然废墟也（仅有商店数家。）"③。

影响民国以后宜川集镇发展最重要的一个方面就是抗战军兴，战防需求极大程度上改变了宜川以往集镇的空间格局，也促进了宜川集镇战时的短期繁荣。

民国二十六年（1937 年）7 月 7 日的"卢沟桥事变"，彻底揭开了日本全面侵华的序幕。二十七年（1938 年）三月，日军以重兵八路围攻山西吉县，时任第二战区司令、主政山西的阎锡山被迫西撤，渡黄河入宜川，先驻节桑柏村，二十八年（1939 年）一月，移驻县属秋林镇。为便于军事运输以及做长期抗敌的准备，国民政府将宜川作为后备基地，进行了一系列的基本设施建设，极大地促进了这一时期宜川经济的发展与市场繁荣。

为便于地方教育与军事训练，阎锡山在宜川建起了多所学校与训练基地：于孔崖附近建立了省立第二联合中学、省立第一师范学校；于安上村建起省立初级实用职业学校、两级小学、第一第二儿童教养所、儿童保育院等；二十九年（1940 年），又在桑柏村设立第二小学校；在兴集镇办起训练军政工作干部之团所，如青年军官团、行政人员训练所、干部训练团、理论研究院等；三十年（1941 年）十月，又将山西大学由三原移至秋林镇之虎啸沟，"为全省之最

① 民国《宜川县志》卷 9《工商志》，凤凰出版社编选：《中国地方志集成·陕西府县志辑》第 46 册，南京：凤凰出版社，2007 年，第 169 页。
② 民国《宜川县志》卷 9《工商志》，凤凰出版社编选：《中国地方志集成·陕西府县志辑》第 46 册，南京：凤凰出版社，2007 年，第 169 页。
③ 民国《宜川县志》卷 9《工商志》，凤凰出版社编选：《中国地方志集成·陕西府县志辑》第 46 册，南京：凤凰出版社，2007 年，第 170 页。

高学府"①。伴随以上学校与训练场所的开设，基础设施也在不断加强，开筑窑舍，建筑讲堂，"总计各处讲堂四十余座，窑舍三千余孔。并于秋林镇之四周，筑以围墙，命名为'兴集城'"②。

修筑公路是这一时期宜川经济发展中的重要一环，而宜川现代公路建设也肇基于此。这一时期，共完成重要的公路三条，即鄜宜公路、洛宜公路与宜桑公路。鄜县到宜川之间，"经晋师庙梁之大岭，坡度峻急，不能车运"，于是阎锡山令人另勘路线，于民国二十七年（1938 年）修筑鄜宜公路，第二年即完成通车。后又勘查洛宜便道一条，由洛川经旧县、瓦子街等处至宜川，全长 120 千米，于二十九年（1940 年）六月开工，三十年（1941 年）上半年完工。二十八年（1939 年）七月开始又修宜桑公路（宜川—桑柏村），中途加修"振旅桥"，龙王沍下游修"便桥"，亦于三十年（1941 年）上半年完成，全长约 45 千米。至此，"于是东西南北之交通，始告畅行无虑"。③

军工工厂的建设在这一时期也成为宜川的重要产业。抗战后，因原料与机器缺乏，军需品多仰给后方，阎锡山为解除困难，自给自足，先于县东北之寨子沟设立小规模的修械厂，又在兴集镇建造纸厂、火柴厂，在县西五里坪建制革厂、纺织厂等。产品极大地保障了战时供应，也繁荣了宜川的经济。④

由于以上战时的后方建设，宜川县出现了许多新的经济增长点，如兴集镇、十里坪、桑柏村、甘草村等处。这些地方交通便利，人口激增，市场也随之发展起来。兴集镇原名秋林镇，位于宜川县城东三十里，清初曾是宜川的一个重要集镇，但清中期以后，此镇逐渐衰落。民国初年，"仅有居民数户，倍极寂寞"。到二十七年（1938 年），第二战区司令阎锡山驻节此镇，修筑城墙，改镇名为"兴集"，市面顿时繁荣，当时有商店五十余家，以饭馆业最为兴盛。二十九年（1940 年）各机关东迁，商业稍有减色，但居民仍众，商店仍有六十余户，多晋人。⑤甘草村位于宜川县城东六十里，二十八年（1939 年）宜桑公路修成以

① 民国《宜川县志》卷 15《军警志·宜川县商民：第二战区司令长官阎百川先生德政碑》，凤凰出版社编选：《中国地方志集成·陕西府县志辑》第 46 册，南京：凤凰出版社，2007 年，第 304 页。

② 民国《宜川县志》卷 15《军警志·宜川县商民：第二战区司令长官阎百川先生德政碑》，凤凰出版社编选：《中国地方志集成·陕西府县志辑》第 46 册，南京：凤凰出版社，2007 年，第 304 页。

③ 民国《宜川县志》卷 15《军警志·宜川县商民：第二战区司令长官阎百川先生德政碑》，凤凰出版社编选：《中国地方志集成·陕西府县志辑》第 46 册，南京：凤凰出版社，2007 年，第 305 页。

④ 民国《宜川县志》卷 15《军警志·宜川县商民：第二战区司令长官阎百川先生德政碑》，凤凰出版社编选：《中国地方志集成·陕西府县志辑》第 46 册，南京：凤凰出版社，2007 年，第 305 页。

⑤ 民国《宜川县志》卷 15《军警志·宜川县商民：第二战区司令长官阎百川先生德政碑》，凤凰出版社编选：《中国地方志集成·陕西府县志辑》第 46 册，南京：凤凰出版社，2007 年，第 305 页。

后，此村为军运必经之地，商业随之发展，以旅店业为主，二十九年（1940 年）旅店有十余家，到三十三年（1944 年）尚有旅店九家，杂货业十余家。圪针滩在县东一百里，濒临黄河，过去是宜川对山西的粮食转运码头，"咸丰年间禀官立市"。民国二十七年（1938 年），阎锡山在此架设黄河渡桥，圪针滩于是成为陕晋往来交通之枢纽，设有旅店饭馆，商业也繁荣起来。

　　民国年间，宜川县集镇发展受各方因素的影响，兴衰起伏变化很大，多数集镇较之清中叶都有所衰退。抗战军兴在局部地区促进了一些新的市镇的兴起，打破了以往均匀的结构布局，但这些外在因素的短期影响并不足以促成宜川新兴市镇在空间上形成稳定的格局。抗战结束，军队东归，宜川经济进一步恢复到正常经济发展的轨道。1949 年以后，随着各级乡镇政府的建立，宜川县经济进一步整合，更加符合经济发展规律，结构体系更加完备，其发展脉络也清晰可循。

　　从以上对宜川县集镇体系分布规律的分析中，我们可以看到：从清朝到民国，宜川县城乡集镇体系有一个空间逐步完善的发展过程，它的发展也是一个动态的过程，伴随着经济发展、人口结构、交通体系的变更而逐步走向完备。清中叶，随着商品经济的发展、城乡市场体系的健全，宜川县集镇结构明显形成以县城为中心，以中心地结构之交通原则（K=4）为标准的城乡三级市场体系。这种体系虽时而受到地貌条件、历史因素、交通与位置的干扰而有所变形，但总体结构不变。民国以后，受各种天灾人祸的干扰，以及受抗战军兴及现代交通体系变更的影响，格局进一步被打破，出现局部地区集中发展的局面，但并不稳定。1949 年以后，随着各级乡镇政府的建立，宜川经济进一步整合，结构体系更加完备。总之，今天的宜川县（与清代县域面积有所不同）乡镇体系均是在清代的基础上发展而来，且更加完善，更加符合经济规律。如果从历史上来分析，其发展脉络依然可循，而研究的意义也就非常明显了。

第二节　秦岭北麓经济发展与市镇体系的形成

　　秦岭是中国最重要的地理分界线，它横亘于中国的中部，东西走向，西起甘肃东南部，东至丹江流域与伏牛山相接，全长 800 多千米，南北宽 200 多千米，山岭海拔多在 1500—3000 米，由于山高岭长，阻断了黄土的南行，成为黄土高原的最南界。秦岭北麓的多数州县纵跨渭河谷地与秦岭山缘，山间地貌复杂多样，岭高坡陡，谷多而深；渭河南岸谷地则多山间冲积扇，平坦肥沃，自古农业发达，是中国历史上开发较早的区域，由于地处关中平原的南缘，在中国地域开发的历史上占有举足轻重的地位。西安古称长安，为周秦汉唐的首都，就地理位置而言，即位于秦岭脚下，先秦史籍中不乏对其的记载，《诗经·终南》有云："终南何有？有条有梅。"其所记终南山即为秦岭主脉，秦岭北麓各县就其历史来讲，大多可追溯到战国时期，许多县的地名汉代已经存在。但就其整体地貌来讲，多数处在施坚雅所划分的核心区之外，属于典型的边缘地带，其社会经济发展也呈现出地域的多样性。

一、明清以来秦岭北麓各州县设置及其地理特征

就秦岭北麓各县州县完善的过程来讲，明清是最重要的历史时期，伴随着秦岭山区的开发，尤其秦岭以南山区的开发，县与县、厅与厅之间的界线逐渐明晰。今天秦岭南北县市地域分割，大体完成于这一时期。

明代秦岭南北大体涵盖 20 州、县、卫：秦岭北麓 13 县，包括潼关卫、华州、华阴、临潼、蓝田、长安、咸宁、鄠县、盩厔、宝鸡、岐山、眉县、凤县；秦岭以南 7 州县，包括商州、镇安、雒南、山阳、商南、略阳、留坝。[①]秦岭北麓开发较早，州县较为完备。但秦岭以南，由于受到明政府的严格限制，禁止流民随便进入，因此，未得到大面积的开发。

明初汉中府人口十分稀少，天顺年间南郑县五里，褒城县二里，城固县十里，洋县十里，西乡县五里，凤县六里，沔县二里，略阳县一里，平利县一里，石泉县一里，洵阳县四里，汉阴县二里，金州四里[②]，共计五十三里。按明制一里为一百一十户，每户以五人计算，也不过 45 650 人。嘉靖时期，陕南人口超过 31 万[③]，基本上成为明代该地区人口的最高峰。由于人口稀少，这一区域一度成为四川、湖北、河南流民出没之地。明初统治者为防范流民起义，采取了一系列的"禁山"措施，禁止流民迁入山区。至明中叶，统治者为形势所迫，才不得不开禁，采取了一些安置流民的措施。成化十二年（1476 年），宪宗派御史原杰出京安抚流民，"杰出抚。遍历山溪，宣朝廷德意，诸流民欣然愿附籍。

① 《明史》卷 42《地理三》，北京：中华书局，1974 年，第 993—999 页。
② （明）李贤等撰：《大明一统志》卷 34，西安：三秦出版社，1990 年，第 591—592 页。
③ 嘉靖《陕西通志》卷 33《户口》，西安：三秦出版社，2006 年，第 1824—1833 页。

于是大会湖广、河南、陕西抚、按官籍之，得户十一万三千有奇，口四十三万八千有奇。其初至，无产及平时顽梗者，驱还其乡，而附籍者用轻则定田赋。民大悦"①。在三省边界置白河、山阳（以上为陕西）、竹溪、郧西（以上为湖北）、南召、桐植、伊阳（以上为河南）七县，并新置郧阳府及湖广行都司，兴兵设戍，悉心抚治。②

清王朝建立以后，鉴于各地受到战争影响，人口大量死伤流散，农田大面积荒芜，农业生产极度萧条的状况，采取了一系列恢复生产的措施。这期间陕西地方政府制定出一系列的政策与法令，吸引外省民户来陕垦荒。康熙年间（1662—1722 年），川陕总督鄂海于各边邑招募客民，开荒种山。③西乡县令王穆还设置招徕馆④，一时间"楚粤等处扶老携幼而来者，不下数千"⑤，秦岭山地得以开垦。这中间，由于"数以百万计"⑥的江、广、黔、楚、川、陕无业贫民涌入三省边界老林地区，清政府不得不加强对这一带的管理力度。乾隆四十七年（1782 年）升兴安直隶州为府，又于乾隆至道光年间在秦岭山区添设了宁陕、孝义、佛坪等厅⑦，以加强管理。

伴随着外省移民的不断迁入，陕西人口迅速增加，康熙中期陕南人口只有49 万左右，至道光三年（1823 年）已达到 384 万余人，增长了近七倍。⑧而全省人口至道光三十年（1850 年）则达 1210.7 万⑨，比顺治时的 350 万增长了近三倍。人口增加，使开垦荒地所需的劳动力得到了充分的满足。经过乾嘉两朝数十年的垦辟，昔日杂草弥望、人口稀少的荒芜之地变成了人烟稠密的农耕区，如嘉庆年间，鳌屋至洋县之间的南山老林"已开者十之六七"⑩。地处深山之中

---

① 《明史》卷 159《原杰传》，北京：中华书局，1974 年，第 4344 页。
② 《明史》卷 159《原杰传》，北京：中华书局，1974 年，第 4344 页。
③ 光绪《定远厅志》卷 5《地理志·风土》，凤凰出版社编选：《中国地方志集成·陕西府县志辑》第 53 册，南京：凤凰出版社，2007 年，第 69 页。
④ 光绪《定远厅志》卷 5《地理志·风土》，凤凰出版社编选：《中国地方志集成·陕西府县志辑》第 53 册，南京：凤凰出版社，2007 年，第 69 页。
⑤ 康熙《西乡县志》卷 9《招徕始末》，康熙五十七年刻本。
⑥ 萧正洪：《清代陕南种植业的盛衰及其原因》，《中国农史》1988 年第 4 期，第 69—84 页。
⑦ 严如熤：《三省边防备览》卷 14《艺文下·南山垦荒考》，《续修四库全书》委员会编：《续修四库全书》第 732 册，上海：上海古籍出版社，1995 年，第 347 页。
⑧ 萧正洪：《清代陕南种植业的盛衰及其原因》，《中国农史》1988 年第 4 期，第 69—84 页。
⑨ 清故宫《户部清册》，转引自严中平等编：《中国近代经济史统计资料选辑·附录》"清代乾、嘉、道、咸、同、光六朝人口统计表"，北京：科学出版社，1955 年，第 366 页。
⑩ 严如熤：《三省边防备览》卷 14《艺文下·老林说》，《续修四库全书》委员会编：《续修四库全书》第 732 册，上海：上海古籍出版社，1995 年，第 346 页。

的砖坪厅（今岚皋县）至道光年间荒地也已"开垦无遗，即山沟石隙无不遍及"①。从以往学者研究成果来看，陕南山区的开垦速度非常快，乾隆至道光年间，四川、湖北客民从商丹盆地及其附近低山丘陵区开垦到海拔 800—1400 米的秦岭中部山区的镇安、山阳等县，再到海拔 1400—3000 米的秦岭中部的宁陕、佛坪、留坝等地，这中间仅仅经历了一百余年的时间。

秦岭山地的开发使州县设置渐趋完备，县与县间的界限也逐渐明晰，关中、陕南以秦岭山脊为界的格局形成，山脊以南划归陕南各县，山脊以北划归关中各县。如民国《鄠县县志》记载："鄠地形狭长，半入山谷，东西最广处约四十里，南北最长处约五十里，北至咸阳县界二十五里，以渭水为界，西至盩厔县界十里，以灰渠为界，南至本县终南山二十里或三十里不等，东至长安县界三十里，以沣水为界，西南至宁陕县界百里，东南至柞水县界亦百里，此皆以终南山中分属之地言，非谓壤地也，西北至兴平县界二十里，以涝水为界，东北至长安县界二十里，以两县庙为界，面积约八百余方里。"②这里明确说明，鄠县南部与宁陕县、柞水县为邻，"皆以终南山中分属之"，这一界线的划定标志着秦岭山地已完全纳入国家行政控制之内，山地开发的深度与广度有逾以往。

秦岭北麓各州县，由于形成时间早，这些州县北部界线的确定时间也早于南部界线，渭河成为各县相互区分的天然分界线，鄠县、盩厔县、眉县、华州（华县）、华阴、潼关皆如此。

渭河以南，秦岭以北，各县界址的划定使这一地域的州县在地貌特征上形成山原相间的特色。如鄠县按地貌划分，即可分为两大部分：南部为秦岭山地，占全县面积的 56.1%；北部为渭河平原，占全县面积的 43.9%。蓝田县地势则形成由东南向西北倾斜的局面，东南部为秦岭山地，最高峰王顺山海拔 2311 米；西北部则川塬相间，县城海拔只有 469 米。其他如盩厔、华阴、华县、长安等与之大体类似，县内由南至北逐级分布着秦岭山地、山前冲积洪积扇、扇缘洼地、黄土台塬、渭河阶地以及河漫滩地等。多样的地理环境为多种经营经济发展提供了有利的条件，也成为秦岭北麓州县经济发展的良好保障，在传统经济条件下不断促进着各县经济的繁荣与成长。

---

① 卢坤：《秦疆治略·砖坪厅》，台湾成文出版社编：《中国方志丛书·华北地方》第 288 号，台北：成文出版社有限公司，1970 年，第 127 页。

② 民国《重修鄠县县志》卷 1《疆域第三》，凤凰出版社选编：《中国地方志集成·陕西府县志辑》第 4 册，南京：凤凰出版社，2007 年，第 123 页。

二、清代秦岭北麓各州县经济发展特征

清代秦岭北麓各县的经济大多以农业为主，北部渭河谷地以及山前洪积扇区拥有发展农业生产的良好土壤，支撑着各县基本的经济生产需求；同时清代秦岭北麓各县大多具有广阔的林区，林区资源的开发促进了各县商业经济的发展，形成多样化的经济结构。

（一）丰富的水源与关中水稻产区的形成

秦岭在地质构造上是一个北仰南俯的巨大断块山地，从南北方向上看；山体极不对称，北坡陡峻而短，南坡宽缓而长。北坡总长约 40 千米，相对高差很大，因此山势陡峭，多断崖峡谷，河流短小，多瀑布、急流和险滩，这种深切峡谷称为"峪"，如流峪、汤峪、沣峪等，秦岭北坡有 72 峪。从峪口流出的众多河流，随流缓出，坡度逐渐变小，流速减慢，流水挟带的砾沙便沉积下来形成洪积扇，面积大而连续，发育得比较典型。如宝鸡清姜河，周至的大仙峪河、东瓜峪河，西安附近的流峪、汤峪、青峪、大峪、沣峪等都形成了典型的洪积扇。由于溪流众多，它们之间距离较近，山麓的洪积扇已经相连，在秦岭北麓形成了山前洪积扇裙。洪积扇的上部砾石较多，土壤多呈粗骨性，是果树林分布的地带。下部主要为泥沙，坡度缓，地势低，地下水埋藏较浅，能引水灌溉，因此在河流两侧以及河漫滩地形成了关中地区重要的水田区，这些水田区成为关中地区最集中的水稻产区。据民国时人调查，在关中一带"稻则仅周至、户县、眉县、蓝田、长安等县产之"[①]。这五县全部位于秦岭北坡。这些州县水稻种植的历史源远流长，清代中期咸宁县"惟南乡地近终南，所辖有峪口五处，峪内山水流行，共开渠十九道，引水灌田三万六千余亩，土宜稻禾"[②]。长安县"南乡则山川环带，风俗淳古，渠水甚多，地宜粳稻"[③]。鄠县"地土虽不宽广，然多沃壤……又有丈八沟、渼陂、禹泉、太平泉之水灌溉稻田数百顷"[④]。民国《蓝田县志》对本县的水利渠堰做了明确的记载，这些渠堰大多流程不长，灌区

---

① 西安市档案局、西安市档案馆编：《陕西经济十年（1931 年—1941 年）》，西安市档案馆内刊，1997 年，第 44 页。

② 卢坤：《秦疆治略·咸宁县》，台湾成文出版社编：《中国方志丛书·华北地方》第 288 号，台北：成文出版社有限公司，1970 年，第 11 页。

③ 卢坤：《秦疆治略·长安县》，台湾成文出版社编：《中国方志丛书·华北地方》第 288 号，台北：成文出版社有限公司，1970 年，第 10 页。

④ 卢坤：《秦疆治略·鄠县》，台湾成文出版社编：《中国方志丛书·华北地方》第 288 号，台北：成文出版社有限公司，1970 年，第 33 页。

灌溉田亩面积不多，虽都不属大型水利工程，但分布密集，引水方便，且全部用于水稻种植，可见水量还是非常充沛的（表 2-2）。清代，这些稻米成为供应西安城市居民米食的主要来源。

表 2-2　清代蓝田县各峪水利渠堰统计表

乡	引水	方向	渠堰	灌溉亩数（稻地）	乡	引水	方向	渠堰	灌溉亩数（稻地）
东乡	倒沟谷水	东流	穆家堰渠	1 顷 82 亩 4 分	西乡	库峪河水	西流	姚家寨渠	60 亩
			烟粉台渠	1 顷 50 亩				孙家坡渠	15 亩
		东北流	漫道村渠	1 顷 5 亩				萧家坡渠	60 亩
			小寨村渠	2 顷 1 亩 8 分				史家寨渠	40 亩
			玉山村渠	56 亩 1 分				小寺村渠	30 亩
			潘家村渠	50 亩				田家村渠	35 亩
			雷家村渠	80 亩				侯家村渠	47 亩
			李家村渠	1 顷 30 亩				刘家桥渠	43 亩
			屏峰镇渠	60 亩				柿园村渠	27 亩
		东流	老人仓渠	1 顷 36 亩				龚家村渠	57 亩
			冯家湾	50 亩				苟家嘴渠	34 亩
			秋树庙渠	53 亩 9 分		汤峪河水	又西南	塘子口渠	40 亩 8 分
			郭把堰渠	1 顷 27 亩				高家堡渠	35 亩
		东北流	晋化镇渠	67 亩				张白寨渠	70 亩
			青泥坊渠二道	2 顷 21 亩				尖角村渠	35 亩
			罗李村渠	1 顷 25 亩 8 分				陈家沟渠	30 亩
			莲花池渠	2 顷 21 亩 5 分				陈碥村渠	30 亩
			蔡家嘴渠	50 亩				侯家碥渠	25 亩
			杜榜堰渠	2 顷 46 亩				嘴头村渠	27 亩
南乡	辋峪河水	南流	西千庙渠	20 亩				石佛寺渠	14 亩 5 分
			席家堡渠	31 亩 2 分				张家坡渠	30 亩
			闫家村渠	47 亩 1 分				薛家庙渠	34 亩 6 分
			薛家村渠	40 亩				渠庆村渠	45 亩
			榆树村渠	3 顷 53 亩				石门坊渠	65 亩
			焦马村渠	3 亩 5 分		戴峪河水	又西南	大寨村渠	1 顷 46 亩
			大寨村渠	90 亩 3 分				余家沟渠	2 顷 58 亩 6 分
	蓝河水	东流	陈家滩渠	2 顷 22 亩				牛心峪渠	16 亩
			军刘寨渠	1 顷 5 亩				戴家桥渠	62 亩 5 分
			故家寨渠	44 亩 5 分				焦戴镇渠	37 亩
北乡	灞河水	北流	席邓河渠	3 顷 4 亩 5 分				陕家湾渠	57 亩
			十里铺渠	2 顷 39 亩 5 分				吴家湾渠	38 亩
			薛家河大渠	4 顷 51 亩 2 分				荣家沟渠	92 亩 7 分
			薛家河小渠	32 亩 2 分				樊家坡渠	45 亩 2 分
			成家村渠	45 亩 7 分				马家村渠	55 亩
			惠家斜渠	2 顷 8 亩 7 分				陈家坡渠	34 亩 7 分
			赵家斜渠	58 亩	北乡	灞河水	北流	王家斜渠	15 亩 5 分

资料来源：民国《蓝田县志》卷 1《水利图》，凤凰出版社编选：《中国地方志集成·陕西府县志辑》第 16 册，南京：凤凰出版社，2007 年，第 160—161 页。

（二）山区林木资源的开发与利用

秦岭山区素产材木，隋唐建都长安，都城建筑材料与生活用薪炭主要依赖山内提供。宋元以后，都城迁移，秦岭林木资源的利用减少，大片茂林得到恢复、成长。明朝时，此地已是"深山大箐，穷谷茂林"[①]，形成绵亘八百余里的"老林"，是内地十分罕见的森林资源。这里木材种类齐全，如松、柏、桧、杉、枞、梓、桐、楠、檀、槐、榆、楸、楮、柳、椿、白杨、樟、棕、橡、桦、桑、檫枝，有二十余种。

明代的秦岭北麓各州县，东自华州，西达宝鸡、郿县，各县无不饶于材木。蓝田县山中多异木奇卉[②]，鄠县涝峪为木材销售集散之地。秦岭的木材销售到关中各县。"白水县，宫室器用竹木是需，土罕筱，木有数章（柏、柳、榆、槐、杨、椿、樗、桐、檀、桑、柘、楸、皂角），顾不足以充隆栋干，治室者率易之渭水之涯，驮载而来，亦甚劳矣。"[③]富平县所需木材也多购于此，"吾郡不通河筏，故取材于山，山木非尽良也，一撤则多蠹而罔适于用，乃赍数十金购之渭上"[④]。

入清以后，秦岭山区林木资源得到大规模的开采。康熙年间盩厔县山内聚集了大量的采木者，这些采伐森林者均为有力之家，他们"捐重赀，聚徒入山数百里砍伐，积之深溪绝涧之中，待大水之年，而后随流泛出，则其利以十倍，然非旦夕权子母者"[⑤]。林木资源的开采最早多集中在秦岭西部山区。至嘉道年间向东南延伸，遍布秦岭南北，"西安府之盩厔县，西南至洋县六百里，骆傥二谷当南山深处，老林已开者十之六七。未开者如黄柏园、都督河、敖山、太古坪等各处，西接郿、宝，东连宁陕，老林广一二百里，长二三百里不等。林内开设木厢，冬春背运，佣力之人，不下数万，偶值岁歉停工，则营生无资"[⑥]。"道光三年（1823 年）查明（盩厔）山内客民十五万有奇，兼有大木厢三处、

---

① （明）余子俊：《处理边防事》，（明）陈子龙等选辑：《明经世文编》卷 61，北京：中华书局，1962 年影印本，第 496 页。

② 蒋廷锡等辑：《古今图书集成·职方典》卷 493《西安府部汇考》，北京：中华书局；成都：巴蜀书社，1986 年，第 12156 页。

③ 万历《白水县志》卷 2《物产》，中国国家图书馆编：《原国立北平图书馆·甲库善本丛书》第 353 册，北京：国家图书馆出版社，2013 年，第 383 页。

④ 《续刻受祺堂文集》卷 3《重建王将军庙碑》，《清代诗文集汇编》编纂委员会编：《清代诗文集汇编》第 124 册，上海：上海古籍出版社，2010 年，第 196 页。

⑤ 康熙《重修盩厔县志》卷 3 引，康熙二十年刻本。

⑥ 严如熤：《三省边防备览》卷 14《艺文下》，《续修四库全书》委员会编：《续修四库全书》第 732 册，上海：上海古籍出版社，1995 年，第 346 页。

板厢十余处、铁厂数处。供厢之人甚伙。"①其"黄柏园、佛爷坪、太白河等处，大木厂所伐老林已深入二百余里"②。凤县道光年间有"柴厢十三家，每厂雇工或数十人至数百人不等"③。这些木厢厂在秦岭北坡螯屋、宝鸡、郿县等地都有大量分布。宝鸡县在秦岭边缘，道光年间虽不比其他山内厅县，但也有些小的柴厢木厂，其时"境内无木厢，止有柴厢十四处……其资本俱不甚大，工作人等亦属无多"④。郿县"斜峪口内有小柴厢二座，营头口内有小柴厢八座，汤峪内有小柴厢二座，每处工匠至多不过十余人"⑤。

木厂采伐的木材按材质的好坏分别制成圆木、枋板、猴柴三类。圆木主要供建筑房屋使用，多用作梁、柱、柁、檩，材长三丈至五丈，围圆三尺至七尺，多用松木（如黄松、油松、稀叶松、朴木）。枋板主要供做家具、寿材等使用，锯树为尺寸不等的板子，多用杂木，如椴木、桦木、黄肝桃、红白桃、艾叶杉、插柳木。猴柴则主要使用未成材的树木劈段而成，仅供烧材使用。大木厂往往同时经营圆木、枋板、猴柴三种产品，资本较小者就只能经营枋板和猴柴，或仅经营猴柴一项。⑥这些产业在清代一直支撑着各厅县经济的发展，成为当地的一项支柱产业，以至民国时人还在回忆清代山内开发的盛况，"人言（鄠县）峪内若檀庙街、教场子、房梨儿等处，昔年皆居民数十百家，肆廛栉比，今尽衰落，至四五家矣，作厢贩木者，远逾岭在百里之外，故木材亦甚少焉，上下数十年间而盛衰若霄壤，呜呼，可以观世变矣"⑦。眉县许多民间谣谚都与林木有关，如"要想富，多栽树。农有十棵柳，烧柴不用愁。家有百棵杨，不用打柴郎。家中富不富，先看宅旁树……刺槐上荒山，杨柳下河滩，橡树满山跑，核桃栽沟边。树栽根，坑要深……今天人养树，日后林养人……山上没有树，庄稼保不住"⑧，足见山内人家对于树木的重视。

① 严如熤：《三省边防备览》卷9《山货》，《续修四库全书》委员会编：《续修四库全书》第732册，上海：上海古籍出版社，1995年，第265页。
② 严如熤：《三省边防备览》卷9《山货》，《续修四库全书》委员会编：《续修四库全书》第732册，上海：上海古籍出版社，1995年，第264页。
③ 卢坤：《秦疆治略·凤县·宝鸡县·郿县》，清道光年间刻本。
④ 卢坤：《秦疆治略·凤县·宝鸡县·郿县》，清道光年间刻本。
⑤ 卢坤：《秦疆治略·凤县·宝鸡县·郿县》，清道光年间刻本。
⑥ 严如熤：《三省边防备览》卷9《山货》，《续修四库全书》委员会编：《续修四库全书》第732册，上海：上海古籍出版社，1995年，第266页。
⑦ 民国《重修鄠县县志》卷1《山谷》，凤凰出版社编选：《中国地方志集成·陕西府县志辑》第4册，南京：凤凰出版社，2007年，第123—124页。
⑧ 凤县地方志编纂委员会办公室：《凤县志民国时期资料汇编》，1986年，第62—63页。

（三）林果加工及山货开发

果树栽植是终南山麓各县经济的重要保障，山区利于果树栽植业的发展，优质水果产量大。所谓"南山夙称陆海，材木之利，取之不穷"①。长安县终南山产柿、栗颇多，"缘山柿栗，岁供租课"②。蓝田县是清代关中出产果品的大县，县北果树栽植非常广泛，较多者为桃、杏、沙果，这些果树"春里开花，灿若列锦"，故邑中有八景，一名"绣岭春花"即指此。此外，南山内多产胡桃、栗子、梨、苹果、红果等，"每岁运销省城，络绎如织"③。华州沿秦岭一带桃、杏成林，清后期出产果品以核桃、栗、枣、柿、万寿果为大宗，"而桃、杏尤多，近山沙砾之田，东西数十里，皆桃、杏林也，方春花时，采霞浓郁，弥望无际，致为佳胜"④。盩厔县"果之最盛者，桃、杏、李、柿、胡桃、栗子、蒲萄也。椇椇（俗名拐枣）、榛奈、木瓜、梨与安石榴，间有重至斤者，难久贮。重阳宫、楼观台之银杏，其树有三四围者；山蒲萄，黑色，土人采以酿酒，味颇美，但未得制造良法，故较他省为逊"⑤。鄠县果品有胡桃、苹果、石榴、海榴、杏、桃、柿、李、梨、栗、银杏，银杏为本县特产。⑥总之，明清时期关中地区盛产水果的大县大多分布于秦岭北麓，西安城市所需水果也多由这里提供。

清代秦岭北麓各县所产果品种类虽多，但限于交通运输条件不畅，水果又为不宜久存食品，故新鲜果品的流通十分有限，尽管许多州县记载本地蔬果皆美，但运销往往不出数百里之间，大多在州县之内流通，或运销周围数县。潼关厅有开山货行者，销行"栗、枣、核桃、乌梅、象子"等，均在本境销行，"多则在本境多销行，少则在本境少销行，不出他境转运"⑦。以鲜果进行加工，既有利于储存，又方便流通，故果品加工业在一些州县得到发展。最主要的为柿饼，柿饼制作较为简单，"乡民剟去其皮，日晒夜露，将干入瓮中，待生白霜，取出如饼，谓之柿饼"⑧。由于技术简单，农家均可自制，故许多州县出产柿饼，

① 康熙《重修盩厔县志·物产志》，康熙二十年刻本。

② 嘉庆《长安县志》卷19《风俗志》，董健桥校点，西安：三秦出版社，2014 年，第 253 页。

③ 光绪《蓝田县乡土志》卷2上《商务》，陕西省图书馆编：《陕西省图书馆藏稀见方志丛刊》第 4 册，北京：北京图书馆出版社，2006 年，第 505 页。

④ 光绪《华州乡土志·物产》，燕京大学图书馆：《乡土志丛编》，1937 年，第 62—63 页。

⑤ 民国《盩厔县志》卷3《田赋·物产》，凤凰出版社编选：《中国地方志集成·陕西府县志辑》第 9 册，南京：凤凰出版社，2007 年，第 263 页。

⑥ 民国《鄠县乡土志》下卷《物产》，燕京大学图书馆编：《乡土志丛编》，1937 年，第 6 页。

⑦ 光绪《潼关乡土志·商务》，燕京大学图书馆编：《乡土志丛编》，1937 年。

⑧ 乾隆《白水县志》卷1《地理·物产》，凤凰出版社编选：《中国地方志集成·陕西府县志辑》第 26 册，南京：凤凰出版社，2007 年，第 444 页。

且为县内果品输出大宗。华州亦出产柿饼，东输至华阴，西输至西安、三原。[1]
华州尚产杏干、桃干。这种经过加工的果品有时会实现越境销售，数量也不少
（表2-3）。

表2-3　清代关中秦岭北麓部分州县果品流通表

州县	果品	销数（年）	销路	出处
华州	桃干、杏干 桃杏仁、柿饼、 万寿果		华阴、西安、三原	《华州乡土志·商务》
鄠县	核桃	五六万石	省城、咸阳、临潼、渭南、 泾阳、郿县、武功、三原	《鄠县乡土志·商务》
蓝田	胡桃、栗子、梨、 苹果、红果等类	络绎如织	省城	《蓝田县乡土志·商务》

除水果外，药材也是秦岭山内特产，关中地区沿秦岭北麓各县盛产药材，
远近闻名。华州"药类无虑数十种"，以防风、苍术、麻黄为多，最有名的为款
冬花，这些药材或运销省城，或入三原加工远销他省，均十分有名。[2]华阴虽史
无明文记载，但从民国时期药材产量来看，清代产药当亦不少。其时西安府出
产药材最多的州县即鄠县、盩厔、蓝田，这三县都位于秦岭北麓。鄠县南山出
产香附、白芷、半夏、泽泻、薯蓣、地黄、茱萸、苍术、南星、野党，阿姑泉
所产紫苏尤佳，天麻等均为本县常产。蓝田县南山内出产的药材品种有数十种
之多。[3]

关中地区药材产量大，输出也多。潼关所产药材每年"约采得一千斤有余。
在本境销行，每岁二百斤有奇；运出本境，从陆路骡驮在华阴庙三月销行，每
岁七百斤有奇"[4]。西安府出产药材较多的州县以地跨南山的鄠县、盩厔、蓝田
最有名。其中，鄠县仅乌药一项，光绪年间年产即达70万至80万斤，"由陆路
运至乾、凤、兴、汉、甘肃，水运至山西，每年约销五六十万斤，本境约销二
十万斤"[5]。蓝田县南山内出产的药材品种有数十种之多，"每岁由南山内肩挑
负戴，运销省城络绎不绝，为出境大宗"[6]。

① 光绪《华州乡土志·物产》，燕京大学图书馆编：《乡土志丛编》，1937年，第63页。
② 光绪《华州乡土志·商务》，燕京大学图书馆编：《乡土志丛编》，1937年，第63页。
③ 光绪《蓝田县乡土志》卷2上《商务》，陕西省图书馆编：《陕西省图书馆藏稀见方志丛刊》第4册，北京：
　北京图书馆出版社，2006年，第504页。
④ 光绪《潼关乡土志稿·商务》，光绪三十四年抄本。
⑤ 民国《鄠县乡土志》下卷《商务》，燕京大学图书馆编：《乡土志丛编》，1937年，第7b页。
⑥ 光绪《蓝田县乡土志》卷2上《商务》，陕西省图书馆编：《陕西省图书馆藏稀见方志丛刊》第4册，北京：
　北京图书馆出版社，2006年，第504页。

三、经济多样性与州县市镇体系的成长

明清以来，秦岭北麓各县复杂的山原结构形成了多样性的经济发展模式，这种经济发展模式更促使州县商品产出量的增加，同时也促进了本地市镇的成长，形成了有别于塬区州县的市镇体系。由目前我们对陕西市场研究的总体结论可以确定，明清时期是关中地区市场体系逐渐完备的时期，明初各县市场已有点状分布，中期以后开始普及，至清中期形成了层级分明的市场体系。秦岭北麓各县的发展进程与之相一致，如华阴县，明初城乡集市三处，"县以二六、岳镇四八，敷水一五"①，集市主要集中在县城及较大城镇之中。明中叶以后，各县集市有较多增长，万历年间凤翔府岐山县有"市镇"8 处②；据不完全统计，这一时期关中地区西安府平均各县市集达 9.8 个。清乾隆以后，市场数量开始明显增加，规模也在不断扩大，从秦岭北麓华州等七县乾隆至清末市场数量与集期结构都可以看出，各县市场数量有了大幅度的增加，集期也较他处更为密集（表 2-4）。③

表 2-4　秦岭北麓主要州县集市集期一览表

州县	共	双日	单日	其他	日集	出处
华州	11	4	2	4	1	民国《重修华县县志稿》
鄠县	5	2	2		1	民国《鄠县志》
盩厔	12	3	1		8	民国《盩厔县志》
扶风	9	4	5			乾隆《凤翔府志》
郿县	7	3	3		1	乾隆《凤翔府志》
岐山	7	3	3		1	乾隆《凤翔府志》
宝鸡	6	3	2		1	乾隆《凤翔府志》

市场结构可以映射出一地的经济结构状况，施坚雅曾对 20 世纪二三十年代成都平原进行过地理学与人类学的调查，认为在成都平原这样一个较为均质的区域内大体形成了分布均匀的市场结构，这种经济结构同样成为本地社会联系的网络系统。④如果从清代秦岭北麓各县市场结构来看，可以发现与之不同的重

---

① 万历《华阴县志》卷 1《舆地》，万历四十九年刻本。
② 万历《重修岐山县志》卷 1《风土志》，万历十九年刻本。
③ 张萍：《明清陕西集市的发展及地域分布特征》，《人文杂志》2008 年第 1 期，第 152—159 页。
④ 〔美〕施坚雅：《中国农村的市场和社会结构》，史建云、徐秀丽译，北京：中国社会科学出版社，1998 年，第 38 页。

要特点，那就是各县市场结构受地貌条件影响很大，在地域分布上呈现极不平衡的状态，山岭与塬区的互动形成了市场发育的地方特色。

首先，与整个关中地区相比较，秦岭北麓各县市镇发育程度普遍较高。多样性的产业结构是市镇发展的经济保障，明清秦岭北麓市镇大多较为繁荣，甚至形成一些货连数省区的经济型市镇，山区林木资源的开发以及山货开采，不断形成本区对外交流的经济特色，这些地方资源的有效利用形成了关中对外输出货品的主流。

林木采伐往往借助渭河水运直通河南、安徽及苏北地区，清代盩厔县山内出产木材最多，"每年木植出山之日，黄巢峪地方，木商山客互相交易者，不下数万人，其为利亦不下数万两。其余枋板、椽栈、柴炭等物，又不止独出自黑水，而骆谷、田谷等处亦皆有之，其利亦远及外郡他省"①。盩厔山内所产木材主要借黑河水运，过咸阳报关，经渭水运销晋豫徐淮。这一运输路线在陈宏谋于乾隆二年（1737 年）六月所作《颁示厢木禁约檄》中有明确记录，檄云："盩厔县南山，素产木植，厢民出赀雇夫入亦砍伐，记号贸积山中，待山水涨发，借流冲出，堆聚黑水黄巢峪河滩，扎筏由咸阳报税运卖，出山之时，随水漂流，有搁浅在乌龙岔起至唐家场以上，壅积两岸河滩者，厢民各认号取木，其唐场以下至西寨以上，顺流漂下之木，沿河居民赴水挽捞，厢民认号向滩民给赀取赎，历久相安。近来有等奸民，在唐场以上，将两岸浅搁之木，恃强扛取，分界占据，有本地及外来奸商，不及半价，赴滩收买，以致厢民费本所伐之木，不能自卖，两岸滩民，白手得利，讼端不已。"②从这一记载可以明确看出渭河水道是盩厔山内木材最主要的运路，当时这些山内木材运出后，"入渭浮河，经豫晋，越山左，达淮徐，供数省梁栋"③。顺治年间，仅咸阳县的商筏税银即达五千二两④，是全省诸税司中收税额最高的一个税司，而其中很大部分出自木材运销所征税银。这使得许多来自晋豫徐淮的客商来此购木，形成市场需求，也成就了这里市镇经济的繁荣。明清时期盩厔县的"殿镇、马召、骆峪、辛口"

① 乾隆《盩厔县志》卷 10《物产》，凤凰出版社编选：《中国地方志集成·陕西府县志辑》第 9 册，南京：凤凰出版社，2007 年，第 138 页。
② 陈宏谋：《培远堂偶存稿·文檄》卷 39，《清代诗文集汇编》编纂委员会编：《清代诗文集汇编》第 281 册，上海：上海古籍出版社，2010 年，第 234 页。
③ 路德：《柽华馆文集》卷 5《周侣俊墓志铭》，《清代诗文集汇编》编纂委员会编：《清代诗文集汇编》第 545 册，上海：上海古籍出版社，2010 年，第 393 页。
④ 顺治三年三月十七日《陕西巡抚雷兴为报陕西商税原额事揭贴》，转引自中国第一历史档案馆：《顺治年间征收杂税史料选（上）》，《历史档案》1983 年第 2 期，第 8—20 页。

的木材市场最为繁荣，闻名远近。①

山货是秦岭山内产量最大的商贸品种，这些产品的流通量大，且吸引了大量外地客商来此经营，清代盩厔县的哑柏镇、祖庵镇经商店铺大多以山西、河南人为主，与此有很大关系。鄠县秦渡镇是秦岭山货最大的转运市场，此镇位于鄠县以东终南山北，东出县境可直达西安，西与县城相连，南通终南山太平峪口，北可通长安、咸阳，交通四达，为终南山山货外运的重要孔道。明初秦渡镇即为鄠县的重要集镇，清初这里的市场很繁盛，康熙年间此镇市集每逢偶日开市，"贸易者多山西、河南客商，较县集为盛"②。雍正年间，由于商贸发展，县令张导特命"筑城建门司启闭，以卫商民"③，形成城内三条大街，丁字形街市布局。至道光、同治年间发展到极盛，山货行成为镇内独具特色的行业。④商税收入达 209.76 元，与县城大体相当。到民国三十一年（1942 年）秦渡镇上共有商铺 196 家，其经济发展水平可与县城相比拟。

表 2-5　民国初年鄠县县城、秦渡镇商行、税收统计比较表

商行	县城月税	秦渡镇月税	商行	县城月税	秦渡镇月税
斗行	六元	六元	便质所	六角	六角
屠行	四元	五元五角八分	羊肉行	后半年六个月，每月四角	冬三个月，每月四角
颜料行	四角	四角	渣行	四八腊三月，每月二元	二、六、十各月，每月二元
清油行	三、五、九三个月，每月三元	三、七冬交纳，每月三元	羊肉担	无定数，去年共收二元	冬三月，每家四角
估衣行	二角	二角	席行	四角	无
零剪行	四角	四角	铁磁行	八角	无
染行	一角七分	春秋两季，每季九角	牛肉馆	冬三个月，每月一元六角	无
黄酒行	二角	二角	棉花行	四角	无
食店行	二角	二角	绳麻行	四角	无
布行	一角、二角	二角	山货行	无	四角

① 周至县志编纂委员会编，王安泉主编：《周至县志》，西安：三秦出版社，1993 年，第 233 页。
② 康熙《鄠县志》卷 1《建置·市集》，清康熙二十一年刻本。
③ 雍正《鄠县重续志》卷 2《建置·市集》，陕西省图书馆编：《陕西省图书馆藏稀见方志丛刊》第 3 册，北京：北京图书馆出版社，2006 年，第 305 页。
④ 杨志俊：《民国年间秦渡镇市场商贸》，中国人民政治协商会议陕西省户县委员会文史资料委员会编：《户县文史资料》第 10 辑，内刊，1995 年，第 62 页。

续表

商行	县城月税	秦渡镇月税	商行	县城月税	秦渡镇月税
鞭仗行	八角	八角	木炭行	无	冬三个月， 每月二元
大猪行	二角	四角	总计	年税 212.24 元	年税 209.76 元

资料来源：民国《重修鄠县县志》卷 12《征榷》，凤凰出版社编选：《中国地方志集成·陕西府县志辑》第 4 册，南京：凤凰出版社，2007 年，第 176 页。

其次，秦岭北麓各县市镇分布较为集中。尽管各县市场层级非常清晰，但是大体均分布于本县海拔较低的平原地带，海拔 1000 米以上的山区基本没有市场，一些州县市场形成集中带状分布的格局。如晚清时期盩厔县有十二市镇，四大镇、八小镇，镇内集分大小，"市粮蔬者为小集，市牲畜暨诸货物者为大集"①。大集集中于县内四大镇，即县城、终南、哑柏、祖庵镇，其余八小镇无大集，平时只有粮食交易，而无牲畜及诸货物贩卖。这十二市镇全部分布于县北渭河平原阶地之上（表 2-6），面积狭小，比较集中。而广大的终南山内民户购买大宗商品则主要依赖庙会市场，当地人称之为"赛会"。《盩厔县志》载："二月会场县东六家村初六；东关初八、九；县南纪家村十五；县南关十八、九；县西关二十七、八；东南南集贤二会二月二十六、七、八；四月初四。三月会场司竹圃初一；县西街十五；哑柏镇初三起会；临川寺二会十八、冬至日。涧里堡二十二；甘河庙二十七、八；上四处在县东。县西中望处二十七、八。四月会场县镇、豆村、祖庵镇上三处初八。焦家镇初十；马召镇十月初十。"②

表 2-6　清末民初盩厔县集日集期统计表

	县城	终南镇	哑柏镇	祖庵镇	尚村镇	涝店镇
大集	二、五、八	三、六、九	三、六、九	双日	无	无
小集	日集	日集	日集	双日	单日	双日

	青化镇	广济	马召	焦家	殿紫头	南集贤
大集	无	无	无	无	无	无
小集	双日	日集	日集	日集	日集	日集

资料来源：民国《盩厔县志》卷 2《建置志》，凤凰出版社编选：《中国地方志集成·陕西府县志辑》第 9 册，南京：凤凰出版社，2007 年，第 242 页。

---

① 民国《盩厔县志》卷 2《建置志》，凤凰出版社编选：《中国地方志集成·陕西府县志辑》第 9 册，南京：凤凰出版社，2007 年，第 242 页。

② 民国《盩厔县志》卷 2《建置志》，凤凰出版社编选：《中国地方志集成·陕西府县志辑》第 9 册，南京：凤凰出版社，2007 年，第 242—243 页。

　　蓝田县是秦岭北麓市场发育较完善的州县，据光绪县志记载，县内共有"镇市"二十三处。这二十三处市场全部分布在县东北部原区，或秦岭山脉出山峪口，西南部几乎没有市场（图2-4）。以其市场形态来看，这二十三处镇市在名称上颇为繁杂，有称镇、街、堡、铺者，也有称厂、川、村、庙者。镇市明显分为三个层级。县城为全县的中心商业城镇，本名峣柳城，北周建，至明清有修葺，城周五里，高二丈五尺，开四门及一水门。①城内南北纵大街二，东西横街五。②蓝田县为会城西安以南的重要门户，"西达会省，南通商洛，往来行旅络绎不绝"③，交通地理位置十分重要，故为清代商业较发达的州县。县内二条南北纵街"为来南北冲衢，中段市肆殷盛"，山西商人在此经营者较多。城内设有山西会馆，以联系商贸往来。除固定商铺外，时有集会，尤以会盛。正月十五六日，西街有瘟火会；三月初八九日，北街又有瘟神会；六月十五六日东街有提牌神会；十月二十五日南街有城隍神会；元宵前后城内四街分门为傩。会期商品交易非常繁盛。④

　　县城而外，清代蓝田县又有八大镇，即普化镇、塙子镇、蓝桥镇、焦岱镇、孟村镇、洩湖镇、新街镇、金山镇，八镇居"县城而外，为民间交易最盛处"⑤。从文献记载来看（表2-7），这八镇均居于交通要道，为南来北往出入邑境之门户。而八镇亦均有市面，且往往"市面生理颇盛"，也有集会，或为间日集，或"定日有集"，应是县城而外，周围区域村民的贸易中心。

　　清代蓝田县市场的第三个层级为屏峰镇、许家庙、大龙庙、新店铺、葛牌镇、石灰厂、雷家川、红门寺街、板厂、高家堡、汤峪街、鹿走镇、前卫镇、白村等十四个村镇市场（表2-7）。从文献记载来看，这十四处商业市场明显弱于以上八镇，或"市面颇具"，或"有市肆"，或"有市集"。以上蓝田县市场结构表明其市镇体系已很完备，但很明显，它的地域分布还是较为集中的，且越往山内，市场规模越小，明显显示出市场发育程度的低弱，这与山区地貌是有

---

① 民国《续修蓝田县志》卷7《建置志·城池》，凤凰出版社编选：《中国地方志集成·陕西府县志辑》第17册，南京：凤凰出版社，2007年，第55页。
② 光绪《蓝田县乡土志》卷2下《道路》，陕西省图书馆编：《陕西省图书馆藏稀见方志丛刊》第4册，北京：北京图书馆出版社，2006年，第245页。
③ 光绪《蓝田县志附文征录》卷1《李文汉：重修注水桥乐输引》，凤凰出版社编选：《中国地方志集成·陕西府县志辑》第16册，南京：凤凰出版社，2007年，第370页。
④ 民国《续修陕西通志稿》卷198《风俗四·赛会》，凤凰出版社编选：《中国地方志集成·省志辑·陕西》第9册，南京：凤凰出版社，2011年，第144页。
⑤ 光绪《蓝田县乡土志》卷2下《镇市》，陕西省图书馆编：《陕西省图书馆藏稀见方志丛刊》第4册，北京：北京图书馆出版社，2006年，第237页。

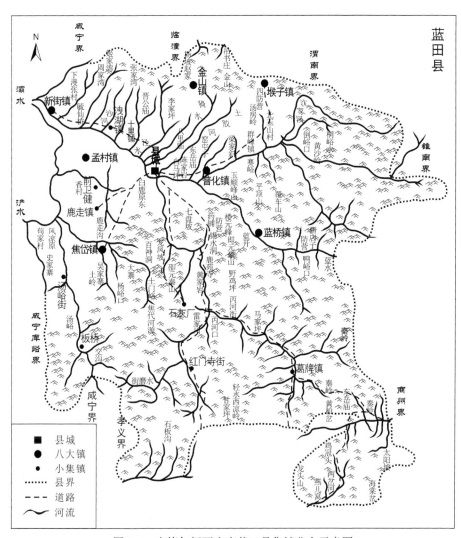

图 2-4　光绪年间西安府蓝田县集镇分布示意图

资料来源：（清）魏光涛：《陕西全省舆地图·蓝田县图》，台湾成文出版社编：
《中国方志丛书·华北地方》第 061 号，台北：成文出版社有限公司，1969 年，第 35 页。

一定关系的。盩厔、蓝田如此，鄠县、华州、华阴与之大体相当。

表 2-7　光绪年间西安府蓝田县市场分级统计表

层级	镇市	市场状况
第一	县城	邑西达会省，南通商洛，往来行旅络绎不绝。城内南北纵大街二，东西横街五，惟纵街为来南北冲衢，中段市肆殷盛，盩石条三道，间坂石。市肆整洁，中有山西会馆。集会有时，尤以正月十五、六西街瘟火会，三月初八、九日城内北街瘟神会，六月十五、六日东街提牌神会，十月二十五日南街城隍会为著

续表

层级	镇市	市场状况
第二	普化镇	县东十五里。市面生理颇盛，渭北棉商多集此，土人以布抵换甚盛。双日有集。为县内八大镇之一
	埝子镇	县东北五十里。在渭南西南，与蓝田接壤，街市北属渭南，南属县境，据蓝渭往来孔道，贸易甚盛，粟行尤盛，定日有集。为县内八大镇之一
	蓝桥镇	县东南五十五里。秦楚往来要冲，仕宦商旅驮载凑集，市肆繁荣，定日有集。为县内八大镇之一
	焦岱镇	县西南四十里。据焦岱川之中，为南山出代峪走省垣之要径，街市殷盛，驮载络绎，定日有集。为县内八大镇之一
	孟村镇	县西二十里。居白鹿原上正中，四面村落贸易所萃，生理甚盛，畜市尤旺，定日有集。为县内八大镇之一
	洩湖镇	县北二十里。当往来省会之冲，轮蹄交错，市廛甚旺，双日有集。为县内八大镇之一
	新街镇	县西北四十里。入蓝境首镇，为县西北门户，繡岭、鹿原夹束灞流，镇踞其间。往来憩息之交，市肆颇旺，双日有集。为县内八大镇之一
	金山镇	县北四十里。居横岭之上，为四西（面）所走集，贸易颇旺，畜市亦盛。定日有集。为县内八大镇之一
	以上"县城而外，为民间产易最盛处"	
第三	屏峰镇	县东三十里
	许家庙	县东四十里。市面生理颇旺，定日有集
	大龙庙	县东一百五十里。市面颇具，定日有集
	新店铺	县东南九十五里。有店肆、客寓
	葛牌镇	县南一百一十里。据南山重沓中，（四）面麋集，交易颇旺，定日有集
	石灰厂	县南三十五里。峪有市面
	雷家川	县南六十五里。峪有市面
	红门寺街	县南一百五十里。有市肆
	板厂	县南一百二十里。有市集
	高家堡	县西南五十里。市肆颇旺，定日有集
	汤峪街	县西南五十里。略有市集
	鹿走镇	县西二十里。有市肆交易，定日有集
	前卫镇	县西二十里。有店肆交易，定日有集
	白村	县西五十里。有市肆

资料来源：光绪《蓝田县乡土志》卷 2 下《镇市》。

四、山原互动型市镇体系的形成

由以上对明清秦岭北麓州县自然地理、政区划分、经济类型与市场体系的分析可以比较清楚地看出，本区域由于地貌条件上的特殊性，形成了别具特色的地方经济类型。在中国传统时期以资源开发为主的地方发展模式当中，本地资源丰富，生产条件好，加之明清时期，本区域在汉唐都城经济没落几百年以后，又进入了新一轮经济开发时期，山区资源的开采以及方便的运路，都为本地商品经济的发展提供了条件，市镇经济也随之发展起来。

　　就本地市镇成长的历史来讲，其发展进程与关中地区其他地方基本同步，但就市镇规模来讲，明显较渭北高原、关中内陆州县更加发达。集市的开市频率明显高于内陆州县。以关中地区的同州府为例，清代，同州府的集镇市场的开市周期大多以旬二日集为主，光绪年间蒲城县共有市集 19 处，其中"旬二日"集的市场有 11 处，占全部集市总数的 58%。①清末澄城县共有市集 15 处，其中亦有 7 处为"旬二日"集（表 2-8），可以看出，旬二日集占全县集市总数的 47%左右。②但是秦岭北麓这些州县形成常市的市镇却非常普遍，市镇固定商铺数量也高于其他周围地区，这是山塬互动型市镇发展的重要特征。

表 2-8　清末澄城县集市集期一览表

集市	县　城	交道镇	长闰镇	韦庄镇	业善镇	醍醐镇	寺前镇	赵庄镇
集期	三、八	二、七	十	十	一	三	二、六	六、十
集市	罗家洼	刘家洼	冯原镇	王庄镇	善化镇	关家桥	塌家	
集期	四、九	二、七	五	四	二、六	九	十	

　　资料来源：民国《澄城县附志》卷 4《市镇》，凤凰出版社编选：《中国地方志集成·陕西府县志辑》第 22 册，南京：凤凰出版社，2007 年，第 355—356 页。

　　就市镇体系来讲，其一方面受地貌约束非常明显，另一方面受本地行政区划的限制也很突出。各县从南北纵向来说，南部山区明显依赖北部塬区提供广阔的市场平台，北部塬区的市镇体系又依靠南部山区提供充足的货源供应，形成一种互动。这样形成的市场体系，往往层级发达，各层级市场关系清晰，但就市镇的空间分布来说，却明显形成一种相对集中的态势。最典型的要数华州、华阴、鄠县、盩厔等县，这些州县的市镇基本集中于县内塬区，越接近山内，市镇数量越少。各县市场结构受行政区划的影响也非常明显，按照山川形便的行政区划原则，自然形成市场的内部封闭性，因此，在秦岭北麓各县市镇中，商业往来往往以东西向为主，南北联系并不紧密。渭水作为天然屏障形成了市场的南北界线，虽然关中盆地属渭河平原地貌，在施坚雅的九大流域区划分当中，属西北流域区最主要的中心地带③，但却无法形成如其所描述的几何形市场区，至少在秦岭北麓各县区内无法形成这种分布均匀、层次清晰的市场体系。这种地貌与行政区划的约束显然起到了关键性作用。

---

① 光绪《蒲城县新志》卷 2《市镇》，凤凰出版社编选：《中国地方志集成·陕西府县志辑》第 26 册，南京：凤凰出版社，2007 年，第 298 页。

② 民国《澄城县附志》卷 4《市镇》，凤凰出版社编选：《中国地方志集成·陕西府县志辑》第 22 册，南京：凤凰出版社，2007 年，第 355—356 页。

③ 〔美〕施坚雅：《十九世纪中国的地区城市化》，〔美〕施坚雅主编：《中华帝国晚期的城市》，叶光庭等译，北京：中华书局，2000 年，第 242—297 页。

第三编 生态与社会：脆弱环境下的灾害、瘟疫与社会变迁

第一节 1929 年陕西大年馑及其社会变迁

饥荒是困扰中国两千年农业社会的最大毒瘤，中国历来是灾荒多发区，国外学者著书就有直接称中国为"饥荒之国"①的。中国历史上大大小小的灾荒几乎年年可见，大到与王朝命运相始终，小到导致地区流民与动荡的爆发，成为影响中国历史发展进程的重要因素。一方面，饥荒往往与气候相联系，多数为气候事件作用的结果，因此，气候在其中所起的作用不容忽视。另一方面，饥荒性灾害往往又与人们防灾、抗灾能力相联系，一个地区的防灾措施与抗灾能力直接影响灾害能否发生、是否持续，乃至灾情的控制与消灭。因此，研究饥荒背后的气候背景以及区域社会的应对机制就成为饥荒研究的重中之重。那么，在中国传统历史时期，气候突变与灾害发生相关，极端气候事件怎样作用于区域社会，尤其如黄土高原地区这样的环境脆弱区？灾荒与地区经济结构、政治背景的关系如何？深入考察其各要素的相互作用与影响，对于我们更深入地理解历史，探索历史发展背后的自然环境与社会结构的双重互动具有很重要的现实价值，同时也蕴含着极丰富的理论意义。

1928—1930 年，我国北方地区发生了一场空前的大饥荒，饥荒主要由旱灾引起。这次饥荒造成了中国农村人口的大量死亡，历年学者的研究不在少数。②

---

① Walter H. Mallory，*China: Land of Famine*. Special Publication，No 6，New York：American Geographical Society，1926.

② 李文海、程歔、刘仰东，等：《中国近代十大灾荒》，上海：上海人民出版社，1994 年，第 168—201 页。

在山西、河南、陕西、甘肃、宁夏、绥远等受灾省份中，陕西省受灾最重。当时有统计认为，陕西在这次大灾中的死亡人数，"竟达 250 余万口之多"[①]。而当代学者的研究则进一步表明，陕西省在这次大荒中，沦为饿殍、死于疫病者，超过 300 万人，流离失所的有 600 多万人，两者相加约占当时陕西全省 1300 万人口的 70%。[②]民国十八年（1929 年）陕西大年馑影响之大，死亡人口之多，是有史以来少有的，对于此次年馑的研究论著也不在少数，从军阀战争、鸦片种植、政治黑暗等方面论述的比比皆是。[③]但是，将这一事件置于自然与社会双重历史背景下来探讨，可能对我们更深入地认识这一问题有更大的帮助。

一、无年不旱的陕西气候基本特征

要了解民国十八年的陕西大年馑，气候不能不谈，这与陕西自身气候系统有很大关系。

陕西省地处中国大陆中部，位于东经 105°29′—111°15′和北纬 31°42′—39°35′。南北跨纬度 7°53′，纵长 870 千米；东西跨经度 5°46′，土地总面积 20.56 万平方千米。陕西省地势的总特点是南北高、中间低，西部高、东部低。地形复杂多样，北部为陕北黄土高原，中部为号称"八百里秦川"的关中平原，南部为秦巴山地。在全省 20.56 万平方千米的土地中，覆盖厚层黄土、流水切割强烈的黄土高原占 45%；以河流冲积和黄土沉积为主形成的平原占 19%；以基岩构成的山地约占 36%。

陕北黄土高原位于"北山"以北，是我国黄土高原的主要组成部分。地势西北高，东南低，海拔 900—1500 米，平均海拔 1100 米。高原北部长城沿线以北为毛乌素沙漠，地面组成物质主要为第四纪松散的沙粒、亚黏土、沙质黄土，地表径流缺乏，植被稀少，地面形态以流动、半固定、固定的各种沙丘、沙地、

---

① 康天国编：《西北最近十年来史料》，沈云龙主编：《近代中国史料丛刊三编》第 60 辑，台北：文海出版社有限公司，1990 年，第 125 页。

② 李文海、程歗、刘仰东，等：《中国近代十大灾荒》，上海：上海人民出版社，1994 年，第 174 页。

③ 张水良：《二战时期国统区的三次大灾荒及其对社会经济的影响》，《中国社会经济史研究》1990 年第 4 期，第 90—98 页；郑磊：《1928—1930 年旱灾后关中地区种植结构之变迁》，《中国农史》2001 年第 1 期，第 51—61 页；郑磊：《民国时期关中地区生态环境与社会经济结构变迁（1928—1949）》，《中国经济史研究》2001 年第 3 期，第 60—74 页；郑磊：《鸦片种植与饥荒问题——以民国时期关中地区为个案研究》，《中国社会经济史研究》2002 年第 2 期，第 81—92 页；李丽霞：《1928～1930 年年馑陕西灾荒移民问题》，《防灾科技学院学报》2006 年第 4 期，第 27—30 页；杨志娟：《近代西北自然灾害与人口变迁——自然灾害与近代西北社会研究》，《西北人口》2008 年第 6 期，第 38—43 页。

沙滩为主。长城沿线以南地表被黄土覆盖，大部分地方黄土厚 50—150 米，最大厚度 200 米。因黄土疏松，富含钙质，易溶解于水，经流水长期侵蚀，在埋藏地形基础上形成了塬、梁、峁、沟等交织的黄土地貌。由于人类长期的开发，自然植被损失较大，水土流失严重。水土流失引起的环境变化，不仅使地形愈来愈支离破碎，坡度增大，滑坡、崩塌增多，而且使土地资源及各种矿物质处于极度负平衡状态，给天然植被的恢复和人们的生产生活带来了严重困难。

关中盆地南倚秦岭山地，北界"北山"，西起宝鸡峡，东迄潼关港口，东西长 360 千米，西窄东宽，东部最宽 80 千米，海拔在 326—600 米。关中盆地从渭河河槽向南北两侧，地势呈不对称性阶梯状增高，由河流冲积阶地过渡到高出渭河 200—500 米的黄土台塬。渭河北岸三四级阶地的后缘，分布着东西向延伸的渭北黄土台塬，黄土层厚数十米至百余米，塬面广阔，一般海拔 460—850 米，因受渭河支流的长期切割，深谷巨壑相当发育，塬边滑坡、崩塌现象屡见不鲜；渭河南侧的黄土台塬断续分布，高出渭河 250—300 米，黄土下部多系冲、洪积相砂砾和红色黏土，上部黄土厚数十米至百余米，塬面大平小不平，塬边土崩和滑坡现象较普遍。

陕南秦巴山地总的地势结构为两山夹一川，北陡南缓，一般海拔 1500—3000 米，高出关中盆地和汉中盆地 1000—3000 米。秦巴山地横跨秦岭、大巴山两大地质构造单元，地质构造错综复杂，岩性多变，地形深切，平原和可耕地较少，2/3 的部分为荒山峻岭。随着人口的大量增加，人地矛盾突出，毁林、毁草、垦荒现象较为严重，导致环境恶化，滑坡、崩塌、泥石流和山洪频繁发生。

就气候条件来讲，陕西省大部分地区属于大陆性季风气候，四季分明，冷暖与干湿特征显著。冬季受内蒙古高压控制，寒冷干燥；夏季受太平洋副热带高压和大陆热低压影响，炎热多雨，并常有伏旱发生；春秋为过渡季节，春温高于秋温，春季多干旱，秋季易有连阴雨。综合考虑各项指标，陕西省自北向南可划分为六个气候区：陕北长城沿线为温带干旱和重干旱气候区；长城沿线以南至延安以北属北暖温带半干旱气候区；延安以南至渭北高原为北暖温带半湿润气候区；关中渭河平原至秦岭山地南坡为南暖温带，其东部为半干旱气候区，其余地区为半湿润气候区；秦岭山地为湿润气候区；汉中、安康的汉江河谷和米仓山–大巴山地区属北亚热带湿润、半湿润气候区。

陕西省降水量的分布特征是南多北少，由南向北递减，受山地地形影响比较显著，多年平均降水量为 674.4 毫米。陕南米仓山降水量最多，年平均降水量达 1600 毫米；陕北定边降水量最少，年平均降水量只有 334 毫米，南北相差 1200 毫米以上。根据降水量的多少，陕南属湿润多雨区，年降水量为 800—1600 毫米；关中平原为半湿润区，年降水量为 600—800 毫米；陕北是半干旱少雨区，年降水量为 450—600 毫米。陕西夏季多雷阵雨和暴雨天气，初秋多连续性降水。各地降水量多集中于 7—9 月，降水集中程度以陕北最为突出，占全年降水量的 50%—65%，多由几次暴雨所致，易产生洪涝灾害，造成水土流失。陕南地区暴雨最多，强度最大，常导致山洪暴发、河水猛涨，给工农业生产和人民生命财产造成损失。

陕西森林面积较少，分布较集中，主要分布在桥山、黄龙山、关山、秦岭、巴山五个林区，分布不均匀，黄土高原有的地区很少，生态环境脆弱，防灾能力差。

这样的地理条件与气候特征，决定了陕西历来是一个多灾的地区。一方面，降水量年际变化大，常有旱、涝发生；另一方面，作物生长季节常有暴雨、冰雹、大风等灾害，春末秋初寒潮降温造成冻害。陕西省气象灾害非常频繁，几乎无年不有，以旱灾为最剧，旱灾也成为陕西省最主要的灾害之一。目前，陕西省依据几十年来农业旱灾实况，结合相应气象水文资料，做出了一个农业旱灾评估指标：在春耕春播、盛夏及秋播等农作物的生长关键期（约一个月，其他农事季节在两个月以上），若降水量比常年同期偏少 3—4 成，土壤相对湿度小于 60% 或土壤湿度（土壤含水率）小于 16% 为轻旱；若降水量偏少 5—6 成，土壤相对湿度小于 50% 或土壤湿度小于 14% 为中旱；若降水量偏少 7 成以上，土壤相对湿度小于 40% 或土壤湿度小于 12% 为重旱。以此为标准，结合陕西历年农业经济实况，以陕西省年粮食作物播种总面积 400 余万公顷为基准，统计多年粮食作物平均受旱面积为 133.3 万公顷，约占总面积的 1/3。年平均干旱成灾面积约 46.7 万公顷，占总受旱面积的 1/3。[1]据初步统计，有史料记载以来，陕西历史上，旱灾发生的频次、范围、危害程度，均比其他灾害严重。几种主要气象灾害对农业生产的总危害程度平均比例：旱灾占 50%，涝灾占 25%，冻灾占 10%，冰雹、大风等灾占 15%。从中可以看到，旱灾是陕西省最主要的气象灾害。

---

[1]　《陕西历史自然灾害简要纪实》编委会编：《陕西历史自然灾害简要纪实》，北京：气象出版社，2002 年，第 6 页。

二、全球性极端气候条件下的十年旱情

民国十八年（1929 年）"大年馑"同样有着特殊的气候背景。今天一谈到"大年馑"，人们总会将之归因于 1928—1930 年的三年大旱，称"三年不雨，六料未收"[①]，这成为形容此次"大年馑"最典型的描述，也被看作其时最直接的气候背景。研究者也往往将此三年作为陕西旱灾的实例，分析导致饥馑的原因所在。然而，如果将此次大面积饥荒从一个长时段的气候背景上加以分析，可以看到，事实上，民国十八年"大年馑"并非偶然，它的影响之大，涉及范围之广，与当时全球气候变化有着不可分割的联系，是一次极端的气候事件作用的结果。

自全新世以来，全球气候经历过四次较大的变动，全新世暖期到 15 世纪以后的小冰期，小冰期大约结束于 19 世纪晚期，到 20 世纪初全球进入一个快速升温期，从全球尺度来讲，再次进入温暖期，这一气候曲线在全球的表现大体一致。曾任苏联科学院院士、地理学会会长的 Л.C.贝尔格（1876—1950）在 1922 年出版了他的名著《气候与生命》。他通过对北半球北极、格陵兰沿海的考察，提出 1919—1938 年北半球出现了气候变暖的现象，即北极变暖，永冻土层南界向北退缩，温带纬度地带变暖。他说："大概从 1919 年起，北极开始异乎寻常地变暖。这种变暖，加上北极研究的科学成果和航海技术的改进，使我们的船只能够在一个季度内，完成从摩尔曼斯克经冰海到太平洋的航行及返回航行。1921 年，H.M.克尼波维奇根据该年 5 月沿科拉城所在经线作的水文剖面，首次发现了巴伦支海的海水变暖。"[②]

全球环境是一个不可分割的整体。任何区域的环境都要受整体环境变化的制约，反过来整体环境的变化义是各区域环境变动的地域表现，因而全球环境变化必然会对占有广大面积的中国带来重大而深远的影响。

与之相应，20 世纪 20 年代，中国大部分地区同样出现了较大的气候异常（图 3-1），天气升温，干旱少雨。在东南地区，叶笃正指出，"与本世纪 20 年代突然增温期相对应，20 年代干旱指数迅速增加，梅雨期降雨量明显减少"[③]。另外，"从我国梅雨的 10 年滑动平均曲线可以看出，梅雨的持续期在 1909 年前后达到本世纪前半期的最高峰（1906—1911 年平均梅雨期为 38 天），在 1919

---

① 《新陕西》，转引自陕西省气象局气象台编：《陕西省自然灾害史料》，内刊，1976 年 10 月，第 59 页。

② 〔苏联〕Л.C.贝尔格著，李世玢校：《气候与生命》，王勋、吕军、王湧泉译，北京：商务印书馆，1991 年，第 3—4 页。

③ 叶笃正主编：《中国的全球变化预研究（第一部分 总论）》，北京：气象出版社，1992 年，第 42 页。

年前后出现次高峰（平均梅雨期为 28 天）。从 20 年代以后，梅雨期明显缩短到 25 天以下"[①]。与之大体相当，中国的北方地区同样如此，这一时期黄河流域进入了历史上少有的枯水期，吴燮中等"收集了呼和浩特、太原、西安、陕县 4 个长系列站的降水量资料，4 站 1922—1932 年的时段平均年降水量占多年平均降水量的百分数分别为 92、88、78、73，4 站的算术平均值为 82，证明这一时期的降水量是偏枯的"[②]。

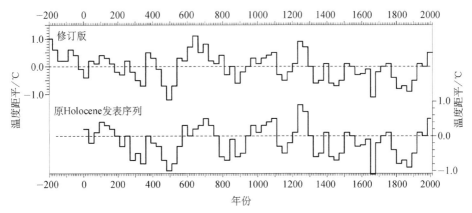

图 3-1　中国两千年来气候冷暖变动曲线图

陕西秦岭以北多数地区位于黄土高原地区，黄土高原是典型的生态环境脆弱带，随着北半球气候变暖，极端气候事件出现的频率明显增多。自 20 世纪 20 年代开始，陕西就进入了一个自然灾害的频发期，这种自然灾害以旱灾为主，加之水涝、冰雹、大风、瘟疫。不仅是 1928—1930 年，可以说这种极端性气候灾害自 20 世纪 20 年代初既已开始，前后至少持续十年，加上军阀混战，民不聊生，使陕西经济走向全面崩溃。

自民国十年（1921 年）以后，陕西的气候就出现异常，水旱灾害同时出现，陕南、陕北与关中部分县"水灾奇重"，据不完全统计，有 53 县发生不同程度的水涝。陕北无定河大水，"两岸川道庄稼尽被水淹"；陕南安康、南郑、镇安均大雨成灾，"淹没田禾，秋收无望"。关中长安、渭南等县七月中旬至八月初，连遭水灾，"惨状为近年来所未有"。水灾之后，"复遭旱魃，灾情最为惨酷，陕西全省灾区七十二县，灾民 1 243 930"。[③]

---

① 张家诚主编：《中国气候总论》，北京：气象出版社，1991 年，第 311—312 页。
② 刘洪滨、吴祥定：《黄河中游 1922～1932 年枯水段时空尺度分析》，《陕西气象》1996 年第 6 期，第 12—15 页。
③ 陕西省气象局气象台编：《陕西省自然灾害史料》，内刊，1976 年 10 月，第 56 页。

民国十一年（1922 年）开始，陕西整体出现降水偏少现象，到民国二十一年十年的时间里，泾阳县附近地区年平均雨量只有 400 毫米，这中间除民国十四年与十五年年降雨量分别为 533 毫米与 649 毫米外，其余各年均在 400 毫米以下。西安地区民国十一年年降雨量为 366 毫米，民国十一年秋季与十二年冬季形成连续 210 天的干旱；民国十二年与十三年更形成夏秋以后连续 450 天的大旱；民国十四年与十五年，雨水虽然不少，但主要集中在六、七、八三月，反而形成水涝，而民国十四年秋冬与十五年冬春进一步形成大旱，民国十四年十月到十二月三个月的降水量仅为 0.8 毫米，民国十五年前四个月的降水量总和只有 2.9 毫米，亦形成连续 300 天的秋冬与春季的干旱。泾阳县附近民国十六年开始，干旱更加严重，年降雨量只有 377 毫米，民国十七年更少到 239 毫米，为旱期中的最小值；民国十八年降雨量为 304.9 毫米，民国十九年为 377.09 毫米（图 3-2）。民国二十一年（1932 年）西安降雨量为 285.2 毫米。根据民国二十一年至三十年的雨量统计（图 3-3），可以明显看出，这是陕西气象历史上的一个极端干旱期。

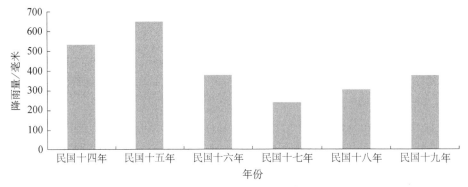

图 3-2　民国十四年至十九年泾阳县附近年降雨量统计表[①]

干旱不仅持续时间长，而且往往在农作耕种时节出现，对陕西农业破坏极大。自民国十年（1921 年）以来，各地就不断报道局部地区的旱荒。民国十一年西安周边地区九月降水 14 毫米，仅是正常年份同期降水量的十分之一，十月份正值种麦时节，滴雨未落；十一月降水 1 毫米，十二月降水 0.5 毫米。麦种无法下播，即使强种下去，从播种到小麦越冬期间的 1.5 毫米降水也无法使小麦生长。当时《秦中公报》报道："陕省自入秋以来，数月亢旱，河北（渭河以北）各县，二麦多未下种。"民国十一年秋冬干旱之后，次年早春又继续干旱。

---

① 华源实业调查团编：《陕西长安县草滩、泾阳县永乐店农垦调查报告》，内刊，1933 年，第 4 页。

民国十二年一至三月降水量 9 毫米，偏少将近一半，渭南等东路各县"旱魃为虐，雨泽愆期，冬麦既无勃兴之象，春耕更乏播种之时"，春天，各县报灾民数往往已达十至二十余万。

如表 3-1 所示，民国十二年夏秋以后到民国十三年四月，关中连续出现持续 450 天的干旱期，从民国十二年十月到十三年的四月，总降水量只有 49 毫米，不及常年同期降水量的 1/3，以致陕西全省"春间亢旱过甚，麦收歉薄，入夏以来……或以亢旱频仍，或以雹霜为灾，秋收无望，综计成灾者计有 40 余县"。从民国十四年九月到民国十五年六月，三百天中总降水量仅 97 毫米，是同期降水量的 1/4，这季节正是冬小麦的生长季节，这点降水量实在无法满足，《秦中公报》报道，合阳、麟游、千阳、凤翔等县"自冬入春，雨雪稀少，禾苗枯萎，麦收无望，草根树皮采食殆尽"。经过五六年的极端气候，在民国十五年时陕西部分县已经出现了食草根、树皮的现象，饥荒已较严重。

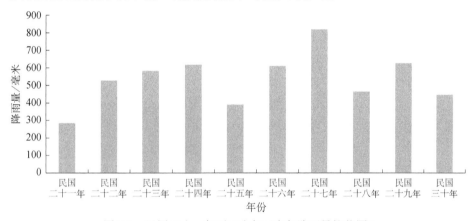

图 3-3　民国二十一年至三十年西安年降雨量柱状图[①]

表 3-1　民国十一年至十八年西安地区持续干旱季节与天数统计表

年份	民国十一年				民国十二年					民国十三年				民国十四年				
季节	冬	春	夏	秋	冬	春	夏	秋	冬	春	夏	秋	冬	春	夏	秋	冬	
旱情			旱	旱	旱	旱	旱	旱	旱	旱	旱					旱	旱	
天数		210 天				450 天				120 天				300				
年份	民国十五年				民国十六年					民国十七年				民国十八年				
季节	冬	春	夏	秋	冬	春	夏	秋	冬	春	夏	秋	冬	春	夏	秋	冬	
旱情	旱	旱			旱	旱	旱		旱	旱	旱	旱	旱	旱	旱	旱	旱	
天数	天				210 天				630 天									

资料来源：王玉辰：《关于民国十八年大旱》，《陕西气象》1980 年第 6 期，第 30 页。

①　李国桢主编：《陕西小麦》，西安：陕西省农业改进所，1948 年，第 2—7 页。

　　除了关中地区，这一时期陕北、陕南同样旱灾不断，虽然目前没有两地的具体气象数据，但是，有关记录仍可反映出气候的突变。民国十一年（1922 年）陕南的西乡县春旱严重，已经出现"岁大饥，人相食"①的局面，可见灾荒已非常严重。民国十二年陕北的横山县县城亢旱"成灾"②。民国十三年陕北的洛川、延安、横山、米脂、靖边都出现夏秋干旱。陕南的紫阳、镇安、汉阴、岚皋、西乡、平利同样大旱，紫阳县旱情尤为严重，《秦中公报》报道："自上年旧历八月至本年五月底，亢旱成灾，豌豆未收，播种停顿，洋芋已坏，红薯又不能栽，稻田未插秧者十之二、三，已插秧而旱干成裂者十之八、九，自七月初二日以后，酷阳肆虐，阴云不布，适值稻谷放穗、玉粒扬放之际，被此亢阳，概行焦槁。"③从这一记载可见当年紫阳不仅稻米无法收成，秋粮同样收获无望。民国十四年，陕北出现全面干旱、无县无旱的局面。大多县秋收无望，一二分之收已属勉强，定边县报道"人畜同有饿毙之虞"④。同年陕南虽未见干旱，但整个区域暴雨成灾，不减干旱所带来的灾害。汉中一带，夏季连降大雨，以致山洪暴发，不仅百姓房屋、庄稼被冲毁，而且"漂没人口不计其数"⑤。这样极端性气候事件在这一时期年年皆有，防不胜防。

　　民国十六年以后，陕西的干旱更加严重了。从民国十六年到二十一年，前后六年的时间，泾阳县附近的年降雨量全部在 400 毫米以下，而民国十七年全年干旱到总降雨量只有 239 毫米，是 1921—1979 年近六十年中最少的一年。据《赈灾汇刊》记载："自春徂秋，滴雨未沾，井泉涸竭，泾、渭、汉、褒诸水，平日皆通舟楫，今年（十七年）夏间断流，车马可由河道通行，多年老树大半枯萎，三道夏秋收成统共不到二成，秋季颗粒未登，春耕又届愆期，现时省会麦价每石增至三十元上下，其它边远交通滞碍之处，如定边，合阳等处，麦每石六十元，尚无处可买。陕南符属更以历年捐派过重之故，现今告罄，人民无钱买粮，其余树皮草根采掘已尽，赤野千里，树多赤身枯槁，遍野苍凉，不忍目睹。"⑥

　　关于民国十七年的旱情，资料记载颇丰，从中可以看出，这是百年一遇的

① 民国《西乡县志》，转引自陕西省气象局气象台编：《陕西省自然灾害史料》，内刊，1976 年 10 月，第 56 页。

② 民国《横山县志》卷 2《纪事志》，台湾成文出版社编：《中国方志丛书·华北地方》第 283 号，台北：成文出版社有限公司，1969 年，第 193 页。

③ 紫阳县志编纂委员会编：《紫阳县志》，西安：三秦出版社，1989 年，第 172 页。

④ 《陕西乙丑急赈录》，古籍影印室编：《民国赈灾史料初编》第 4 册，北京：国家图书馆出版社，2008 年。

⑤ 《南郑县志》编纂委员会：《南郑县志》，北京：中国人民公安大学出版社，1990 年，第 143 页。

⑥ 陕西省气象局气象台编：《陕西省自然灾害史料》，内刊，1976 年 10 月，第 58 页。

大旱灾。民国十七年（1928 年）十一月一日《大公报》报道：此年的干旱延续时间特别长，从三月到八月，没有落过一寸雨，"夏收只三分""野草均枯，赤地千里"。一位传教士写道，渭河"往年水盛时舟楫摆渡，动需三小时"，而此时是他二十多年来"第一次见渭河浅涸，可以没胫而渡"。①民国十八年（1929 年）十月初，西北灾情考察团报告称，西安郊区和咸阳，十之八九的耕地没有播种，秋禾收获不足一成；扶风、泾阳一带的秋收只有二成上下；三原县挖地八丈不见水；武功"东望四五十里，全无人烟"；陕北榆林道所辖 23 县，无县不旱。《大公报》报道："陕北全境，本年点雨未落，寸草不生"，这一带"向为陕省最穷苦之区，平原多为沙漠，田地仅有山头"，"必须仰给山西运粮。本年山西亦受旱灾，运粮已成绝望。刻下家家空虚，颗粒不存，城乡村镇，啼饥号寒之声昼夜不绝"。②民国十八年华洋义赈会报告，民国十七年陕北东部的收成为二成至三成半，西部已经连旱三年，只有一成到一成半的收成。全境七十五万人口，至 1929 年 5 月，"总数只剩十分之四"③。

三、陕西罂粟种植与灾害性饥荒之关系

关于陕西民国十八年年馑，许多批评指向本地的罂粟种植，认为引起饥荒的一个重要原因就是过多的罂粟种植大量挤占农地，导致粮食生产不足，储备空虚。诚然，自晚清以来陕西成为中国罂粟的一大重要产地，但是，对其与粮食作物种植的关系问题，还有一定的讨论空间。如果从长时段历史发展来看，其中亦包含着陕西农业种植结构问题，与陕西棉业进退有不可分割的联系，它是否能够成为"大年馑"的直接原因，还值得讨论。

自入清以来，陕西的农业始终贯彻以粮食种植为主，以棉花与油料等经济作物种植为辅的农业发展政策。粮食是农户主要的生活之资，而棉花与油料等经济作物一则作为农家生活支撑，再则在有限的耕地中，挤出部分农地进行经济作物的种植，可以收到更丰厚的收益，成为农家赋税交纳以及满足其他生活之需的重要经济来源。④1840 年鸦片战争以后，中国开放五口通商，外国商品打入中国市场，外来洋棉、洋纱在中国倾销。由于洋棉与洋纱为机器大工业生

---

① 《大公报》1928 年 10 月 24 日。

② 《大公报》1928 年 11 月 17 日。

③ 《民国十八年赈务报告书》，《中国华洋义赈救灾总会丛刊》甲种第 29 号，第 47 页。

④ 张萍：《清代陕西植棉业发展及棉花产销格局》，《中国历史地理论丛》2007 年第 1 辑，第 51—61 页。

产，产品质量与产出率均高于手工纺织品，价廉而物美，陕西棉花市场占有份额明显降低。关中各县在清后期大多输入了洋棉、洋布，且转运西北各省。因此，本省棉花在本地以及西北省区已失去了部分销售市场。1876 年中英《烟台条约》签订，内陆开放宜昌、重庆为商埠，洋纱泛滥，四川织布所用棉线也"一律改用洋纱洋线""陕花遂不入川"。①这样，陕棉在四川又失去了销售市场。伴随清王朝罂粟种植开禁，关中地区农户开始选择以鸦片种植代替原有棉田。据光绪三十二年（1906 年）统计，全省种植罂粟达 53 万余亩。②从光绪三十一年（1905 年）至三十三年（1907 年）全国产量来看，三年中，四川产 153 112 担，贵州产 36 732 担，云南产 31 452 担，陕西产 29 646 担，山西产 28 184 担。陕西年产鸦片名列全国第四位，仅次于四川、贵州、云南。③

光绪以后，陕西开始引种美洲棉，俗称"洋花"，以取代传统的亚洲棉。④由于关中地区土质较佳，气候温和，非常适合洋花在本地生长，产品的品质亦高，受到东南省区各大工厂的欢迎。"陕棉在国内各市场，占有相当地位，各纱厂亦特别欢迎。盖因陕棉纤维细长，捻曲数多，可纺较细之纱，且费花甚少故也。"⑤这种新的棉花品种开始在关中地区普及，并改变了输出渠道，由运销西北及四川改为供应东南省区各大工厂。史载，"山、陕、豫、鲁、直各省棉产，日益增多。自 1895 年起至 1900 年，上海各厂所需原料，大半仰给于上述诸省及浙江省"⑥。1899 年开工的南通大生纱厂也以陕棉为其原料的重要来源之一。⑦这样，陕西的植棉业在技术改良与品种更新推动之下，又焕发出新的生机，在全国棉花市场当中占有一席之地，"中外棉商，及纺织工厂，无不知陕棉之名"⑧。民国八、九年（1919、1920 年）间，虽灾祲不断，陕西仍"居全国棉产省份之第四位"⑨。

①　（清）仇继恒：《陕境汉江流域贸易稽核表》卷上《入境货物表》，《关中丛书》本。

②　李文治编：《中国近代农业史资料》第一辑（1840—1911），北京：生活·读书·新知三联书店，1957 年，第 457 页。

③　田培栋：《明清时代陕西社会经济史》，北京：首都师范大学出版社，2000 年，第 119 页。

④　张萍：《清代陕西植棉业发展与棉花产销格局》，《中国历史地理论丛》2007 年第 1 辑，第 51—61 页。

⑤　陕西实业考察团编辑，陇海铁路管理局主编：《陕西实业考察·工商》，上海：上海汉文正楷印书局，1933 年，第 439 页。

⑥　章有义：《中国近代农业史资料》第二辑（1912—1927），北京：生活·读书·新知三联书店，1957 年，第 147 页。

⑦　陈翰珍：《二十年来之南通》（下），《南通日报》，1930 年，第 5 页。

⑧　陕西实业考察团编辑，陇海铁路管理局主编：《陕西实业考察·工商》，上海：上海汉文正楷印书局，1933 年，第 434 页。

⑨　铁道部业务司商务科编：《陇海铁路西兰线陕西段经济调查报告书》，内刊，1935 年，第 49 页。

与棉业改良的同时，民国年间陕西的罂粟种植也在增长。罂粟利大，"种罂粟之利数倍于五谷"①。民国以后，陕西一直处于军阀混战的状态，各军阀疯狂扩充军备，需要更大的经费投入，粮棉之利无法与罂粟相较，种植罂粟就成为军阀敛财的主要手段。民国三年（1914 年），陆建章督理陕西军务，次年与吕调元由甘肃暗运罂粟种子，派人分赴各县，并派军队保护，逼民种植。民国九年（1920 年），陕西督军陈树藩与省长刘镇华委派 40 多个劝种烟委员分赴各县，力劝农民种烟，宣布种烟一亩，一次征收大洋 30 元的税金。②鸦片虽为毒品，但价值很高，可以保证农民现实的收入。民国年间陕西民户赋役繁重，农产收益低微，食用缺乏，生计维艰。曾有人比较种粮和种烟的收入："如有田二亩，用以种粮，每年可得二十元，尚不足以完税，如种鸦片，可得百元，即能盈余五六十元。"③这种情况下，贫困的农户不得不放弃种粮与棉而改种罂粟，因此，民国年间陕西罂粟种植比之晚清更有过之。

那么，民国时期陕西罂粟种植面积究竟有多大？罂粟属毒品，是无法进入官方统计系统的，因此，陕西始终没有对于这些数字的确切记载。目前所见，相关论述在数字上差距很大，如 1924 年仅种植罂粟所收的烟税就达 1000 万元以上。④1925 年是中国罂粟种植的一个高峰期，据时人回忆，盩厔县植烟面积达到 30 万亩，全县的吸食者占总人口的 21%。马乘风《最近中国农村经济诸真相之暴露》有记，1933 年陕西各县种植罂粟"最高者占地 95%，最低者亦占 30%……约在 175 万亩左右"⑤。彭绍先在《武功县种植鸦片和禁烟概述》中说，武功县殷彭村"1934 至 1936 年间，几乎 75% 的耕地成为烟地……殷彭村如此，全县各地大都如此"⑥。这一时期，陕西省植烟区占全省耕地面积的 75%，鸦片产值占农业总产值的 90%。⑦内政部公布的数据则称，1935 年陕西种烟面积为 36 058 市顷（约 360 万亩）。⑧1933 年陕西鸦片的年产值为 1.6 万担，1934 年为 1.7 万担。⑨

---

① 鲍源深：《请禁种罂粟疏》，《道咸同光四朝奏议》，台北：台湾商务印书馆股份有限公司，1970 年，第 3100 页。

② 马模贞、王玥、钱自强编著：《中国百年禁毒历程》，北京：经济科学出版社，1997 年，第 22—23 页。

③ 董成勋编著：《中国农村复兴问题》，上海：世界书局，1935 年，第 48 页。

④ 苏智良：《中国毒品史》，上海：上海人民出版社，1997 年，第 250 页。

⑤ 马乘风：《最近中国农村经济诸实相之暴露》，《中国经济》1934 年第 1 期。

⑥ 彭绍先：《武功县种植鸦片和禁烟概述》，《文史精华》编辑部编：《近代中国烟毒写真》（下卷），石家庄：河北人民出版社，1997 年，第 510 页。

⑦ 《中国烟祸年鉴》第 4 辑，转引自苏智良：《中国毒品史》，上海：上海人民出版社，1997 年，第 324 页。

⑧ 内政部禁烟委员会编：《禁烟年报》（民国二十五年度），1936 年，第 36 页。

⑨ 《陕西省 1936—1937 年禁烟禁毒报告》，转引自苏智良：《中国毒品史》，上海：上海人民出版社，1997 年，第 324—325 页。

　　以上数字说法不一，直接记录陕西罂粟种植面积的只有马乘风所记 1933 年约为 175 万亩，以及内政部对 1935 年的统计，全省植烟面积为 36 058 市顷，即约为 360 万亩。有学者认为此数字有些保守。我们还可以鸦片产值再估算一下植烟亩数，据内政部《陕西省 1936—1937 年禁烟禁毒报告》所记，1933 年陕西鸦片的年产值为 1.6 万担，1934 年为 1.7 万担。一担等于 100 斤，那么，1933 年陕西鸦片的年产值当为 160 万斤，1934 年为 170 万斤。按照当时陕西鸦片的亩产量来看，目前有记载的，如武功县"作务（物）好的亩产大烟 300 两左右，一般都不下 150 两"[①]。陕南的洋县，每亩产烟量为 100 两。[②]泾水之滨，每亩可收烟 20 两。[③]在咸阳，每亩可割生烟 40—80 两。[④]从全国平均情况来看，鸦片亩产平均为 50 两，最多的为贵州荔波，亩产可达 800 两。[⑤]那么，这里我们如果以平均每亩收烟 50 两计算，1.6 万担的产值也只相当于 32 万亩的烟田，1.7 万担为 34 万亩，数字确实不大。

　　那么，我们今天该怎样看待这些数字？就陕西自然条件与生产能力来分析，我们还是应该科学地看待这些数字背后的问题。

　　第一，民国年间陕西种植鸦片是在军阀强制之下的农业行为，不管农民愿不愿意，各路军阀都采取了强制的手段征税，额征亩数是人为划定的，如刘镇华督陕，就是按照各县耕地亩数，强征 50% 的烟亩罚款。[⑥]因此，无论农民种不种烟，征税亩数是不变的，仅以鳌屋县为例，我们可以看出，其所征亩数是人为划定的（表 3-2）。

表 3-2　鳌屋县罂粟面积与征税状况

年份	1891	1906	1919	1922	1925
罂粟面积/亩	17 000	20 000	100 000	200 000	300 000
每亩烟税	1 钱白银	1 两白银	10 两白银	10 银元	
烟税总额	1 700 两白银	20 000 两白银	1 000 000 两白银	2 000 000 银元	3 000 000 银元

　　资料来源：周至县政协调查组编：《刘镇华种烟敛财对周至县人民的危害》，《陕西省文史资料》第 11 辑。

---

① 彭绍先：《武功县种植鸦片和禁烟概述》，《文史精华》编辑部编：《近代中国烟毒写真》（下卷），石家庄：河北人民出版社，1997 年，第 510 页。
② 《1929 年全国 24 个地区种植罂粟经济状况》，引自苏智良：《中国毒品史》，上海：上海人民出版社，1997 年，第 326 页。
③ 陈赓雅：《西北视察记》下，上海：申报馆，1936 年，第 433 页。
④ 徐盈：《西安以西》，《国闻周报》1936 年第 30 期。
⑤ 中华国民拒毒会：《中国烟祸年鉴第二集》，上海：中华国民拒毒会，1928 年，第 42 页。
⑥ 苏智良：《中国毒品史》，上海：上海人民出版社，1997 年，第 263 页。

再从实业部《民国二十二年中国劳动年鉴》对 1933 年陕西各区鸦片额征亩数与实种亩数的对比中，我们也能看到，额征亩数与实种亩数实际上是相差甚巨的（表 3-3）。

表 3-3　1933 年陕西各区鸦片额征亩数与实种亩数比较表

区别	额征亩数/亩	实种亩数/亩	每亩实征捐款/元
第二区	1679	485	54
第五区	520	320	26
第六区	425	35	55
第七区	460	200	30
第八区	250	125	70
第十区	90	28	43

资料来源：实业部《民国二十二年中国劳动年鉴》（五），台北：文海出版社，1934 年，第 552 页。

第二，民国十年（1921 年）以后，陕西历年灾荒，农业生产受损极大，而罂粟属经济作物，一遇灾荒更难收成。民国年间，蒲城农人有"三虎"之说，"三虎云者，即棉为白老虎，罂粟为黑老虎，西瓜为水老虎。盖此三者，获利多，而风险亦大，气候偶或不时，则将一无所获，故以老虎呼之也"。①因此，尽管民国年间陕西烟税重，但罂粟种植与产值不一定很高。

第三，陕西地处西北，黄土高原占本省面积的 2/3 以上，黄土高原沟壑纵横，交通不便，粮食等大宗重货的运输并不容易，许多地区粮食自古以来均靠自给，农民也不可能将全部地亩都改种鸦片，而放弃维持生计的粮食生产，因此，说陕西将 75% 的耕地都用于种植鸦片是不可能的。

第四，就陕西耕地面积来讲，长期维持在三千万亩以上，最高统计数字为清前期的 38 924 377 亩，民国一直没有超过此数字，大体在三千万到三千五百万亩（表 3-4）。就民国陕西罂粟铲除后的粮食作物改种情况来看，陕西罂粟禁种后，原罂粟之地主要改种为小麦和棉花②，而在实际操作中大多改种了棉花。如 1933 年，陕西省政府贯彻中央法令，彻底铲除烟苗，将全省县区划分为三期：第一期长安等 57 县至 1935 年均改种棉花，第二期咸阳等 16 县在 1935 年禁绝，第三期原定在 1936 年禁绝，后由中央禁烟特派委员会与陕西省政府共同决定，提前在该年春夏收烟后，即改种棉花或粮食。③其时代替罂粟的最主要农产品即

① 王劲草：《陕东十二县农业调查报告》，《中农月刊》1944 年第 8 期，第 72 页。
② 赖淑卿：《国民政府六年禁烟计划及其成效　民国二十四年至民国二十九年》，台北：国史馆，1986 年，第 262 页。
③ 刘阶平：《陕西棉业改进之检讨》，《国闻周报》1936 年第 26 期，第 20 页。

为棉花，1935 年，关中地区"以前种烟之地，在可能范围之内，多半改种了棉花，因为鸦片价值较昂，若是改种价贱的粮食，未免太不合算，棉花的利益，毕竟厚些……不但种棉的人，可以直接收到利益，此外如运送、轧花、打包等等，间接可以养很多人"[1]。因此当时就有人说，灾后"陕西棉田之激增，实禁绝烟苗之力居多"[2]。这样，我们只要看一下陕西历年棉田面积的多少，大体即可估算出其间本地罂粟的种植面积了。

表 3-4　清至民国陕西耕地面积统计表

时期	耕地总数/亩	数字来源	时期	耕地总数/亩	数字来源
清前期	38 924 377	雍正《陕西通志》	民国二十一年	33 496 000	统计月报
光绪三年	30 590 463	续修《陕西通志稿》	民国二十二年	33 400 000	第二次全国财政会议
光绪六年	30 596 400	王恩沂奏陕西赋额	民国二十五年	34 783 592	陈言《陕甘调查记》
民国三年	31 700 797	农商部统计表			

资料来源：西安市档案局、西安市档案馆编：《陕西经济十年（1931 年－1941 年）》，西安市档案馆内刊，1997 年，第 34 页。

1930 年以后，杨虎城督陕，请来李仪祉修建关中八渠，解决了关中平原的灌溉问题，土地质量也大为改善，为粮棉增产提供了保证。1934—1935 年厉行烟禁，农民多改烟田为棉田，棉麦出现并驾齐驱的趋势。参考对 1921—1943 年陕西省棉田面积及皮棉产额统计（表 3-5），可以看出从 1933 年开始陕西棉田面积大幅增加，1934 年以后陕西棉田面积较以往实现翻番。

表 3-5　1921—1943 年陕西省棉田面积及皮棉产额统计表

年份	棉田面积/千市亩	皮棉产量/千市担	年份	棉田面积/千市亩	皮棉产量/千市担	年份	棉田面积/千市亩	皮棉产量/千市担
1921	2217	513	1929	170	41	1937	4825	1068
1922	1721	569	1930	1114	162	1938	3830	1070
1923	1514	552	1931	1510	414	1939	2670	924
1924	1514	559	1932	1302	188	1940	3627	1002
1925	1213	922	1933	1942	651	1941	3984	701
1926	1334	443	1934	3420	1199	1942	1386	312
1927	1329	428	1935	3376	959	1943	1463	471
1928	1182	317	1936	3921	1122			

资料来源：黎小苏：《陕西之棉花》，《新西北》1944 年第 12 期，第 40—41 页。

---

[1]　殷铸夫：《陕西见闻之实录》，《西北问题季刊》1935 年第 4 期，第 95 页。

[2]　刘阶平：《陕西棉业改进之检讨》，《国闻周报》1936 年第 26 期，第 20 页。

　　如果我们将表 3-5 中陕西省 1937 年最高植棉面积与 1925 年陕西省最低植棉面积相较，其差距为 3612 千市亩，假定其差距均为以往罂粟之地，那么，这与内政部所公布的数据——1935 年陕西种烟面积为 36 058 市顷（约 360 万亩）①大体相当。考虑到陕西棉产主要集中在关中地区，关中地区棉花产额占到全省总产量的 63% 以上。②陕南、陕北以及关中西部部分州县尚有部分麦田由罂粟之地改种而来，如以 100 万亩为限，其时陕西植烟面积也只有 460 余万亩，占全省耕地总面积不到 14%。因此，可以暂估为民国陕西罂粟种植面积在175 万—360 万亩，最多不超过 460 万亩，占全省耕地总面积的 14% 弱。

四、动荡的政治生态与民众生存环境

　　陕西自进入民国以后政局一直动荡不宁。1914 年，袁世凯派其亲信陆建章入陕，控制了陕西的局面，排挤地方势力，使陕西直接成为北洋军阀控制的地方。不久，袁世凯称帝，陆建章积极拥戴。陕西革命党人奔走联络，也进行了讨袁逐陆的活动。1916 年 5 月，陈树藩就任陕西护国军总司令，通电全国宣布陕西独立，陈树藩成为陕西督军，进一步掌握了全省的军政大权。陈树藩本身就是一个投机分子，借反袁逐陆势力打倒陆建章，夺取了陕西军政大权。陈树藩攫取了陕西军政大权后，一心巩固个人地位，无心反袁护国，表示效忠北洋政府。1916 年 6 月，段祺瑞发布命令，任命陈树藩为"汉武将军"，督理陕西军务兼任陕西省省长，陈树藩完全掌握了全省军政大权。陈树藩督陕，使陕西的政治更加黑暗，他限制舆论，压制革命势力，专制独裁。陈树藩为拉拢关系，贿赂各方，在经济上横征暴敛，鼓励鸦片种植。他在任的五年中，陕西鸦片泛滥，吸毒成风，民风败坏，土匪横行，农村经济趋于破产，陈树藩成为陕西历史上最遭人痛恨的督军。

　　1921 年 6 月，阎相文率冯玉祥部攻占西安，陈树藩被赶出了陕西，阎相文就任陕西督军，但时隔不久即自杀而死，从此陕西进入长达六年的军阀混战时期。这中间冯玉祥（1921 年 8 月—1922 年 4 月）、刘镇华（1922 年 5 月—1925年 2 月）、吴新田（1925 年 2 月—7 月）、孙岳（1925 年 8 月—1926 年 1 月）、李虎臣（1926 年 1 月—11 月）轮番督陕，陕西省政权进入频繁更迭的阶段。军

---

① 内政部禁烟委员会编：《禁烟年报》（民国二十五年度），1936 年，第 36 页。
② 葆真：《陕西棉业概况》，《陕行汇刊》1941 年第 5 期，第 67—91 页。

阀混战、民不聊生成为这一时期陕西政治经济状况的集中写照。

政治上的混乱自然带来经济上的盘剥。进入民国以后的陕西，在经济与社会结构上并没有根本性的改变，农业依然是最主要的生产方式，陕西省还是典型的农业省区，"其农作物之丰歉，关系该省民生之重大，较他省为尤甚"[①]。由于远离东南沿海，近代化的发展程度始终较低，工业不兴，商业不振，传统经济发展模式与传统农村生活方式依然保持不变。产业结构的单一，造成政府税收无从着落，大部分仍由田出，陕西历来以"赋重"著称，农民所付土地税和附加税达收入 45%左右，其他捐税又占 20%。[②]结果，"架床叠屋，巧立名目，有关系民生民食者，有似涉复征者，有迹近苛征者，有妨豁交通者，有妨害社会公共利益者，有妨害国税或省税之来源者，有似通过税者"[③]，据不完全统计，仅县赋征收即达 51 项（表 3-6）。因此，"陕西农民生活至苦，即在大有之年，亦不易暖衣饱食，若遇旱灾，则□草根咽土饭，坐以待毙"[④]。

表 3-6　民国年间陕西各种赋税统计表

赋税种类	内容
农业税、特产税	田赋县税，水磨捐，磨捐，斗秤用捐，特种出产捐，牧畜所得捐，山货产地捐，棉花捐，煤捐，皮毛捐，菜捐，漆捐，麻油捐
固定资产税	房捐，畜头捐
商业、交易等税	商捐，行捐，籴粜捐，药担捐，油房捐，牙行捐，炭捐，烧房酒捐，山货捐，炭秤捐，甘草捐，纸捐，煤股及煤税，盐驮捐，纸槽捐，猪羊肠捐，羊肠药捐
手工业税	榨油捐，油房纸厂捐，炭厂捐，烧熬捐，纸房捐，烧熬厂确油粉等捐，油捐，棉包捐，漆刃捐，草帽辫捐
交通相关税	船捐，车照捐，车辆捐，驼捐，驮骡捐
其他	膏捐，警捐，春台花会捐，学捐
合计	51 种

资料来源：西安市档案局、西安市档案馆编：《陕西经济十年（1931 年—1941 年）》，西安市档案馆内刊，1997 年，第 272 页。

据陕西实业考察团调查，陕南区农户"按现在时粮价格，谷一担平均约值二元半，麦一担约值五元。以最上田产量计算，每亩可得十余元。上折田七八

---

① 陕西实业考察团编辑，陇海铁路管理局主编：《陕西实业考察·农林》，上海：上海汉文正楷印书局，1933 年，第 77 页。

② 狄超白：《中国土地剥削关系的激化与农业生产力的衰退》，《中国土地问题与土地改革》，香港：新中出版社，1948 年，第 39 页。

③ 西安市档案局、西安市档案馆编：《陕西经济十年（1931 年—1941 年）》，西安市档案馆内刊，1997 年，第 272 页。

④ 西安市档案局、西安市档案馆编：《陕西经济十年（1931 年—1941 年）》，西安市档案馆内刊，1997 年，第 88 页。

元，中折田六七元左右，下折田五六元左右。除去额定之捐税额外之需索，以及人工种籽，估计只最上田及上折田稍有赢余，中折田勉能维持，下折田则入不敷出。至于旱地情形，自更为困苦矣"[①]。

民国二十一年（1932年）以后，关中李仪祉开始兴修水利，政府又推行农贷，农民生活稍苏。但据民国二十五年陕西省对泾惠渠灌区农村经济的调查（表3-7），我们仍然可以看出，其时陕西农民的积弱，泾惠渠灌区是陕西农村经济最优越的地域，由于灌溉发达，农业生产较有保障，因此，一向为陕西富庶之地。但是，从农民生产投入到最后所余也只有84.1元，这已是富裕之区的农民生活状况了。而在陕南、陕北以及关中西部部分地区，即便荒地开垦对于农民来讲都是个负担。1930年陕西长安县草滩镇荒地开垦，据时人估算，"开垦费用每亩约五元，每十亩至少须三十元，此系当地农人之估计。然实际上恐不止此。如加所盖房屋及农具等而言，每亩约需十余元至二十元"[②]。这样的负担农民是开不起荒的。民国十八年年馑以后，陕西各地荒地甚多，但农民却大多无力开垦。

表3-7 民国二十五年（1936年）调查泾惠渠灌区农村经济概况

调查区域	每户人口/人	自耕水田/旱田/亩	全年收获总价值/元	全年负担捐税/元	全年一家消费/元
泾阳斜刘村	12	36	72	36	658
高陵裴家村	5	3/15	375	45	200
临潼摆家村	9	30/20	345	50	200
合计	26	69/35 104	1440	131	1058
每户平均	8.6	34.6	480	43.3	352.6

资料来源：西安市档案局、西安市档案馆编：《陕西经济十年（1931年—1941年）》，西安市档案馆内刊，1997年，第89页。

为应付每年的各种费用，一般陕西农村都过着捉襟见肘的日子，更别说防灾，灾害来临时往往毫无办法。以下对泾阳农村调查可为一例："农家出产物品之预备售卖者，于收获后，即将大部分售出，以裕经济。如小麦约有半数售出，棉花则全部，盖农家之现金收入全恃于此二者。然此时价格低廉，数月以后，价格即高，农民有时反须购此价高之物品，故农家于此处吃亏甚大。如民国十

① 陕西实业考察团编辑，陇海铁路管理局主编：《陕西实业考察·经济》，上海：上海汉文正楷印书局，1933年，第494页。

② 华源实业调查团编：《陕西长安县草滩、泾阳县永乐店农垦调查报告》，内刊，1933年，第59—60页。

九年十一月每百斤棉花农民可得三十五元，但至二十年五月涨至四十五元。六月相差十元，不可谓不大矣。"①这样的生存条件是不会有积储，以备灾荒的。

五、气候、毒卉、政治制度与饥荒形成之关系

民国十八年（1929 年）陕西"大年馑"，一般都将之看作三年自然灾害的结果，谈到它也只是说死亡人口 250 万，逃亡出境者达 600 万。实际上，大饥荒所带来的经济上的破坏远不止此，其对于陕西经济来讲可以用"破产"来形容，这种破产不仅仅和三年自然灾害相关联，还是长期积累的结果。

就自然因素来讲，民国十八年年馑是 20 世纪二三十年代整体气候变迁的总爆发，是极端气候事件影响的总结局。事实上，对于这一时期这种大范围的气候变化，民国时人已有敏感的体察。如关中中部的鄠县有记："鄠地据山水之乡，在昔空气温润，寒暑均匀，少含海洋性，东南西南两部水渠交错，竹树稻田相为氤氲。自入民国，大非昔比矣，泉源日涸，渠汊不流，竹树冻杀，林木亦翦伐殆尽，赤地满目，弥望荒凉，骎骎与高原等，纯系大陆性焉，故空气干燥，寒暑亦特甚。"②这样的今昔对比，已能看到民国以后，陕西气候实际上有一个大的变化。就全国来讲，此时灾害遍及中国北方各省：华北的山西、河北、察哈尔、热河、河南、绥远，并波及山东；西北的陕西、甘肃、宁夏。受灾人口一千万以上。这样面积广大的灾荒，气候背景不容忽视。华洋义赈会曾慨叹，"昔日赈饥，仅以银币汇往灾地，粮食便得向各省购得，今则不然……盖该诸省（陕、豫、甘），平时因种烟过多，粮食出产减少，一旦酿成饥荒，虽有千百万金钱，难获得大批之黍麦以拯救"③。义赈会人员将购不到粮食归因于平日各省多种鸦片，导致粮食出产减少，储备不足。诚然如此，但是，以这样大面积的北方大灾，加之多年积累，即便没有罂粟种植怕也难保能够买到粮食。

罂粟种植历来是此次饥荒备受诟病的罪魁祸首，也是此次北方大饥荒普遍受人指责的罪孽之端。《申报》在报道陕、豫、甘三省大灾时，就曾明确指出，"究其原因，实为三省土地，择其肥沃者，多栽种鸦片，以致农产减少，粮食缺

① 华源实业调查团编：《陕西长安县草滩、泾阳县永乐店农垦调查报告》，内刊，1933 年，第 45—46 页。

② 民国《鄠县志》，台湾成文出版社编：《中国方志丛书·华北地方》第 233 号，台北：成文出版社有限公司，1969 年，第 87—88 页。

③ 《拒毒会报告》，《申报》1931 年 6 月 30 日，转引自陈翰笙、薛暮桥、冯和法编：《解放前的中国农村》第 2 辑，北京：中国展望出版社，1987 年，第 228 页。

乏"①。笔者以为，这样的论述，既有国人对广种罂粟对于农业生产破坏的实际见证，同时也有对自鸦片战争以来鸦片祸国殃民普遍的憎恶之情。所以今人在讨论此事时，也多义愤不平，穷究全国罂粟种植的数字统计，唯面积之大是从，也就缺乏了对于各种资料上统计数字的科学讨论与认真考证。但仔细推究，这些数字所能反映的鸦片之害是极其有限的。就陕西来讲，尽管各种文献对本地罂粟种植面积与产额记录不一，说法亦不少，但考察其面积，总体来说可以维持在 175 万到 360 万亩，最多不会超过 450 万亩，也就是说民国陕西罂粟种植面积占全省耕地总面积的 5%—10%，最多不会超过 15%。如果将之置于较长的历史时段来考察，实际上，清代以来，陕西种植业结构中的粮棉比例，与民国时期的粮烟比例大体相当，没有本质的区别。那么，是否可以说罂粟种植于农业生产没有破坏意义，饥荒与鸦片没有关系？当然不是这样，笔者以为罂粟种植对于农业生产的破坏以及饥荒的形成，不在于其种植面积的多少，而在于它对当地农业生产投入与土地利用的方式上，这种破坏可从以下三点来理解。

第一，罂粟种植会减少粮食的复种指数。棉花与罂粟均属经济作物，需要上好水田才能保证收获良好，党晴梵曾于 1931 年在《陕灾月刊》上撰文指出："在关中西部的眉县，水田肥地皆种烟苗。"②罂粟是一种极耗地力的农产物，种过罂粟的土地会变硬板结，几乎不能再种粮食。陕西礼泉县"1925 年所种的鸦片比民国以来任何一年都要多。往年人们只是把不适于种粮食的土地用作种鸦片，但是现在不是这样了。农民需要土地种植粮食，但是他们却种着鸦片"③。众所周知，自清代以来陕西关中地区即形成二年三熟的农业耕作制度，陕南汉中盆地往往是一年两熟制，轮作制是其采用的主要生产方式。"棉作与他种作物在一定之土地内，按照一定次序轮流栽种者，称为轮作。"④陕西各地作物轮作顺序一般有以下六种：①棉花—高粱或大豆—小麦—玉蜀黍；②棉花—豌豆（保肥）—玉蜀黍—小麦—大豆；③棉花—棉花—大豆；④玉蜀黍—豌豆（保肥）—棉花—花生—小麦；⑤棉花—小麦—大豆；⑥小麦—玉蜀黍—豌豆（保肥）—棉花—大豆。⑤这种轮作方式是陕西农民在长期耕作中积累的经验，对于粮食增

---

① 《拒毒会报告》，《申报》1931 年 6 月 30 日，转引自陈翰笙、薛暮桥、冯和法编：《解放前的中国农村》第 2 辑，北京：中国展望出版社，1987 年，第 228 页。

② 邓拓：《中国救荒史》，转引自阎良区政协文史法制侨务委员会编：《关中山东移民》，西安：三秦出版社，2015 年，第 752 页。

③ 《英文中华年鉴》，1925 年，转引自章有义编：《中国近代农业史资料》第二辑（1912—1927），北京：生活·读书·新知三联书店，1957 年，第 214 页。

④ 黎小苏：《陕西棉花之栽培概况》，《陕行汇刊》1943 年第 1 期，第 25 页。

⑤ 黎小苏：《陕西棉花之栽培概况》，《陕行汇刊》1943 年第 1 期，第 20—31 页。

产与土地利用率的提高有很大的帮助。从以上六种轮作方式中我们都可以看到，这些粮食与经济作物是互为帮助的，形成了良好的作物循环，而罂粟的插入，不仅破坏了以上作物的轮作，而且其所耗土地无法与任何作物轮种，这无形中就减少了很多农作物的实际耕种面积。

第二，罂粟种植颇费时费力，尤其在收获时节，农民将全部精力皆投入其中，且要雇用大量人力。农民种烟即无力种粮，是对农业生产质量的一种破坏。罂粟种植需要大量的人力投入，耕作要求比粮食作物更加精细。关中地区鸦片与小麦同期耕种，同期收获，九月、十月播种，腊月除草一次，次年五月收割。收获季节，更需大量人力投入，由于割烟技术十分重要，直接影响烟的产量，农户往往需要雇用大量人力投入收割，几乎无力再进行其他生产。"（陕西）农民对于栽种烟苗一事，在过去，却是用全副精神去惨淡经营，唯恐不胜。而对正当的农作，反以任其荒芜……大田地种了鸦片，主要的农作大见减色，民食不无发生重大问题。"农民将所有的精力投入罂粟的种植当中，已没有精力再从事粮棉的种植与管理。

第三，军阀推广罂粟，政府将所有的政策支持均投到鸦片上，荒废了对农业的支持与技术改良，整体农业生产无人过问，破坏了正常的农业发展。以棉业为例，自光绪以后，陕西引种了"洋棉"，新棉种引种是需要一些技术力量来支持的。尤其对新棉种的培育，籽种保存尤为重要。"棉花为常异交作物，若不严密管理，难免不无混杂劣变之现象，及良种退化，应于棉作开花及形态已固定之际，举行去伪去劣。即将田内不良棉科先行拔去之谓，在已成之品种中，淘汰劣本之棉株，以维持其纯粹与整齐。可以杜绝劣株之繁殖，及防止劣本与其他良本杂交，以免退化之劣性遗传于后代。"[①]这些技术上的指导与棉种的培育都需要一定的投入，然而民国年间陕西政局动荡，军阀势力忙于地盘的扩充，有谁会真正关心农业的发展？全省各项经济建设几乎停顿。民国十年（1921 年）以后，陕西棉业大幅下滑。据民国二十二年陕西实业考察团调查所见，"近数年来，陕省棉田减少，产量降低，品质不如昔日之佳，在国内所占地位，亦渐趋下"[②]。其中原因，以棉花品种退化为主。"查陕省棉田，除灵宝棉种外，在二三十年前，即有美棉屈理斯种等之输入。其初品质甚佳，纤维细长，称誉一时，产量亦高，每亩恒产花衣四五十斤。近则纤维短劣，每亩产量，亦减至三十斤

---

① 黎小苏：《陕西棉花之栽培概况》，《陕行汇刊》1943 年第 1 期，第 26 页。
② 陕西实业考察团编辑，陇海铁路管理局主编：《陕西实业考察·工商》，上海：上海汉文正楷印书局，1933 年，第 439 页。

以下。自十八年灾荒后，中外人士，及公私机关等，分给农民之各种美棉，种类愈多，混杂亦愈甚。此行在关中区棉田内所见，即为混杂之种。夫中美棉种之互见，尚易分别，若美棉之自身混杂，益难辨认。然棉种因混杂而劣变，则无疑义，此为今日陕西棉作上之重要问题，不可不注意者也。"[1]由于棉种退化，产量减少，加之灾祲不断，农民揠苗助长，使之成品品质下降，进一步失去市场竞争力，而同期河南、山西等省的棉业又有大幅进步，这些都决定了陕西棉业衰退的命运。陕西实业考察团曾对当时这一现象有着相当的调查，载："查棉种初入陕时，产量极丰，普通棉田，每亩产棉四五十斤，优良上田，每亩产量有至百斤者。就此次调查所得，近数年每亩产量，超过五十斤者，实居少数，此则可以证明陕棉产量之减少。且连年荒旱，人民急于收获，不待棉茁开裂，即行摘下，甚至连株拔去，晒于场圃，令其开放。殊不知茁虽长大，内部纤维，尚未十分长成，致使纤细，品质变劣。年复一年，品质日益不良。其次如灾后人口之死亡，农具棉种之缺乏，以及地主佃户，视种棉不能增加本身收入，多改图其他较能获利之经营，皆为陕棉退化之原因。"[2]陕棉的退化为罂粟再度泛滥提供了条件。

对粮食作物同样如此，"陕西每年无霜时期，常在百五十余日以上，如大小麦、粟、粱、豆、黍、稷、玉蜀黍、棉、高粱、芸苔、稻、荞麦、芝麻、大麻、蓖麻、马铃薯、甘薯、落花生，以及其他作物，均易生长。至于各作物之品种，在形态上虽易辨认，在生理上则颇难分析，成熟有迟早，产量有多少，气候土宜，有种种关系。作物之个性不同，培植之方法自异。如每一田中品种混杂，良莠不分，则其产量与质之低劣，自不待言。此次所经过各地，时当秋夏之交，不及见小麦之生长，但至一地，必搜集麦种少许。见粮食市上每一布袋麦子，有红皮硬粒，红皮软粒，更有白皮粒，混杂之甚，实所罕见。并闻往年岁荒，本地麦种无存，乃移植他处之麦种，不但混杂，且有不适当地气候之虞。至于棉之种类，则混杂尤多"[3]。

由此可知，罂粟的种植对于农业的破坏不只在于它种植面积的多少，更重要的是它对于整个农业经济质与量的双重打击，这才是罂粟对于陕西饥荒造成的最大破坏。

---

[1] 陕西实业考察团编辑，陇海铁路管理局主编：《陕西实业考察·农林》，上海：上海汉文正楷印书局，1933年，第78页。

[2] 陕西实业考察团编辑，陇海铁路管理局主编：《陕西实业考察·工商》，上海：上海汉文正楷印书局，1933年，第439页。

[3] 陕西实业考察团编辑，陇海铁路管理局主编：《陕西实业考察·农林》，上海：上海汉文正楷印书局，1933年，第77—78页。

灾害是否成灾与地方抗灾防灾能力息息相关，一个地方抗灾保障措施齐全，防灾能力强，抵御自然灾害的可能性就大。就民国陕西的自然环境来讲，陕西地处我国西北边陲，关中、陕北均属黄土高原地区，秦巴山地横亘其中，地貌条件复杂，生态环境恶劣，经济单一，农业发展水平较低，是中国典型的生态环境脆弱区，对外界扰动的承受力较差，往往自然灾害发生的频率高，损失大。由于生存环境脆弱，灾害造成的损失也就很大，这在前面对陕西整体概况介绍时已有交代。那么，就民国陕西的社会环境来讲，就更不用说防灾抗灾了，政治生态的恶劣，导致经济崩溃，苛捐杂税多如牛毛，"陕西农村经济破产，陕当局备极忧虑。究其破产之主要原因，则以负担过重而实逼处此"①。仓储无积蓄，百姓无余粮，百姓维持生产、生活最基本需求已属勉强，对任何灾害都是无力应对的。就连清代以来所建立起来的民间救济系统也被破坏尽净。以陕南为例，当时人就有这样的记述，"入民国后，虽国内兵燹频仍，幸战事大都限于铁路区域，陕南僻处内地，不受波及，一时且有世外桃源之称。其间虽偶有骚扰，而当时受祸者，究属甚少。且因汉水畅通，货物能输出，陕南人民，失于此者，尚可取偿于彼。此后因驻军渐多，用款浩大，捐税种类，随之激增。民十六七年间，曾因军食不足，一度征收民间存粮。将陕民旧时积谷防荒之制度，打破无遗。又以旱灾洊至，人民饿殍载道。陕南元气，从此斫丧"②。

陕南如此，关中、陕北更不如之，民国以后陕西防灾设施几乎全部遭到破坏。因此，在民国以来陕西各地自然灾害面前，民众应对极端无力，稍遇水旱即有饥民。民国十年，陕西连遭水旱，受灾区 72 县，出现灾民 1 243 930 人。③民国十一年（1922 年），西乡县春旱严重，已经出现了"岁大饥，人相食"的局面。民国十二年的旱灾，陕西各县报灾人数都在十万到二十万人，数字相当惊人。民国十四年是陕西旱灾严重的一年，出现了大量饥民，定边县甚至"人畜同有饿毙之虞"。而凤翔、千阳、礼泉、麟游、长武、合阳、紫阳、汉阴、安康、白河百姓秋收无望，无食物可供进食，"草根树皮采食殆尽"。民国十五年，镇安"大饥"，粮价飞涨。民国十七年以后，饥荒一发而不可收拾。至十八年各地"日毙饥民累百盈千，壮者散之四方，老者转乎沟壑……人心慌恐，危急万分，

---

① 陕西实业考察团编辑，陇海铁路管理局主编：《陕西实业考察·经济》，上海：上海汉文正楷印书局，1933年，第 495 页。

② 陕西实业考察团编辑，陇海铁路管理局主编：《陕西实业考察·经济》，上海：上海汉文正楷印书局，1933年，第 482 页。

③ 陕西省气象局气象台编：《陕西省自然灾害史料》，内刊，1976 年 10 月，第 56 页。

灾重各县，举村逃亡者，不一而足"。汉中地区"树皮草根掘食已尽，死亡载道"。到冬天，"凡树叶、树皮、草根、棉籽之类，俱将食尽"①。次年开春，刚刚破土的野菜，萌生嫩芽的树叶，转眼就被饥民挖光抹净。杨树、柳树、椿树、槐树和榆树，都只剩下了枯枝，裸露着白杆，一丛丛、一片片地覆灭了，灾区"树木约损十之七"②。饥民被逼"将干草煮食"，更有"吞石质面粉（即观音土），以致中毒滞塞而死者触处皆是"，汉中留坝灾民饥不择食地采挖野草，"中毒而死者五千余人"。③灾民们被迫出卖一切可以换取口粮的家产，市集上毛驴七元买三匹，只相当于二斗多的小米价。"乡人拆屋卖木料者十之六七"，整根的房梁、橡木锯成几段，当燃料廉价出售。兴平县北乡"三十余村，每村原有户数一百或二百不等，今日各村已空无一人，房屋全被拆毁，不留一椽一木"。凤翔灾荒之后，城市面貌残破不堪。城内人民仅存三百余家，"房屋均皆坍倒，气象萧条，俨若空城"④。民国十九年（1930 年），陕西已是死的死，逃的逃，"十室九空，饿殍遍野，为祸之惨，空前未有"⑤。时人描述，"中区（关中一带）四十余县，亘三千余方里""田野荒芜，十室九空，死亡逃绝，村间为墟。床有卧尸而未掩，道满饿殍而暴露""白昼家家闭户，路少人行，气象阴森，如游墟墓"。⑥灾荒过后，多数农村，几近破产，种田无种子，耕地无牲畜，有地不能耕。武功县申五社，灾荒之前有三百余户，现仅五六十家，"寻常每户有耕牛一头或二头，现在全社只有一头"⑦。必要劳动人口和生产工具的缺乏，使得基本农业生产都无法进行。这种局面直到数年之后都难得改变。据调查，合阳县从1923 年到 1933 年，"毫无耕畜之农家，自29%增加至47%，有二三头耕畜之农家，则自13%减至8%"⑧。直到 1935 年，华县、华阴等 48 县的耕牛仍短少 169 676头，占当时耕牛总数的 56%—64%。⑨

---

① 《大公报》1929 年 2 月 15 日。

② 《中华民国史事纪要》（初稿），1931 年，第 81 页。

③ 《时报》1929 年 2 月 22 日；《时事月报》1930 年 7 月；《申报》1930 年 7 月 3 日。

④ 何庆云：《陕西实业考察记》（八），《时代公论》1932 年第 39 期。

⑤ 陕西省气象局气象台编：《陕西省自然灾害史料》，内刊，1976 年 10 月，第 56—60 页。

⑥ 《时事月报》1930 年 7 月、8 月；《民国日报》1930 年 3 月 1 日。

⑦ 陕西实业考察团编辑，陇海铁路管理局主编：《陕西实业考察·工商》，上海：上海汉文正楷印书局，1933 年，第 410 页。

⑧ 陈翰笙：《现代中国的土地问题》，中国农村经济研究会：《中国土地问题和商业高利贷》，上海：中国农村经济研究会，1937 年。

⑨ 《关中四十余县耕牛数量的调查》，《农村经济》2 卷第 6 期，1935 年，转引自刘克祥：《1927—1937 年农业生产与收成、产量研究》，《近代史研究》2001 年第 5 期，第 69 页。

总之，民国十八年（1929 年）陕西大年馑是在特定历史条件下、特殊气候背景下的一次大灾难。它的出现不是偶然的，对于今天的借鉴意义也是极其重要的：它一方面提醒我们要重视气候变化所引起的灾害的发生；另一方面也告诫我们，对于环境脆弱区的百姓来讲，其应对自然灾害的能力是十分有限的，政治上的动荡只会加重灾害的发生，加强这些地区自然灾害的防范措施是地方政策的重中之重，也是防止饥荒形成的重要保障。

第二节　1932 年陕西霍乱灾害与社会变迁

传染病尤其烈性传染病（如瘟疫），对人类生存的危害极大，有学者将瘟疫、战争和饥荒并列为威胁人类健康与生命的三大元凶。从生态史学的观点来看，传染病的历史与人类社会的发展进程是并行的，自从地球上有了人类活动，传染病即伴随而来。因为传染病的影响面积广、危害烈，所以最为人类所关注，诸如天花、鼠疫、伤寒、霍乱，典志、医籍史不绝书。20 世纪 30 年代，美国著名的微生物学和免疫学家汉斯·秦瑟（Hans Zinsser）在《老鼠、虱子和历史》中揭示斑疹伤寒等疫病暴发打乱国王与将领的军事计划等事件，将传染病与社会变动联系起来，让人们看到了传染病对社会发展的巨大影响。[1]20 世纪六七十年代，一些西方历史学家开始介入这一领域，最著名的莫过于美国历史学家威廉·H. 麦克尼尔（William H. McNeill）。他在《瘟疫与人》中指出，其写作目的并不像以往的研究那样，只是将"疾病的偶然暴发视为是对历史常态突然而不可预测的扭曲"，而是"旨在通过揭示各种疫病循环模式对过去和当代历史的影响，将疫病史纳入历史诠释的范畴"。[2]这一论述推进了疫病生态史学的研究，从此疫病史研究在全球范围内引起广泛重视。

中国的疾病社会史研究在 20 世纪七八十年代开始兴起。1975 年，美国学者邓海伦（Helen Dunstan）发表《明末时疫初探》。[3]20 世纪八九十年代，中国

---

① Hans Zinsser, *Rats, Lice, and History*, New Jersey: Transaction Publishers, 2007.

② 〔美〕威廉·H. 麦克尼尔：《瘟疫与人》，余新忠、毕会成译，北京：中国环境科学出版社，2010 年，第 4 页。

③ Helen Dunstan. The Late Ming Epidemics: A Preliminary Survey. *Ch'ing-shih Wen-t'i*, 1975, 3（3）: 1-59.

的史学工作者也开始进入这一领域①，产出了大批研究成果。这些论著在研究时段上，多数集中在明清时期；在研究区域上，尤以江南地区为多。②学者们还注意到战争、饥荒与自然灾害往往会加剧疫病的传播，形成高死亡率。但已有相关成果多数集中在宏观论述上，对于大的疫病灾害背后的气候、环境、社会现象的描述居多，而将某一疫病置于特定地区的自然与社会环境之中加以分析的，则比较少见。

　　从终极目标来看，疫病研究与灾害研究并无二致。人们关注疫病，目的在于分析其影响人类历史进程的深度与广度，以使人类更好地应对疾病，使历史发展更积极与可持续。已有疫病史研究表明，疫病可以改变历史的发展进程，尤其在小区域内，疫病的泛滥与蔓延会直接影响该区域的生产与生活方式，改变该区域的社会关系与结构。但是如果追本溯源则会发现，疫病是否驻足某地，或疫病在哪些地区形成集中的病区，则与该地区环境的"脆弱度"有直接关系。③换言之，同样的传染病会对不同地区的人群造成不同程度的伤害，其是与该区域环境条件密切相关的。如伍连德据"国际洪灾救济委员会报告"资料统计（表3-8），1932年中国大面积流行霍乱，波及23个省区306个城市，几

---

① 近年有关国内疾病社会史的研究可参见余新忠：《关注生命——海峡两岸兴起疾病医疗社会史研究》，《中国社会经济史研究》2001年第3期，第94—98页；余新忠：《20世纪以来明清疾病史研究述评》，《中国史研究动态》2002年第10期，第15—23页；余新忠：《中国疾病、医疗史探索的过去、现实与可能》，《历史研究》2003年第4期，第158—168页。

② 谢高潮：《浅谈同治初年苏浙皖的疫灾》，《历史教学问题》1996年第2期，第18—22页；余新忠：《嘉道之际江南大疫的前前后后——基于近世社会变迁的考察》，《清史研究》2001年第2期，第1—18页；余新忠：《咸同之际江南瘟疫探略——兼论战争与瘟疫之关系》，《近代史研究》2002年第5期，第79—99页；余新忠：《清代江南的瘟疫与社会：一项医疗社会史的研究》，北京：中国人民大学出版社，2003年；李玉偿：《环境与人：江南传染病史研究（1820—1953）》，复旦大学博士学位论文，2003年；李玉偿：《传染病对太平天国战局的影响》，《"中央研究院"近代史研究所集刊》2004年第45期，第1—51页。关于中国霍乱病史，以往相关研究不多，单丽在其博士学位论文《清代古典霍乱流行研究》（复旦大学博士学位论文，2011年）绪论中有较详细的梳理，在此不赘述。

③ 环境"脆弱性"，是指一定的环境系统容易受到影响或无法对抗伤害、破坏或危害的程度，即能够造成环境损失的潜在因素。"脆弱性"的概念最早出现在自然灾害研究领域；20世纪初，在地质、水旱灾害研究当中运用较多，关注致灾因子的类型、强度、发生频率及其空间分布；20世纪70年代末至80年代初，从自然灾害的研究，扩展到生态学、经济学、公共健康及气候变化等针对农业与城市生态灾害、卫生健康与疫病灾害、能源与开发灾害等众多领域。其特别关注社会经济与政治结构及其变化过程如何导致人的脆弱性，将自然与社会经济诸因素量化为指标体系，衡量出各地能够抵御不同类型灾害的环境承载力，地方灾害承载力的指数。参李鹤、张平宇：《全球变化背景下脆弱性研究进展与应用展望》，《地理科学进展》2011年第7期，第920—929页。

乎遍布全国。①就疫患病例与死亡人数来看，各地差距则非常之大，有些省区染疫人口上万人，死亡数千人；有些省区则只有数百人患病，死亡人数也就几十人；有些省区疫死人口达 50%以上，有些省区死亡率就低至 7%—8%。虽然上述统计受战乱与时局动荡的影响，数字并不准确，但从中仍能看出这些差异来。

表 3-8　1932 年中国霍乱流行省区统计表

地区 （传染城市数）	病例/死亡人数	死亡率/%	地区 （传染城市数）	病例/死亡人数	死亡率/%
上海（1）	4 260/317	7.4	浙江（13）	6423/657	10.2
南京（1）	1 588/373	23.5	绥远（6）	2 000/1 057	52.9
北平（1）	493/391	79.3	察哈尔（7）	618/183	29.6
江苏（38）	10 430/1 606	15.4	福建（5）	1 879/973	51.9
河北（64）	14 517/5 036	34.7	湖南（4）	1 553/338	22
河南（30）	10 588/2 362	22.4	广东（2）	1 084/358	33
山东（27）	18 153/2 962	16.1	云南（3）	54/9	16.7
山西（29）	无/6 928		青海（3）	121/12	9.9
江西（14）	5 918/1 955	33	四川（6）	1 968/501	25.5
安徽（19）	3 349/1214	36.2	广西（1）	2/1	50
陕西（17）	12 644/3 468	27.4	甘肃（3）	222/78	35.1
湖北（12）	2 832/1 231	43.5	合计（306）	100 666/31 974	31.8

资料来源：Wu Lien-Teh, J. W. H. Chun, R. Pollitzer, et al., *Cholera：A Manual for the Medical Profession in China*，Shanghai：National Quarantine Service，1934，p.34.

　　1932 年霍乱在中国霍乱灾害史上具有举足轻重的地位，它最大的特点是流行范围广、死亡人口多、各地受害程度差距大。因此，它为我们进行区域的比较研究提供了一个很好的样本。哪些区域受害重，哪些区域受害轻，原因何在？从表 3-8 统计可以看出，本次霍乱受害最巨为山西、陕西等内陆省区，据不完全统计，陕西全省死亡人数在 20 万左右。②有鉴于此，本节即以陕西为例，从

---

① Wu Lien-Teh, J. W. H. Chun, R. Pollitzer, et al., *Cholera：A Manual for the Medical Profession in China*，Shanghai：National Quarantine Service，1934，p.34. 表 3-8 统计存在一定误差。第一，1932 年霍乱发生在战乱年代，各地受动荡局势影响，所做统计极不全面。第二，1928—1930 年华北大旱灾，北方各省受灾严重，有些省份（如陕西）社会经济受到重创，社会保障系统崩溃，无人统计，数字明显偏小。第三，中国经济南北与东西差距大，近代化水平不同，统计口径有差异。因此，表 3-8 数字仅供参考，相对来说，东部地区统计数字准确度高些，与死亡人数统计相比，死亡率数字略准确些。表 3-8 显示的死亡人口最多省份为山西，陕西居第三位，事实上陕西死亡人口高于山西。

② 张萍：《环境史视域下的疫病研究：1932 年陕西霍乱灾害的三个问题》，《青海民族研究》2014 年第 3 期，第 154—160 页。

疫病环境史的角度出发，探讨 1932 年陕西霍乱是在什么样的自然条件下发酵的，陕西特定的社会环境又为其提供了什么样的温床，其传播过程与结果暴露出哪些地方自然与人文环境的脆弱性，以资镜鉴。

一、1932 年陕西霍乱传播的时空过程

霍乱（Cholera），旧称虎列拉，早期亦译作虎力拉，民间多称之为虎疫。目前可以确定，1932 年陕西的霍乱主要是火车经陇海铁路从东南各省直接带入省内。

1932 年对于陕西来讲，是一个比较特殊的年份。1931 年九一八事变爆发，日本加速了入侵中国的进程。1932 年"一·二八"事变，国内危机更加严重，东北尽失，华北亦将不保，东南地区战火频燃。国民政府为应对时局，将经略目光转向西部，开始积极开发西北。3 月，国民党中央通过决议，"以长安为陪都，定名为西京，以洛阳为行都"，同时筹备西京委员会。[①]国民党军政大员蒋介石、宋子文、戴季陶、何应钦、孙科、张继、邵元冲等纷纷到西北考察，制定了一系列的开发西北案，为方便开发所需的交通运输，首先将陇海铁路修筑提上日程。1931 年 12 月，陇海铁路正式通车潼关，并进一步提速西筑至西安以远，正是在这样的关键节点，霍乱随之而来。

1932 年，陕西的第一例霍乱病例最早发现于潼关县。潼关县位于陕西省的东部，是西北的东大门，入陕之门户。据报载，潼关最早发现霍乱患者就是在潼关县的东关火车站内，时间为 1932 年 6 月 19 日，以后相继"传染城内"，形成流行趋势。从 6 月 19 日到 7 月初，"城乡一带死亡之数已逾二百有奇，平均每日在二十人左右"。[②]

从各方报道来看，1932 年的霍乱传播具有一定的规律性。6 月 19 日潼关县发现霍乱患者，到 7 月中旬，周边各县传播开来，染疾最速的包括华阴、临潼、华县、西安等 14 县市（表 3-9），除岐山、米脂、绥德三县记载有误[③]，其他县

---

① 《国民党中央政治会议为组织西京筹备委员会致张继函》，西安市档案局、西安市档案馆编：《筹建西京陪都档案史料选辑》，西安：西北大学出版社，1994 年，第 6 页。

② 《潼关虎疫蔓延仍极猛烈》，《西北文化日报》1932 年 7 月 4 日。

③ 据《二十一年各县虎疫发现终止月日及患者总数死亡人口一览表》统计，三县在 7 月初出现霍乱，但《西北文化日报》报道岐山县在 8 月中旬霍乱高发，而米脂县到 9 月 27 日才报道虎疫疫情，称该县县长呈民厅，谓该第二区区长报称，该区管家嘴等十八村于 8 月 20 日间发生虎疫，传染甚速。到 11 月 15 日，《新秦日报》还报道了米脂虎疫在西南下区乡村仍很猖獗。对比陕西各县虎疫流行时间，结合报端记载，《二十一年各县虎疫发现终止月日及患者总数死亡人口一览表》的统计在时间上可能有误，陕北各县虎疫传播都在 8 月中下旬以后，不可能早到 7 月初，霍乱的潜伏期也不会有那么长。

市均位于潼关周边。

表 3-9　1932 年 7 月中旬霍乱在陕西县市传播统计

县市	霍乱传入时间	县市	霍乱传入时间	县市	霍乱传入时间
华阴	6 月 21 日	临潼	6 月 23 日	华县	7 月 1 日
西安	7 月 5 日	朝邑	7 月 9 日	渭南	7 月 10 日
平民	7 月 11 日	大荔	7 月 14 日	澄城	7 月 15 日
蓝田	7 月 15 日	耀县	7 月 13 日	岐山	7 月 15 日
米脂	7 月 1 日	绥德	7 月 4 日		

资料来源：《二十一年各县虎疫发现终止月日及患者总数死亡人口一览表》，西安市档案馆编：《往者可鉴：民国陕西霍乱疫情与防治》，西安，内刊，2003 年，第 115 页。

　　华阴、华县、大荔、渭南、澄城、平民、朝邑位于潼关西北，古为同州，历来交通往来甚密，县邻接壤，也成为霍乱流行最快的区域。自 1932 年 6 月 19 日潼关发现虎疫患者，仅隔两日，邻县华阴即有患者发现①，到 7 月中旬，"计省东各县，几无县不有"②。这些县虎疫的流行基本是流动人口造成的近距离交互传播。华阴公安局长强调"该县因与潼关毗连，以至虎疫亦已传至"。③渭南县最初患者为一汽车夫，感染霍乱，"至华县柳支地方吐泄交加，不能开车西进"。④渭南通讯则称："渭华毗连，性更险恶，日来已蔓至赤水镇郭村一带，十六日晚死亡数十人。"⑤澄城县也称，"缘大荔虎疫剧烈后，该县与大荔之交通，全未断绝，致该处之病人来澄很多，故即被传染"⑥。郃阳通讯更称："当潼关虎疫闹事不开交的时候，郃地向称安宁；乃近以邻封大荔朝邑等县，虎疫猖獗，着着逼人，其势汹汹，现已蔓延于郃阳境界，而首当其冲的东南区简直成一谈虎色变之恐怖区矣。"⑦这样，7 月底，同州地方全面流行，成为 1932 年陕西霍乱流行中最大的灾区，死亡人数最多，流行面积最广。

　　另外，西安、临潼也是两处传染较快的区域。西安是陕西省会，重要的交通节点城市，五方杂处，人口流动大，这样的城市自然是霍乱感染最快的区域。

---

① 《二十一年各县虎疫发现终止月日及患者总数死亡人口一览表》，西安市档案馆编：《往者可鉴：民国陕西霍乱疫情与防治》，西安，内刊，2003 年，第 115 页。
② 《华阴虎疫流行异常剧烈》，《西北文化日报》1932 年 7 月 14 日。
③ 《华阴东原虎疫甚烈》，《西北文化日报》1932 年 7 月 9 日。
④ 《渭南发现虎疫》，《西北文化日报》1932 年 7 月 1 日。
⑤ 《虎疫猖獗死亡惊人》，《西北文化日报》1932 年 7 月 20 日。
⑥ 《潼关虎疫稍杀　澄朝疫氛严重　郃阳虎势甚猛》，《西北文化日报》1932 年 7 月 24 日。
⑦ 《潼关疫死人数竟达数千》，《西北文化日报》1932 年 7 月 26 日。

据记载，7 月 5 日已发现染病患者①，以后又有商号学徒、茶馆伙计，外籍学生等②，渐及乡间。临潼霍乱流行早，应该与该县的旅游地位有关。民国时期"骊山晚景"有长安八景之称③，华清池闻名遐迩，构成陕西第一大旅游胜地，流动人口多，自然传播迅速。

目前，从陕西各地霍乱传播时间上来分析，其明显可分为三个时段，各时段霍乱传播的区域相对集中。除上面列举的同州渭南市区外，7 月中旬以后，霍乱又在以三原、泾阳为中心的渭北地区和以凤翔为中心的关中西部地区形成两个疫病区，并围绕这两个中心逐渐向周围扩散。8 月以后，霍乱北上、南下，传播至陕北、陕南。

三原自明清以来就是陕西省乃至西北地区的商业中心，民国初期商业影响力仍很大，是西北药材外运以及东南大布北销的集散地④，商业人口往来如织。6 月下旬以后，潼关发现虎疫，对入潼铁路、公路进行了封锁，因此，在一定程度上减缓了疫病向内地传播的速度，三原县染疫是在 7 月 18 日，邻县泾阳则在 7 月 21 日发现疫患。这样相邻各县如礼泉、乾县、武功、富平、高陵也大多在 7 月 20 日至 8 月初发现疫患，并形成新的疫区。与此同时或稍晚，凤翔、汧阳、陇县、宝鸡进一步构成另一大疫灾中心。

从整个疫病传播的过程来看，1932 年陕西的霍乱传播具有一定的时间规律与空间特征，排除一些特殊原因与交通节点性城市的暴发性传染，一般以近距离传播为主，最初往往是一地染疫，通过周边人口的流动形成大面积的传染。（图 3-4）从《西北文化日报》报道过程也可以看出这一特征。这种传播方式和关中盆地平原地貌，以农业为主的生产方式，以及农村聚落集中、聚落间人户联系方便有很大关系，应该属于封闭性较大的传统社会流行病的传播方式，即以交通节点与主要商业市镇为中心向周边蔓延，并围绕农村聚落形成圈层扩散。

① 《二十一年各县虎疫发现终止月日及患者总数死亡人口一览表》，西安市档案馆编：《往者可鉴：民国陕西霍乱疫情与防治》，西安，内刊，2003 年，第 115 页。
② 《本市患者昨死一人》，《西北文化日报》1932 年 7 月 18 日。
③ 鲁涵之、张韶仙编：《西京快览》第 4 编《名胜古迹》，西安：西京快览社，1936 年，第 1 页。
④ 刘安国编著：《陕西交通挈要》，张研、孙燕京主编：《民国史料丛刊》第 621 册，郑州：大象出版社，2009 年，第 45 页；铁道部业务司商务科编：《陇海铁路西兰线陕西段经济调查报告书》，殷梦霞、李强选编：《民国铁路沿线经济调查报告汇编》第 6 册，北京：国家图书馆出版社，2009 年，第 604—605 页。

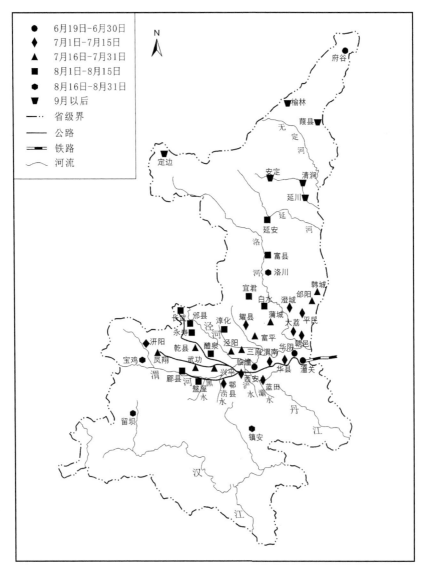

图 3-4　1932 年陕西霍乱传播路线图

二、统计数据所显示的死亡人口数量之考察

　　霍乱进入陕西，很快形成迅猛的传播之势，死亡成为霍乱流行过程中出现最频繁的名词，死亡人数之巨也成为此次霍乱中最大的灾难。关于此次灾疫死亡人口数量，史籍统计各异，有"五六万"之说，有"十三万"的数据，也有

"二十万"的说法，前人相关研究不在少数。①按照当时国民政府民政部卫生署的要求，各省各地区对于此次灾疫都要进行统计，并下发表格，陕西省照章执行，并对全省各县市下达指令，按照表格进行规范统计，当然各县市执行力度不一，统计结果也参差不齐。目前综合较详的是刘炳涛根据《二十一年各县虎疫发现终止月日及患者总数死亡人口一览表》统计结果，结合《西北文化日报》相关报道加以补充，进一步增入二十六县，估计"死亡人数在 13 万以上"，认为与"杨叔吉在《陕西防疫处第六周年纪念感言》中所说的'（二十一年霍乱）疫区扩至五十三县，派遣医师护士，仅达到二十八县，染疫者约计五十万以上，疫死者超过十三万'大体相当"。②对于刘炳涛所做的细致的统计，笔者相当肯定，但仍认为十三万数字过小，与事实不符。且不说杨叔吉作为陕西省的第一任防疫处处长，又是此次霍乱防治中的最主要指挥者，他的数字同样来源于各县市的上报数字，因此与刘炳涛的统计口径是一致的，所得结果一致也就没什么奇怪的了。参考报端报道与统计数据，可以看到这中间差距极大。

潼关县最早发现虎疫患者，从六月中旬到七月初，愈演愈烈，死者每天增加，"平均每天少则三十余人，多则五十余人"③，可以说是此次受灾最重的县份，但其统计患疫总人数只有 2148 人，死亡 726 人。刘炳涛也发现了问题，认为这一数字只是潼关城内的统计数据，不包括乡下的。④而此次虎疫死亡人口最多的还是集中于乡下，所以说它的死亡人口数量不会少于华阴县，而华阴县死亡人口统计为 13 000 人。华县也属同州，与华阴有"二华"之称，同样疫势非常严重，到 8 月 8 日报端报道死亡人数已经过万⑤，但统计数据显示的患疫总人数也只有 9318 人，死亡 6422 人，这一数字也明显缩水。三原县是民国时期陕西大县，承明清陕西乃至西北商业中心，是经济相当繁荣的县域，流动人口也非常多。虎疫流行以来，势不可当，至八月初，县城南关商界，自动停市，以后又波及乡镇，更为"炽厉，每日死亡，城乡合计约百余名，人民慌恐惊骇，往各处分逃避疫，以保性命云"⑥。蒲城人认为本县"虎疫不减三原"⑦，而蒲

① 关于死亡人口数字统计信息可参考刘炳涛：《1932 年陕西省的霍乱疫情及其社会应对》，《中国历史地理论丛》2010 年第 3 辑，第 113—124 页。
② 刘炳涛：《1932 年陕西省的霍乱疫情及其社会应对》，《中国历史地理论丛》2010 年第 3 辑，第 116 页。
③ 《潼关虎疫猖獗乡村尤烈》，《西北文化日报》1932 年 7 月 7 日。
④ 刘炳涛：《1932 年陕西省的霍乱疫情及其社会应对》，《中国历史地理论丛》2010 年第 3 辑，第 113—124 页。
⑤ 《本市及各县疫势仍在扩大中》，《西北文化日报》1932 年 8 月 8 日。
⑥ 《本市及各县疫势仍在扩大中》，《西北文化日报》1932 年 8 月 8 日；《本市昨续有死亡较前稍减唯各县疫势仍在普遍蔓延中》，《西北文化日报》1932 年 8 月 21 日。
⑦ 《本市及各县疫势仍在扩大中》，《西北文化日报》1932 年 8 月 8 日。

城县的患疫总人数统计为 22 778 人，死亡 10 453 人。三原县患疫总人数却只统计为 1547 人，死亡 508 人。两个数字有着天壤之别，可见，三原县的统计最多也只是县城南关的数字了。长安县、临潼县都是重疫区，长安县无统计数据，临潼县只统计为患疫总人数 150 人，死亡 122 人，这样的统计结果实难令人信服。醴泉县，据县志记载，"七月初旬，时疫霍乱盛行。得病者吐泻兼作，顷刻即死，计全县死者逾五千余人"①，但一览表未见统计。乾县县志记载，"二十一年，六月。霍乱病传染，四境死者以万计"②，一览表统计染病人数才 8725人，死亡 5625 人，上报数字也偏小。除此之外，宝鸡、凤翔等西部地区，陕北延安、榆林一带虽远离重疫区，但多数县份地处内陆，封闭保守，医疗水平极其落后，政府防治无力，省城又顾及不到，患病死亡率也是相当高的，这种死亡人口也绝不在少数。以岐山县为例，本县地处关中西部，明清时期为凤翔府所辖，由于偏远，虎疫传入较晚，据报道，八月中旬以后，疫势渐为扩大，乡村各镇，尤其剧烈，虽县府设法救治，但"苦无效果"，"一日之间，即死亡一百二三十人"。据县内统计，在此之前死亡已达一千零五十余人，"本月（当为八月）十五至二十一日，疫势越加猛烈，一礼拜内据各区里绅报告，全县共计死亡九百八十余口，乡镇村庄，奄奄待毙者不计其数云"③。但统计表所显示的岐山县所有数据均十分荒唐，且不说其发现日期 7 月 15 日是否正确，表中记录的本县疫病终止日期是 8 月 18 日，而此时却正是岐山县疫病发病的高峰期。表中统计患疫总数为 240 人，死亡 130 人，这种死亡人口的记录只是岐山县一天的死亡数字而已。因此，这样的统计实在太过草率，无法作为真实数据来看待。与之毗邻的扶风县绛帐镇，至今保留有一"万人壕"遗址④，就是此次霍乱遗留下来的遗迹。可见，关中西部各县虽然霍乱传入的时间较迟些，但救援力度不及，死亡人口仍不在少数。陕北、陕南就更不用说了，这些地区很多均无统计数据。就连时任陕西省防疫处处长的杨叔吉都对各县的统计工作感到不满，但也无能为力，其云："至此次虎疫感染及死亡统计，数月以来，叠函民厅限令各县具报虎疫死亡确数，乃至今尚未见复，以致统计无由，

---

① 民国《续修醴泉县志稿》卷 14《杂记志·祥异》，凤凰出版社编选：《中国地方志集成·陕西府县志辑》第10 册，南京：凤凰出版社，2007 年，第 405 页。

② 民国《乾县新志》卷 8《事类志·灾祲》，凤凰出版社编选：《中国地方志集成·陕西府县志辑》第 12 册，南京：凤凰出版社，2007 年，第 103 页。

③ 《本市疫减市面恢复常态》，《西北文化日报》1932 年 9 月 1 日。

④ 陕西省地方志编纂委员会编：《陕西省志》第 72 卷《卫生志》第五篇"传染病与寄生虫病防治"，西安：陕西人民出版社，1996 年，第 164 页。

报告无法。"①可见各县在这一工作上并未认真对待。以目前在册统计数字来看，染疫与死亡之比在 40%强。今天我们知道，古典霍乱的传染与死亡率远大于埃尔托生物型霍乱，在没有医学防护的条件下，染疫人口的死亡率有时会达到 50%—60%。考虑到1932年霍乱进入陕西，又在数年干旱、民不聊生的条件下发生，百姓对于霍乱没有任何认识，亦无防范知识，因此其时陕西染疫人口 50 万，以 40%的比例来计算，当不算夸张，这样算来，死亡人口应有 20 万。因此，笔者认同《陕西省志·人口志》的记载，即"当时传染严重的县计有 60 余县，估计患病人数有 50 万人，死亡人数约 20 万余人"②。

三、病菌与毒药：疫源认知及其背后

对于1932年陕西霍乱灾害的发生，存在两种说法，官方记录称，霍乱最早发生在 6 月 19 日，于潼关东关车站内。③但是在民间百姓中却又流传着另外一种说法，即日本投毒说。传言称：潼关县最早的霍乱患者初发于端阳节前三日，也就是民国二十一年（1932 年）的 6 月 2 日，为一河南籍刘姓母，"居徐家巷，由饮潼水而发。继之者马姓、刘姓，均由潼水入城之水闸处汲水。自此潼水两傍居民，户户染疫，家家死亡"④，当地人纷纷称是日本人投毒所致。这一传说似乎比官方的说法传播更广，影响更大，以至作为官方代表，受过医学教育的临时防疫院常务委员杨叔吉都认为这一说法有道理，认为此与"倭人投毒，确有密切关系焉"⑤。此后这种传言远播全陕，各县不断报出发现汉奸雇佣百姓投毒害民的消息，百姓惶惶不可终日。

《西北文化日报》7 月 5 日报道，长安县东乡一带于前一日捉获一名投毒汉奸，此汉奸"据云姜姓，河南邓人，年三十一岁，乞丐打扮，来长安投毒"，据他交代，此次被派来投毒的一共有十七人，"因城内人烟稠密，仅拟在乡间投毒，药色白而略带红色，在韩信家某瓜田内，将欲投毒，被村民发觉捉获。当由村民解押来城，经围斗卫兵询问明，即暂押警三旅第一团，闻公安第五分局拟将

---

① 杨叔吉：《二十一年防疫经过谈》，《西京医药》1933 年创刊号。

② 曹占泉编著：《陕西省志·人口志》，西安：三秦出版社，1986 年，第 93—95 页。

③ 《潼关虎疫蔓延仍极猛烈》，《西北文化日报》1932 年 7 月 4 日；《二十一年各县虎疫发现终止月日及患者总数死亡人口一览表》，西安市档案馆编：《往者可鉴：民国陕西霍乱疫情与防治》，西安，内刊，2003 年，第 115 页。

④ 杨叔吉：《二十一年防疫经过谈》，《西京医药》1933 年创刊号。

⑤ 杨叔吉：《二十一年防疫经过谈》，《西京医药》1933 年创刊号。

药搜出，用化学分析，究系何种毒质云"。①7 月 6 日又报长安县南五台、瓦窑头及南原上以及富平县均发现投毒汉奸，投毒方法也五花八门。②南五台是汉奸趁庙会进香之机于神殿内欲投毒水泉，共两伙。报称："据某游山者归来云，韦曲徐家寨地方，捉获投毒汉奸一人，又黄五村庙内亦捉获一人，系正在神殿前水泉内投毒者，闻系四川人，该两地人民，拟分别将该投毒人送交城内核办。"③当时这样的记载颇多，西瓜、豆芽菜、茶水、果子都成为下毒的引子，投毒施药似乎已被附丽出八卦传奇的色彩，甚至故事情节曲折，险象环生。兹引数例如下：

> 本县于日前又有一汉奸贿卖豆芽菜者以洋钱，着伊为豆芽菜中投毒，而此卖豆芽菜者俟离开汉奸后，即将菜埋于地中，如此者数次。汉奸心内甚疑，以卖菜者已将几担菜售于城中，何以并未听到毒人之说，遂于日前随于卖菜者之后。适进县城，一军人买豆芽菜，卖菜者云，菜中有毒，此军人问，毒是何人投的，卖菜者暗指旁坐之汉奸，而此汉奸知事破露，遂即跑去，幸经捕获，送至县府，现正在讯办中。又闻瓦窑头及南原上亦发现投毒之事云。④

> 汉奸向井中及瓜果投毒各情，叠志各报，兹悉临潼县公安局，于七月九日派警长高俊峰赴马额镇公干，路经□河沟遇众人谈及有一道人，路过南郭村因渴索茶，适有该村塾师段某，因系旅客索饮，遂将壶中之茶给该道者饮，不料该道人投毒壶中，俟道人走后，段某复饮壶中之茶，霎时即全身中毒而亡。⑤

> 又有范家湾村民某正在担水，有一旅客向其索饮，并给担水者果子一枚，不久此担水者亦中毒身亡。该县县长昨据情呈报民厅，闻民厅昨已指令严加防范，并查拿奸人。⑥

村民面对这种传言，生发出一系列的回应与诅咒。三原县南关坊民集议，供奉瘟神一日，"用纸船一个，船上供瘟神牌位，并献灰面等，名为送瘟神，鼓

① 《昨日捉获投毒汉奸》，《西北文化日报》1932 年 7 月 5 日。
② 《投毒汉奸计穷运舛》，《西北文化日报》1932 年 7 月 6 日。
③ 《投毒汉奸计穷运舛》，《西北文化日报》1932 年 7 月 6 日。
④ 《投毒汉奸计穷运舛》，《西北文化日报》1932 年 7 月 6 日。
⑤ 《临潼发现汉奸投毒。道人索饮计中，旅客毒果凑效》，《西北文化日报》1932 年 7 月 17 日。
⑥ 《临潼发现汉奸投毒。道人索饮计中，旅客毒果凑效》，《西北文化日报》1932 年 7 月 17 日。

锣喧天，环游南关各大小巷道一周，即将该船送往城南十余里之泾惠渠水中，付诸东流矣①。朝邑县"每晚人民各以色纸糊成飞机、船只等，上书内载虎列拉，航驶日本，俾日人中此疬疫，悉数灭亡。各巷巷镇并以锣鼓大作，暄天焚送"②。

关于汉奸投毒的说法在陕西各地不断被披露报端，人心恐慌，不可终日。长安县已惊动县长，由县长出面，专门组织人员进行审讯，结果有真有假，确认两组系诬陷，两名为确实投毒人。南五台庙会当中所送之人，一为四川籍人，一为开元寺妓院的四名老鸨，因口角相争而诬指，四川籍人所持所谓药末为元粉，开元寺老鸨所持之为檀香面子。另外两名李顺丹、李全均为本地人，受人收买，授之毒粉，欲投毒井中，后被发现，县府决定对毒粉进行化验。③多起投毒案件均发现真真假假，《西北文化日报》在报道的同时也提醒人们："汉奸投毒一事，日来甚嚣尘上，各地迭有捕获，惟经审讯之后，多保他种原因被疑者，希当局就此慎重调查处置，以免真正奸人漏网，无辜者受累，而定人心。"④

在今天看来，"毒"与"菌"完全是两个不同的概念。毒药可以杀人，但无传染性。病菌则可滋生，并传播于他人。因此，以为汉奸投毒引发霍乱流行，这样的假设不能成立。那么，传言中所谓6月2日，也就是端阳节前三天，潼关县徐家巷刘姓母因饮潼水引发疾患是否属实？固然，霍乱属烈性胃肠道传染病，多由不洁饮水引发，程恺礼曾分析其引发机制，指出："在中国城镇普遍可见的地面排水沟系统，从一个季节到下一个季节都没有维修，且常（由于缺乏公厕）成为粪便的储藏所。干季导致废物的累积并且阻塞了排水沟，直到大雨把它们冲刷掉。豪雨及水灾使得排水沟中的杂物散布到很广的地区，并且污染了水源。虽然喝的水通常都经过煮沸，清洗食物、容器、衣服及个人卫生的水则没有。"⑤按照这一思路，似乎在潼水入城之水闸处滋生病菌并引发霍乱，也有其可能性。但是，我们说时间从6月2日开始，到6月20日方才形成全面流行的趋势，这似乎不大可能。霍乱是传播速度极快的传染病，一旦生成，没有预防措施的话，很快就会形成大面积的流行。从此次陕西省各地霍乱流行的过

① 《三原人民供送瘟神》，《西北文化日报》1932年7月29日。
② 《同朝疫势更烈，人民多尚迷信》，《西北文化日报》1932年7月25日。
③ 《投毒汉奸昨在长安县审讯》，《西北文化日报》1932年7月8日。
④ 《汉奸何多舛？长安东乡拘送三名》，《西北文化日报》1932年7月21日。
⑤ 程恺礼：《霍乱在中国（1820—1930）：传染病国际化的一面》，刘翠溶、伊懋可主编：《积渐所至：中国环境史论文集》，台北："中央研究院"经济研究所，2000年，第782—783页。

程也能看到，其三两天内就形成不小势头，而潼关如果从 6 月 2 日初发，二十天后方才形成流行趋势，这样的传播速度是不大可能的。因此，我们有理由怀疑，这则传言是不可信的。

那么，谣言是怎样产生的呢？按照拉尔夫·L. 罗斯诺的解释，谣言"表达了试图认知生存环境的人们的忧虑和困惑"。柯文（Paul A. Cohen）教授曾经研究晚清义和团运动时期的社会谣言与谣言所引起的社会恐慌。他指出，在义和团运动时期，华北地区就曾大量出现各种谣言，有骇人听闻的，有表达愿望的，也有井中投毒的。他还指出，"1832 年巴黎流行霍乱时，有谣言说，毒粉已被投入全市的面包、蔬菜、牛奶和水中。第一次世界大战初期，所有尚武好战的国家都在传播谣言，说敌特已潜入境内，正在向水源投毒"①，并认为"集体中毒的谣言更能体现人们对诸如战争、自然灾害和瘟疫等威胁社会上所有人的重大危机的忧惧情绪"②。由此可见，井中投毒的谣言不只在陕西一省出现，在其他时期其他事件中同样存在这样的谣言传播，甚至它还是个全球性的恐怖话题。1932 年 7 月间，在全国其他省份也曾出现过井中投毒的谣言，天津市、山东省也是谣言不断。③汉奸投毒俨然成为这一时期全国性的恐怖话题，这应与当时全国反日抗战的情绪是分不开的。1932 年正当九一八事变过后，日本军国主义的铁蹄已踏入中国领土，并以武力占领了中国东三省，各地均见诸报端，全国抗日的民族情绪也在各地发酵，抵制日货运动在各大城市普遍出现。1932 年 6 月下旬，西安工商业界开始了大规模的抵制日货运动，工商界在长安商会领导下，限令所有出售日货之商家将日货全部拿出公开拍卖，引起极大风波。7 月初，西安出现全市工商业集体罢市的局面，不得不由党政军出面干涉，全国引起震动。④伴随这一事件的发生，汉奸出面做出一些极端的事情也在所难免，因此，以井中投毒的方式引起社会混乱在这一特定时期偶然出现，又被大面积传播也就成为特定时期的特定产物。

虽然如此，透过这一传言的背后，我们仍然可以看到它所隐含的对霍乱疫病认知上的缺失。霍乱是一种烈性肠道传染病，与水及饮食相关联，水、瓜果、

---

① 〔美〕柯文：《历史三调：作为事件、经历和神话的义和团》，杜继东译，南京：江苏人民出版社，2000 年，第 140 页。

② 〔美〕柯文：《历史三调：作为事件、经历和神话的义和团》，杜继东译，南京：江苏人民出版社，2000 年，第 140 页。

③ 《水中投毒，又捕获一人》，《大公报》1932 年 6 月 17 日；《市公安局将令水井加盖，夏令饮料需格外讲求清洁，汉奸撒毒药证明只能麻醉》，《大公报》1932 年 7 月 9 日。

④ 《西安罢市潮解决，商人反对拍卖日货全罢市，党政军出面调解昨已复业》，《大公报》1932 年 7 月 8 日。

食物均能造成污染，进而引起疾病的传播。因此，流言主要集中在这类饮食上，说明时人已经认识到这些基本病菌传染源的问题。但是，对"毒"与"菌"的混淆，则显示出陕西民众现代医学知识的缺乏。谣言广播的地域全部围绕在西安及其周边地区，这些地区处于陕西的中心，是当时本地文化最发达的区域。然而，到1932年，霍乱传入中国已历百年，防治疫苗也已发明多年，而对于陕西来讲，广大民众仍然搞不清楚霍乱究竟是"菌"还是"毒"。

杨叔吉名鹤庆，陕西华县人，是陕西著名教育家杨松轩的弟弟。杨叔吉少时随兄入泾阳味经书院和三原宏道学堂读书，以后再赴上海理科专修学校求学，他思想进步，追求科学与民主。杨叔吉早年参加同盟会，并东渡日本留学，后返回参加辛亥革命。1912年杨叔吉考入日本千叶医学专门学校，1918年毕业回国，任陕西红十字会理事长兼陆军医院院长。1931年杨虎城主政陕西，应其邀请，杨叔吉任省政府参议、十八陆军医院院长、省防疫处处长等职。从杨叔吉的教育背景与学术经历来讲，他在当时应该算是知识精英，但对霍乱病菌亦不能分辨是"菌"还是"毒"。可见，当时内陆省区的医学阶层，对霍乱知识的了解也还是非常有限的，这说明霍乱对本地人是个陌生的疾病，陕西民众对它全然没有认识，也在情理之中。

据载，"虎疫"流行，陕西大多民众认为是瘟神作祟，有些认为是倭人井中下毒。泾阳东乡塔底村一带，村民认为"系鸡作祟"，全村上下将"大小鸡悉行杀死"①。这里的一则回忆可以说明当时大多县份百姓对于霍乱的基本常识与认识：

> 在廿一年的时候我住在我的家乡里，而我的家乡避处在绿林交错荒芜的北山中，交通梗塞，利（科）学亦很落后，一般民众均存着一（十）八世纪的头脑，惟县川较宽，城北靠山，城南稍底东涧西溪流于两别，南有二人（？）水之环流、翠屏山之相对，景象幽雅，空气新鲜，往者没不称赞。因之流行病尚不多见。……当廿一年秋夏交接之际，忽有虎烈闰（拉）流行，首次传者为城内李某尚，卖小吃为业，那日正在卖饭之时，忽唤腹痛，继加吐泻，未及医治即时毙命，其妇同子将尸搬回，至晚该妇及他十三岁的孩子一并毙命，仅余五岁的婴儿正（整）天啼哭，无人照管终归死去，情实惨伤。邻人恐染此病，对其家四个尸体不愿埋葬，后有县令相迫，情处无奈，随时埋葬。后

---

① 《本市疫势仍烈，各县虎疫噬人甚巨》，《西北文化日报》1932年8月5日。

由该巷相继传染，日胜一日，城内及城围均皆流行，来者甚速，亦乏良医，染者束手待毙，无可如何。只听得怨天呼地，啼哭之声震破耳膜，袒胸裸臂之死，到处皆见，经日光之蒸发——嗅（臭）气冲天。从早到晚，街方所见之人颜面苍白，均代恐容。一手遮其鼻腔，一手持有香表，东奔西跑，求神保佑，有者门悬草人，红裤、白碗等形形色色，实为奇观！最可伤者，父背子尸，子抬父棺，往来不绝，口内只叹道，上天收生，或云外人使汉奸下毒于井，众言纷云，语论不绝，其情之惨，目不忍视，种种苦难，楮纸难宣。平是有注意卫生之少数人，亦知无法，独叹奈何，即往（他）乡跳（逃）避，幸而免去。[①]

四、灾害环境下的生态扰动

相比以往的疫病流行，1932 年陕西霍乱无疑蔓延范围更广，影响面更大，死亡人口的惨烈程度也是历次疫灾无法比拟的，对环境的扰动更大。

霍乱属外源性传染病，古典生物型（classical biotype）霍乱源于印度，1817年传入中国，多流行于东南沿海一带。[②]关于陕西何时传入，以往研究较少，伍连德作为最早研究中国流行病的专家，曾对中国历次霍乱暴发作过地域上的统计，其中未见有关陕西的记载。[③]1933 年，身为西安防疫院委员长的杨叔吉在总结前一年霍乱防疫工作时认为，陕西以往未曾受过霍乱的侵害，称："粤稽虎疫病源，发源于印度，传染于我国，远在四百年前，近在三十年内，大抵流行于沿江各大商埠，只十四年一度流行于江南内地各县，从未有如二十一年夏，深入内地，蔓延十七省，死亡数百万，较诸一·二八沪战抗日，其损失有百千倍之。"[④]杨叔吉如何得出这样的结论，文中没有说明，但从中可以了解到，至少至民国二十一年，陕西对于霍乱疫病知之较少，印象不深，即使以往有过此类病史，应蔓延不广。1932 年是陕西第一次经过现代医学检验，明确确定古典

① 马志超：《对廿一年虎列拉流行所见到的一段感想》，《陕西卫生月刊》1936 年第 2 卷第 6 号。

② 关于中国霍乱疫源为内源还是外源，过去一直存有争议。伍连德曾提出，上海的霍乱起初固然是由外间传入，但后期则成为上海的地方病了。对此，李玉尚曾专文考辨了上海霍乱非地方病，而是外来病。详见李玉尚：《上海城区霍乱病史研究——以"地方病"与"外来病"的认识为中心》，曹树基主编：《田祖有神——明清以来的自然灾害及其社会应对机制》，上海：上海交通大学出版社，2007 年，第 361—392 页。

③ Wu Lien-Teh, J. W. H. Chun, R. Pollitzer, et al., *Cholera: A Manual for the Medical Profession in China*, Shanghai: National Quarantine Service, 1934, pp.29-34.

④ 杨叔吉：《二十一年防疫经过谈》，《西京医药》1933 年 1 月 15 日创刊号。

霍乱在当地流行的一年。

传染病与人体自身免疫系统关联较大，尤其对于外源性传染病，初发之地人群缺少抗体，会导致高染病率与高死亡率。[①]1932 年陕西霍乱暴发且一发不可控制，与此关系密切，从灾疫到救治，它所造成的巨大环境扰动，成为这一时期陕西上下的头等大事。其时陕西最早传入霍乱的潼关县，最严重时"平均每日（死亡）少则三十余人，多则五十余人"。[②]华岳庙一带患病穷人无法收容，官私厕所被搞得污秽"不堪言状"。[③]西安作为省会，人口密集，据《西北文化日报》报道，1932 年 7 月，由于西安防疫医院接诊过多，无暇照料，痛号吐泻之声，不绝于耳，"臭气薰蒸，闻之立欲呕吐"。城郊"义地"，由于穷人弃尸，"致该处常有尸体横纵，缺腿少头，臭气薰人，行人远避。闻该处道路刻下竟无人经过，多绕道至小雁塔一带，而该地附近之村庄无（如）李家村、人头园、染家村近日因触臭气而毙命者，为数亦夥"。[④]臭气固然不会造成触之毙命，但带有病菌的弃尸没有得到妥善处理，则会造成疫菌的进一步传播，形成更大面积的传染。

关中的蒲城县高峰期每日死亡不减四五十人，"街上行人稀少，臭气冲天"。[⑤]陕北宜川县"城内及城围均皆流行，来者甚速，亦乏良医，染者束手待毙，无可如何，只听得怨天呼地，啼哭之声震破耳膜，袒胸裸臂之死到处皆见，经日光之蒸发——嗅（臭）气冲天，从早到晚，街方所见之人颜面苍白，均代恐容"。[⑥]

市镇当中流动人口多，人口的密集程度高于乡村，故市镇往往成为疫病的高发区，死亡者众，市面萧条，百业停废。凤翔县城关市镇自发现虎疫，三四天内，死亡百余人，"民商大起恐慌"。三原县是陕西的商业中心，南关又是各类商号集中地，自虎疫流行以后，"南关商界，已自动停市，每家除三人看门外，余均暂回家避疫；居民亦逃他乡"。[⑦]最典型的要数鄠县秦渡镇，秦渡镇为当时关中地区重要的山货集散地，市镇经济不亚于县城，人口众多，交通方便，人口流动频繁，当时报载："死亡之区，棺木买空，乡人与该镇绝断交通，间有非

---

① 关于陕西霍乱传播历史，笔者将另文撰写。
② 《潼关虎疫猖獗乡村尤烈》，《西北文化日报》1932 年 7 月 7 日。
③ 《薛道五呈报潼关乡区流行传染　潼关疫势加剧》，《西北文化日报》1932 年 7 月 17 日。
④ 《本市及各县疫势更烈情形至惨!!!　本市疫势更烈》，《西北文化日报》1932 年 8 月 15 日。
⑤ 《三原蒲城停市避疫》，《西北文化日报》1932 年 8 月 8 日。
⑥ 马志超：《对廿一年虎列拉流行所见到的一段感想》，《陕西卫生月刊》1936 年第 2 卷第 6 号。
⑦ 《三原蒲城停市避疫》，《西北文化日报》1932 年 8 月 8 日。

去秦渡不可者，一去便染，染则必死，秦渡停业，变为死市。"①城镇当中，仅有的能够维持生意兴隆的店铺就是棺材铺与芦席店。西安市据记者各处视察，八月九日，"见南门晨六时，竟有以芦席抬出城外掩埋者七俱（具），以棺木殓葬者十二俱（具），时约二时之久，共计十九人；东门出毙者二十一人，均系东北隅满城一带贫民，多用芦席掩埋，北门出止城葬者，据北门附近人谈，用棺木发葬者约计十余付，其用席者亦有"。据记者报道："见各街棺材店席铺，工伙均忙于工作，门首顾主，往来不绝云。"②渭南县每村每日均有二三人到五六人死于非命，致使棺木为之售空，"先死者尚能置棺殡殓，后死者，无论出资多寡，棺衣无法购买"。③到八月初，"先死者尚能买棺殡殓，各处木匠缝师，日夜赶造不休，前已均买净尽，现在板谬（缪）无处购买，以致后死者，棺衣无处购买，乃用卷草席，现草席亦经卖尽"。乾县市面萧条，景象凄惨，"惟独成衣铺棺材店生意畅旺，大有供不应求之慨"。④当时多数县市在高峰期日死亡率都在数十人，加上乡村就更加可观，据《西北文化日报》报道，东路各县城乡高峰期日死亡人口在四五百人（表 3-10）。

表 3-10　部分县市高峰期平均日死亡人数统计表

县市	高峰期平均日死亡人口	文献出处
潼关县	平均每日（死亡）在 20 人左右	《西北文化日报》1932 年 7 月 4 日
华阴县	每日伤亡不下十数人	《西北文化日报》1932 年 7 月 9 日
华岳庙	每日死亡人数不下二三十人	《西北文化日报》1932 年 7 月 17 日
大荔县	一日内死亡竟达四十余人	《西北文化日报》1932 年 7 月 20 日
阡阳县	每日死亡不下十余人	《西北文化日报》1932 年 7 月 24 日
山阳县	每日三五人或十余人	《西北文化日报》1932 年 7 月 29 日
三原县南关	计每日平均死亡十余人	《西北文化日报》1932 年 8 月 5 日
临潼属县四乡	每日死亡约计二三十人	《西北文化日报》1932 年 8 月 6 日
西安市	每日死亡……已在三十余人	《西北文化日报》1932 年 8 月 7 日
凤翔县	每日城关乡镇死亡不下六七十人	《西北文化日报》1932 年 8 月 9 日
东路各县城乡	每日死亡不下四五百人	《西北文化日报》1932 年 8 月 8 日

乡村地区由于医疗条件差，无救治措施，因此民众一家一户的死亡非常普遍，如二华地区（华阴、华县），"华县之解家庄，某家全家十余人尽死，无人

---

① 《本市及各县虎疫仍行猖獗普遍蔓延》，《西北文化日报》1932 年 8 月 10 日。
② 《虎列拉凶焰益张!! 本市日昨竟死六十余人》，《西北文化日报》1932 年 8 月 11 日。
③ 《本市及各县虎疫仍行猖獗普遍蔓延》，《西北文化日报》1932 年 8 月 10 日。
④ 《疫势流行日剧死亡增加》，《西北文化日报》1932 年 8 月 12 日。

掩埋"。"每村堡每日均有死亡，甚至有全家数口同时毙命者，往往对丧葬等事亦无人料理。"①为避免传染，逃亡成为乡村避疫的主要途径，当时报载"人民纷纷逃疫者不绝于途"。② "长安南乡郭杜乡……居民惊慌，纷纷逃避。"③李家街子"村人因疫已连（逃）避过半云。"④西樊村一百余家的住户，"前后因患疫死亡男女老幼乡民六十余人，全村异常惊恐，相率迁移远避，现该村已无人烟云"。⑤乡村间的逃疫并不能解决实际问题，而逃亡往往又造成新的传染，雪球越滚越大，疫病越传越广，村落空寂、市镇萧条，很多年后不得恢复。

五、瘟疫下的人群响应与灾害应对

霍乱蔓延，对陕西民众的生存构成巨大威胁，省主席杨虎城动员了全省上下、西安医药界、公私团体等，均参与到救灾当中去，从阻断交通到培训医护，从购买疫苗到卫生宣传，投入了大量的人力与物力。

第一，利用行政干预，切断主要交通，阻止疫病扩散。1932 年 7 月 1 日，陕西省政府召开政务会议，讨论了潼关虎疫流行及其对策，会上决定并通过了"拟请将西潼路汽车停驶一星期"的决议。这一决议自 7 月 2 日起执行，一直延续到 7 月 25 日早晨，方才通车。⑥与此时间大体相当，7 月 6 日起，陇海铁路局亦以潼关虎疫传染甚烈，为防止东蔓起见，西行列车只开至阌乡为止。⑦除切断交通以外，还于交通要口设置虎列拉临时检查所，对出行旅客进行检查。西安市最初于东城门外设置临时检查所，责成郝委员负责，检查疫病。⑧以后又在四城门分别实行，免费检查，免费救济。⑨各县也基本全面施行。

第二，成立临时防疫处，组织医护培训。7 月 2 日潼关虎疫被确诊以后，陕西省调派绥署军医处医务科长薛道五，于各医院抽派医师八员、看护四名及

---

① 《潼关疫死人数竟达数千》，《西北文化日报》1932 年 7 月 26 日。

② 《虎疫流行仍在严重时期》，《西北文化日报》1932 年 8 月 8 日。

③ 《长安城乡疫势》，《西北文化日报》1932 年 7 月 29 日。

④ 《省令民厅拟表调查 各县虎疫死亡人数 长安乡镇迭有死亡村人逃避过半》，《西北文化日报》1932 年 8 月 4 日。

⑤ 《卫生署派员来陕防治 省南乡民逃疫整村已呈空虚》，《西北文化日报》1932 年 7 月 31 日。

⑥ 《平民医院暂改临时防疫院 断绝西潼汽车交通一周》，《西北文化日报》1932 年 7 月 2 日。《本市防疫工作加紧各界举行清洁运动宣传 西潼交通恢复今晨照常通车》，《西北文化日报》1932 年 7 月 25 日。

⑦ 《防止虎疫东侵 陇海车开止阌乡 以俟疫势稍杀 再行恢复通车》，《西北文化日报》1932 年 7 月 9 日。

⑧ 《防虎蔓延 西安昨成立防疫院》，《西北文化日报》1932 年 7 月 3 日。

⑨ 《西安虎疫患者已死四人 杨鹤庆语记者施救虎疫情形》，《西北文化日报》1932 年 7 月 13 日。

医兵、勤务等先行赴潼关，组织临时虎列拉防疫处。[①]同日，陕西省政府政务会议又通过决议，改平民医院为西安防疫医院，直属省政府，限克日成立，掌管全省防治虎疫事宜。[②]临时防疫医院组织实施了防治宣传、疫病知识普及、调配医药、延聘医师、培训医护、组织救援，其中短期医护培训效果最为明显。"授以消毒法，人体生理概要，虎列拉讲话"等，限 40 小时授完，12 小时实习，完结后，分派鄠县、醴泉、富平、盩厔、洛南、乾县、蓝田、陇县、郃阳、扶风、武功、邠县、岐山、耀县、韩城、沔阳、泾阳、鄜县、商县等 19 个县。[③]

第三，开展卫生宣传，普及霍乱预防知识。《西北文化日报》从 1932 年 6 月 30 日到 7 月 8 日利用大片版面连续登载了《霍乱及其预防方法》。西安民众教育馆于 7 月 2 日派出预防虎列拉宣传团，以生动的形象宣传虎疫防疫知识，"于汽车上置虎一个，上书'虎列拉甚于猛虎食人'"。[④]7 月 14 日，《西北文化日报》又登载了"简单防疫办法"，对于检查饮水、行旅，取缔饮食贩，厉行公共卫生，设立注射疫苗处、隔离所，处置患者排泄物、死者方物，宣传预防办法等均做了基本介绍，简单明了，便于各地操作。[⑤]8 月以后，西安防疫医院还特别督饬下属各县进行宣传。大荔县将各区区长、各村村长、各机关代表以及医药界人士组织起来，开展防疫宣传周。[⑥]富平、澄城等许多县也进行了类似的宣传活动。

第四，出资及组织社会力量，购买防疫苗浆。陕西省以往并未发生过大面积的霍乱流行，故本省防疫苗浆储存无多。自潼关霍乱症确诊后，陕西省府飞电北平中央政府防疫处，促其"速寄霍乱疫苗五百瓶，以施行预防注射"。[⑦]由于虎疫传播速度极快，而苗浆供不应求，省府还派出许子侠专程到上海购买苗浆。[⑧]为组织和动员社会力量，防治霍乱，杨虎城带头捐巨款扩建省医院手术室。[⑨]杨夫人谢葆真女士，捐赠疫苗八百瓶。[⑩]潼关县县长罗传甲还捐俸派员

---

① 《杨鹤庆返省报告赴潼调查虎疫经过并拟具防疫办法多条呈省府鉴核》，《西北文化日报》1932 年 7 月 1 日。
② 《平民医院暂改临时防疫院　断绝西潼汽车交通一周》，《西北文化日报》1932 年 7 月 2 日。
③ 杨叔吉：《二十一年防疫经过谈》，《西京医药》1933 年 1 月 15 日创刊号。
④ 《民教馆免费注射防疫　虎疫宣传团昨出发讲演》，《西北文化日报》1932 年 7 月 3 日。
⑤ 《省府令华阴县宣传预防民厅颁防疫办法令各县防范》，《西北文化日报》1932 年 7 月 14 日。
⑥ 《大荔各界举行防疫宣传周》，《西北文化日报》1932 年 8 月 16 日。
⑦ 《杨鹤庆返省报告赴潼调查虎疫经过并拟具防疫办法多条呈省府鉴核》，《西北文化日报》1932 年 7 月 1 日。
⑧ 《潼关虎疫猖獗乡村尤烈　西安临时防疫医院昨开常委会议》，《西北文化日报》1932 年 7 月 7 日。
⑨ 《杨主席捐巨款设省院手术室》，《西北文化日报》1932 年 7 月 24 日。
⑩ 杨叔吉：《二十一年防疫经过谈》，《西京医药》1933 年 1 月 15 日创刊号。

到郑州购买疫苗，施行救治。①红十字会、陕西旅汉救灾防疫会及各私人团体、个人也进行了捐助。

第五，开展卫生运动，组织清洁扫除。省防疫院率先组织民众开展卫生清洁运动。省公安局编印卫生须知小册下发各处。②民政厅则通令全省各县对于夏季卫生严加注意，并下发夏季卫生要点。③西安市"由公安局负责协同各街编查员，令全市商住各户一律用石灰消毒，至公共厕所及垃圾堆，由公家负责消毒"④；还举行了清洁运动宣传周，派出宣传队分赴城乡作长期宣传活动。

综上所述，1932 年陕西霍乱无论对百姓还是官方，影响都是空前的，以至于十年之后，陕西省在总结此次大疫之时，还强调说："是人命之死于匪患者，固不可数计；然疫疠传染，乃亦常阖户烟绝，村舍灭迹，其害洵不减于剧盗积匪。"⑤

六、救治乏力：脆弱环境下的脆弱人群

就当时的陕西省政府来讲，霍乱救治虽然投入了很大的力量，但仍不能阻止疫病的蔓延，也不能控制患者的大量死亡，其中原因应该是要探讨的主要问题。前面已经论述，作为灾害的一种，瘟疫的传播与泛滥有许多的作用机制，但是，其最终在哪些地区驻足、由灾成害则与地方环境的脆弱性直接相关，这种环境脆弱性可以体现在地区的自然环境与社会环境两个方面。

（一）自然环境的脆弱性

自然环境的脆弱性是促发灾害面积扩展的原动力。就自然环境来讲，陕西位于我国的内陆腹地，属中国地理单元中第二、三阶梯的过渡地带，是黄土高原的重要组成部分。黄土高原以地貌形态多样著称，多数地区地表切割严重，土壤支离破碎，同时陕西多数地区又属于温带大陆性气候区，冬冷夏热，降水集中，风旱同季，由此引起的水土流失也极其严重。该地经济开发困难、交通

---

① 《潼关县府努力剿捕虎疫 县长罗传甲捐俸购买疫苗施针》，《西北文化日报》1932 年 7 月 4 日。
② 《本市防疫工作加紧各界举行清洁运动宣传》，《西北文化日报》1932 年 7 月 25 日。
③ 《民厅令各县注意夏令卫生》，《西北文化日报》1932 年 7 月 25 日。
④ 《潼关虎疫稍杀 防疫院即日起绝对禁止瓜果入城》，《西北文化日报》1932 年 7 月 24 日。
⑤ 贾友三：《防疫重于防匪》，《陕西防疫处第十周年纪念特刊》，西安市档案馆编：《往者可鉴：民国陕西霍乱疫情与防治》，西安，内刊，2003 年，第 219 页。

不便，是我国典型的生态环境脆弱区，灾害的承载力与地方抗灾水平都十分有限，也是我国历史上灾害发生频率最高的区域之一。

霍乱是传播速度极快的烈性传染病，受气候条件影响较大，气候变动可以加速细菌的繁殖与蔓延，同时，长期的气象灾害会导致民众承灾能力下降，形成高死亡率。[①]而 1932 年恰恰处在 20 世纪的一个明显的气候变动期，也是一个灾害的高频发期。

20 世纪二三十年代是全球气候的一个快速升温期，北半球气候变暖，北极圈内永冻土层南界向北退缩，中国南方的梅雨期缩短，北方河流枯水期变长，降雨量减少。[②]这一时期也是我国历史上旱灾最频繁的时期，1920 年北方五省大旱灾，1928—1930 年西北、华北大饥荒[③]，这些由旱灾引起的人口高死亡率在历史时期空前绝后。大旱引起地下水污染，大量人口非正常死亡所造成的尸体不及时掩埋，又形成空气的污染与环境破坏，这些都为霍乱的发生准备了条件。1932 年是中国有史以来霍乱传播面积最广的一次，从东南到西北，穿过秦岭，越过沙漠，陕西、甘肃、青海，这些大西北以往很少发生霍乱的地方都被波及，几乎遍及全国，这是这种气候条件造成的最直接后果。

具体到陕西，这种极端气候现象表现就更加突出。霍乱当年，陕西的气候非常不正常。西安年降雨量 285.2 毫米，少于平均年份一半以上。[④]陕西各月气温均高于平均值 1—2℃，6 月、7 月、8 月三个月的平均气温高出 1932—1947年 15 年平均气温 2—3℃（图 3-5）。[⑤]因此，这一年也是陕西有史以来少有的高温、干旱年。6 月，霍乱流行过程中，各地报告常有"入夏以来，天气亢旱，时疫流行""今夏天气亢旱，疫疠流行"等记录，这是直接造成霍乱病菌蔓延的重要因素。

① 王鲁茜、阚飙：《气候变化影响霍乱流行的研究进展》，《疾病监测》2011 年第 5 期，第 404—408 页；李永宸、赖文：《霍乱在岭南的流行及其与旱灾的关系（1820 年～1911 年）》，《中国中医基础医学杂志》2000年第 3 期，第 52—56 页；谈荣梅、陈坤、屠春雨：《气象因素变化与霍乱发病的相关性研究》，《中国公共卫生》2003 年第 4 期，第 416—417 页；谈荣梅：《气象因素与霍乱发病关系的生态学研究》，《中国预防医学杂志》2004 年第 5 期，第 343—345 页；黎新宇、王全意、贾蕾，等：《北京市气象因素与霍乱发病关系的生态学研究》，《中国自然医学杂志》2006 年第 3 期，第 201—202 页；王鲁茜：《中国伤寒和霍乱的时空分布及气候地理因素的关联性分析》，中国疾病预防控制中心硕士学位论文，2011 年。
② 〔苏联〕JI. C. 贝尔格著，李世玢校：《气候与生命》，王勋、吕军、王湧泉译，北京：商务印书馆，1991年，第 3—4 页；叶笃正主编：《中国的全球变化预研究（第一部分 总论）》，北京：气象出版社，1992 年，第 42 页。
③ 李文海、程歗、刘仰东，等：《中国近代十大灾荒》，上海：上海人民出版社，1994 年。
④ 李国桢主编：《陕西小麦》，西安：陕西省农业改进所，1948 年，第 2—7 页。
⑤ 李国桢主编：《陕西小麦》，西安：陕西省农业改进所，1948 年，第 9—15 页。

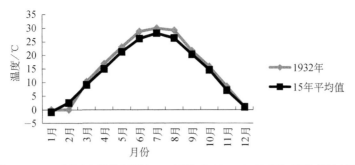

图 3-5　1932 年西安月均气温与 15 年间（1932—1947 年）平均值比较图

　　同时，从大的时间尺度上讲，据气象专家王玉辰研究，自 1921 年以后，陕西就开始进入天气干旱的年景，这种干旱一直持续 10 余年，平均每年都有近 200 天的干旱期，直接导致 1929 年陕西的"大年馑"（图 3-6）。[①]当时全省 91 县，报灾的有 88 个，赤地千里、井河涸竭，加之军阀混战，灾害得不到应有的救援。据时人统计，1928—1930 年陕西的大旱灾致使大约 250 万人口死亡[②]，人口死亡率占到了人口总数的六分之一，并导致地方经济的全面崩溃与破产。灾后存活下来的民众，经过大灾、饥馑之折磨，病体支离，体质低下，身体免疫力差，再难承受疫病之灾，这成为本次霍乱灾害中人口大量死亡的一个重要原因。

图 3-6　陕西饥荒中成千上万的灾民

资料来源：宗鸣安：《一场饿死二百万人的大灾荒——陕西"民国十八年年馑"史实汇录》，《中国减灾》2009 年第 1 期，第 51—52 页。

① 王玉辰：《关于民国十八年大旱》，《陕西气象》1980 年第 6 期，第 28—32、21 页。
② 康天国编：《西北最近十年来史料》，沈云龙主编：《近代中国史料丛刊三编》第 60 辑，台北：文海出版社有限公司，1990 年，第 125 页。

（二）社会环境的脆弱性

社会环境的脆弱性是导致本次霍乱之灾人口高死亡率最直接的原因。就社会环境来看，1932 年陕西经济基本处于传统阶段。农业在经济当中占主导地位，80%的人口为农民，工业停留在手工制作阶段。由于交通运输发展缓慢，大型机器设备运入困难，故工厂难以发展。截至 1934 年，陕西省的现代工业除两大军械工厂（西安机器局与陕西机器局）外，仅有陕西制革厂、陕西省印刷局、西安集成三酸厂、延长油矿、新履公司和数家机制火柴工业，主要服务于军事要求，基本没有主导型产业。道路交通建设上，陇海铁路至 1931 年 12 月方延展至潼关。公路至 1932 年止，只有西潼（西安至潼关）、西长（西安至长武）、西凤（西安至凤翔）、西眉（西安至眉县）4 条骨干交通线路，且均围绕西安向东西方向延展，南北向公路受自然条件限制，始终未开工。民众的生活方式基本停留于传统阶段，仅以公共自来水系统的开辟时间来看，现有数据显示，其在北京的使用是 1910 年 2 月①，但陕西省的第一家自来水公司——西安市自来水公司却建成于 1953 年，比起北京晚了近半个世纪。

另外，辛亥革命以后，陕西卷入频繁的政权更迭之中，北洋军阀统治时期，平均一年二个月就出现一任新的督军（表 3-11）。军阀混战、民不聊生，正规的卫生防疫机构一直付诸阙如。民国资料显示，陕西省现代医疗卫生机构出现非常之晚，且多数与军阀相联系。民国元年（1912 年）张凤翙督陕，为配合军需，在西安建立了陕西陆军医院，这是陕西官方建立的最早的现代医院，也是医疗条件最好的西医院。到 1932 年，陕西较正规的医疗机构除陆军医院外，只有陕西省医院、红十字医院，全部集中在西安。卫生管理机构直到国民政府成立以后，1927 年陕西省民政厅设立，下设四科，卫生事务归由第二科管理，这样现代卫生管理才有一个正式的归口，但仍缺乏专人负责，现代卫生防疫工作还没有起步。1932 年霍乱暴发，国民政府内政部卫生署于当年 6 月 17 日致电陕西省民政厅，报告了上海、天津、南京、汉口等地的疫情，并要求陕西省关注上报②，但陕西官方却无人负责，迟迟未动。直到本省霍乱大面积暴发，政府才真正意识到它的严重性，方采取行动。

---

① 北京市档案馆、北京市自来水公司、中国人民大学档案系文献编纂学教研室编：《北京自来水公司档案史料（1908 年—1949 年）》，北京：北京燕山出版社，1986 年，第 59—60 页。

② 《内政部卫生署致陕西民政厅电》，西安市档案馆编：《往者可鉴：民国陕西霍乱疫情与防治》，西安，内刊，2003 年，第 1 页。

表 3-11 民国陕西政权更迭情况

历史时期	政权时期	省督军/省主席
北洋军阀时期	1911—1913 年	张凤翙
	1914—1916 年	陆建章
	1916—1921 年 7 月	陈树藩
	1921 年 8 月—1922 年 4 月	冯玉祥
	1922 年 5 月—1925 年 2 月	刘镇华
	1925 年 2 月—1925 年 7 月	吴新田
	1925 年 8 月—1926 年 1 月	孙岳
	1926 年 1 月—1926 年 11 月	李虎臣
国民政府时期	1926 年 12 月—1927 年 9 月	石敬亭
	1927 年 10 月—1929 年	宋哲元
	1930—1937 年	杨虎城、邵力子
	1937 年 1 月—1938 年 6 月	孙蔚如
	1938 年 6 月—1941 年 6 月	蒋鼎文
	1941 年 6 月—1944 年 3 月	熊斌
	1944 年 3 月—1948 年 7 月	祝绍周

上一节我们梳理了陕西救灾的整个过程，从当时省主席杨虎城这一层面来讲，他进行了全面的动员，也投入了大量人力物力，但工作重心除切断交通、动员捐助外，只能集中在培训医护、卫生清洁与防疫宣传三个方面，最根本性的医疗救治问题却由于基础薄弱，很难解决。当时陕西应对疫灾的各个层面表现出来的无序与被动都极其明显。就政府层面来讲，初期无意识，救治行动迟缓，不断延误时机。1932 年陕西发现最早的一例霍乱患者是在当年的 6 月 19 日，但直到 6 月 28 日方派杨鹤庆前往潼关，"详细诊断，将吐泄物用显微镜检验证明虎列拉菌为确实病源"[①]。疫病得到确诊后，政府于 7 月 1 日正式开会讨论对策，并决定 "拟请将西潼路汽车停驶一星期"。此时距离发现首例病患已过去 20 多天，不仅潼关疫情已蔓延，周边华阴、华县、临潼、西安均已出现患者，不易控制。就百姓来讲，对霍乱缺乏认知，无从防范。乡村民众有人认为疫病系汉奸投毒所致，有人认为是瘟神作祟。[②]泾阳东乡塔底村一带，村民大多

---

① 《杨鹤庆返省报告赴潼调查虎疫经过并拟具防疫办法多条呈省府鉴核》，《西北文化日报》1932 年 7 月 1 日。
② 张萍：《环境史视域下的疫病研究：1932 年陕西霍乱灾害的三个问题》，《青海民族研究》2014 年第 3 期，第 154—160 页。

认为霍乱发生的原因"系鸡作祟"，全村上下将"大小鸡悉行杀死"。①疫病高峰期病人无隔离，人群无防疫，一地染疫，全家出行，病菌传播，直接造成整户整村的死亡。就社会来讲，前期防疫基础薄弱，防疫疫苗储备严重不足，多数地方在救治最关键的时刻无药可用，疫患求医无门，造成不治而亡，这是此次陕西霍乱灾害死亡人口众多的真正原因。

据当时报道反映，在 1932 年霍乱泛滥的 4 个月中，陕西全省除西安以及最早发现疫情的潼关、潼关以东各县在最初的 10 天内曾经部分投入疫苗注射，其他各县市多数无相关救治措施。由于疫苗储备太少，初发之区经常在流行高峰、最关键时刻出现疫苗短缺的情形，救治不力，导致人口大量死亡。西安市是重点救治的地区，但省防疫院投入救治后，不到 10 天的时间，就"将存浆苗，悉数用尽"②，各医院被迫停止注射，等待外来疫苗的救助。陕西省临时防疫处紧急联系北平、上海及各方社会力量，筹措霍乱疫苗。省城以外各市县完全没有疫苗储备。潼关自确诊虎疫以后，本地却因没有医治条件，救治人员还要"返省筹备各种器械及大宗药品"③带往潼关，由于"医生有限，均不敷分配，防疫浆苗，亦不够用，致未能迅速扑灭云"④。大荔县虎疫猖獗之时"苗浆在省领回甚少，早已用完。目下渴望疫苗防治异常飞急云"⑤。鄠县秦渡镇是重疫区，省防疫医院派李龙光专门到镇注射，前后注射千余人，后因无药续援，不得不返回。⑥三原县自 7 月 18 日起至 29 日南关一带虎疫猖獗，"惟前领苗浆只五十瓶，不敷甚巨云"⑦。东路各县传染疫病最早，但"各县因感疫苗缺乏，防治工作不能进行"。一段时间，"防疫人员如下乡，每至一村，男女老幼，即蜂拥而来，泣恳设法防治，以救民命。但防疫人员，无药可治，只得婉言解释，回头即带药来防治，决不置民命于不顾。但返县仍无药可带，亦不敢复往"⑧。内陆县市发病晚些，多数自始至终无药救治。富平县"注射苗浆无从购买"⑨。宝鸡地区

---

①　《本市疫势仍烈，各县虎疫噬人甚巨》，《西北文化日报》1932 年 8 月 5 日。

②　《西安迩来亦有虎疫发现》，《西北文化日报》1932 年 7 月 9 日。

③　《潼关虎疫猖獗乡村尤烈》，《西北文化日报》1932 年 7 月 7 日。

④　《潼关疫疠仍烈医生疫苗不敷分配》，《西北文化日报》1932 年 7 月 12 日。

⑤　《本市虎疫蔓延死亡续增　大荔乡村甚烈》，《西北文化日报》1932 年 8 月 1 日。

⑥　《本市虎疫近况各县疫势仍未稍戢》，《西北文化日报》1932 年 8 月 2 日。

⑦　《省令民厅拟表调查各县虎疫死亡人数，三原等县疫势仍烈纷纷请发疫苗》，《西北文化日报》1932 年 8 月 4 日。

⑧　《本市及各县疫势仍在扩大中华县已死万余》，《西北文化日报》1932 年 8 月 8 日。

⑨　《本市虎疫近况各县疫势仍未稍戢》，《西北文化日报》1932 年 8 月 2 日。

的眉县"属县地方偏僻，向无西式药"。①陕北、陕南因无西式医药，基本无药救治。从当时全省情况看，疫病蔓延 60 余县，最终从省府派医派药的只有 30 县，注射疫苗万余瓶，注射人数 60 万左右②，如果按当时全陕人口 1300 万来算，不足总人口的二十分之一，对于这种流行广泛的传染病来说，实为杯水车薪。

1939 年也是陕西的一个霍乱年，此时由于医疗条件改善，防疫有序进行，很快即被控制，与 1932 年形成鲜明对比。此次陕西的霍乱系由四川成都传入，经陕南过秦岭进入宝鸡，传入关中，安康、城固、凤县、双十铺、汉中及西安等处相继传染，宝鸡成为霍乱的中心。其时陕西省卫生处卫生总队于 8 月 26 日得到上报，27 日早五时即派出医生、护士携大批疫苗、医疗器械前往救治。③从 8 月至 10 月初，于凤县、双十铺注射疫苗 7012 人。④宝鸡县注射疫苗 42 780 人，同时在宝鸡进行水井消毒、改良厕所、取缔瓜果小摊贩，环境卫生演讲、病人家属调查以及绘制霍乱流布地图等⑤，很快将霍乱扑灭，未造成大面积流行。两相比较，行动力与救治效果明显不同。

另外，我们可以将 1932 年陕西的霍乱与东部各省市进行一定的比较。上海是中国开埠较早的沿海城市，公共卫生建设也早于内陆很长时间。长期以来，上海又是中国人口密集、霍乱的高发区，自 1817 年霍乱传入我国，上海即遭此劫，以后历年霍乱，几乎就没有逃掉过。仅就伍连德对 1817—1933 年中国霍乱发生与传播区域的粗略统计来看，在这 116 年当中，霍乱在中国暴发达 80 次之多。尤其进入民国以后，几乎无年不有，而这 80 次霍乱流行，记录在册的上海霍乱又达 47 次，是统计次数最多的城市。⑥这样频繁的发病也提高了人们的警惕性。进入民国以后，上海一直非常重视公共卫生设施的建设以及夏季病的防治，几乎每年都进行强制性疫苗注射。1931 年，"上海开展了广泛的反霍乱运动，超过 700 000 人接种了疫苗"。⑦提前注射疫苗人次比疫发后陕西全省注射人口总量还要多。到第二年，霍乱大流行时，上海明显受益于此，虽未能逃脱

---

① 《虎列拉凶焰益张！！本市日昨竟死六十余人》，《西北文化日报》1932 年 8 月 11 日。

② 杨叔吉：《二十一年防疫经过谈》，《西京医药》1933 年 1 月 15 日创刊号。

③ 吴慕增《陕西省卫生处卫生总队宝鸡卫生院工作月报・八月份工作大纲》，西安市档案馆，案卷号：018-3-2。

④ 《陕西省卫生处卫生总队第一分队、宝鸡县卫生院派赴凤县、双十铺霍乱防治总表》，西安市档案馆，案卷号：018-3-2。

⑤ 《陕西省卫生处卫生总队第一分队、宝鸡县卫生院宝鸡县霍乱防治总表》，西安市档案馆，案卷号：018-3-2。

⑥ Wu Lien-Ten, J. W. H. Chun, R. Pollitzer, et al., *Cholera: A Manual for the Medical Profession in China*, Shanghai: National Quarantine Service, 1934. pp.29-34.

⑦ Wu Lien-Ten, J. W. H. Chun, R. Pollitzer, et al., *Cholera: A Manual for the Medical Profession in China*, Shanghai: National Quarantine Service, 1934. p.34.

霍乱之害，但染疫与死亡人数实在不多，"上海地区 4281 例（75 例为外国人），死亡 318 人（外国人 20 人）；死亡率 7.4%"。[①]当时上海的病例主要集中在各大医院临床救治，部分乡村、城市贫民区除进行卫生宣传外，也进行一些中西医辨证施治的实践。青岛在 1932 年霍乱流行时有 166 人感染，死亡 31 人。陈亮曾进行研究，认为 1932 年青岛也传染霍乱，但感染与死亡人口都不多，这主要得益于之前的城市卫生改革与平民住所制度的实行，卫生条件的改善，大大降低了霍乱的发病概率并缩小了流行范围。[②]

前面我们说到，霍乱为外源性传染病，1817 年由印度传入我国，经常在东南沿海地区流行，到 1932 年在我国已肆虐一个多世纪之久，因此，东南沿海地区的民众已经历过霍乱的侵害，对之防范也不断加强，东西部防疫水平的差距在民国以后表现非常突出。东南沿海重要的开埠城市如上海、青岛、广州等防疫系统相对健全，即便没有防疫的乡间，社会救济系统也相对完备，疫病的救治途径更加多样。福建是受霍乱影响较多的省份，民国年间几乎每年都有霍乱发生。陈义曾总结当地的一些救治措施，除民间土法救治外，社会力量是救助的一个重要来源，如当地官绅、华侨华人、教堂教会、医界人士等有能力的社会组织赠医送药，组织善堂，成立临时救治组织，施棺送地，掩埋尸体，隔离救治，免费注射疫苗，进行卫生宣传。[③]这些实质性的救治手段大大缓解了国家系统医疗体系的缺失，对霍乱蔓延有很好的阻断作用。宁波、上海等地区大体与之类似[④]，相比于陕西，无论官方防疫系统，还是社会力量都无法与之相较。可见霍乱疫灾防与不防，效果天壤之别，这也是此次陕西成为霍乱重灾区的一个最根本的原因。因此，尽管 1932 年霍乱在全中国暴发，但其时受害最烈的都是陕西、山西、河北、河南等内陆省区，那些原来首当其冲的东部沿海城市，由于防疫条件的改善以及城市公共卫生建设的发展，多数不再是霍乱的重灾区，这样看，陕西成为此次霍乱人口死亡最多的省区之一也就不难理解了。

还有很重要的一点，1932 年陕西成为霍乱重灾区还和本省交通体系改善有密切关系。胡成曾讨论 1820—1932 年烈性传染病跨区域流行与经济扩张的关

---

① Wu Lien-Ten, J. W. H. Chun, R. Pollitzer, et al., *Cholera: A Manual for the Medical Profession in China*, Shanghai: National Quarantine Service, 1934. p.34.

② 陈亮：《二十世纪三十年代青岛霍乱流行与公共卫生建设》，中国海洋大学硕士学位论文，2008 年，第 35 页。

③ 陈义：《民国时期福建霍乱研究》，福建师范大学硕士学位论文，2009 年，第 45—57 页。

④ 胡勇：《传染病与近代上海社会（1910~1949）——以和平时期的鼠疫、霍乱和麻风病为例》，浙江大学博士学位论文，2005 年；孔伟：《试论〈时事公报〉与近代宁波地区民众卫生观念的演进——以 1932 年的"虎疫"报道为例》，《宁波教育学院学报》2008 年第 2 期，第 74—78 页。

系，强调"现代性经济扩张"导致南北往来加剧、来往距离缩短、地理间隔打通，长期以来的生态间隔也被打破，这些都导致烈性传染病在传播的深度与广度上的加强。①霍乱自进入中国，东南沿海地区一直是它的主要活动区，很少深入内陆。传统时期，西北地区主要靠陆路交通，人拉马驮是货物传递的主要方式，地区间的交往在时间上往往非常缓慢。同样，霍乱进入中国，从沿海到内陆，传播速度有限、交通不发达在时间上会延缓霍乱西进的步伐。以 1902 年中国霍乱年来分析，据单丽统计，这一年陕西曾有三地发现疑似霍乱"瘟疫"，分别为陕北葭县、绥德、横山，系由山西传入。山陕自古交通往来，秦晋之好历史悠久。这一年因中国大部分沿海城市感染霍乱，山西也形成较大疫区，由山西进入陕西并非没有可能。但此次三县"瘟疫"的发病时间应该较晚。《葭县志》载，"光绪二十八年夏秋之交，疫疠流行"。②而《横山县志》载，"二十八年夏，瘟疫大炽"。③按理推断，如果此次横山、葭县瘟疫属同一疫源，为由山西传入之真性霍乱，那么时间上当不相上下，应为"夏秋之交"。因横山县在地理位置上比葭县距离山西还要远些，当在葭县之后传入。"夏秋之交"，天气转凉，即便霍乱病发剧烈，也会因气温下降，逐渐减缓，影响不会太大。1939 年陕西的霍乱由四川成都进入④，在时间上也较晚，最早在汉南区发现，已是 8 月中旬⑤，后经防治得当，到 10 月下旬"天气渐冷，是项疫症业经消弭殆尽"，持续时间两个月，人口损失也不多。⑥

　　可是，1932 年陕西霍乱与以往大不相同，在传播载体上，它是借助火车，陇海铁路西筑到潼关，直接将霍乱病菌载入潼关，且穿过关中平原，迅速西进，在发病时间上大大早于以往。东南沿海地区于当年 5 月下旬发现霍乱疫情，6 月中旬传入潼关。潼关的流行时间与东南沿海发病高峰期几乎同步。据当年的天津《大公报》报道："上海（六月）十三日下午专电，伍连德报告，上周上海患虎疫者九十人，死九人。南京至四日止，患者二十人，死十二人。曲阜有美侨由沪回曲，因疫毙命，海港检疫处已令厦门、汕头、青岛、天津、广州等处，

---

① 胡成：《医疗、卫生与世界之中国（1820—1937）》，北京：科学出版社，2013 年，第 120—144 页。

② 民国《葭县志》卷 1《祥异志》，凤凰出版社编选：《中国地方志集成·陕西府县志辑》第 40 册，南京：凤凰出版社，2007 年，第 366 页。

③ 民国《横山县志》卷 2《纪事志》，凤凰出版社编选：《中国地方志集成·陕西府县志辑》第 39 册，南京：凤凰出版社，2007 年，第 318 页。

④ 《陕西省政府 1939 年 8 月政府工作报告》，西安市档案馆编：《往者可鉴：民国陕西霍乱疫情与防治》，西安，内刊，2003 年，第 224 页。

⑤ 《汉南区时疫流行》，《西京日报》1939 年 8 月 16 日。

⑥ 《今夏各县虎疫死亡三千余人》，《西京日报》1939 年 10 月 20 日。

预防沪疫侵入。"①此报道明确上海、南京以及山东一些城市都在 6 月初霍乱开始大面积流行。陕西潼关 6 月 19 日发现第一例患者，这种传播速度比传统交通时期提早了 1 个多月。而对于陕西来讲，6—8 月正是当地高温酷暑的夏热时节，霍乱很难控制，1932 年陕西的霍乱灾害整整困扰了民众 4 个月之久，时间之长较以往尤有过之。

七、痛定思变：瘟疫过后的社会变迁

1932 年 6 月起，发生于陕西的霍乱流行成为本省近代历史上空前绝后的大灾难，死亡人口不亚于战争与匪患。对于时人来讲，在整个霍乱流行与救治过程中也看到了自身在近代化发展过程中的软弱无力。痛定则思变，它推动了陕西近代卫生观念的更新，加快了陕西卫生事业的近代化步伐，进而推动陕西社会近代卫生走向成熟，成为陕西社会近代化的一个组成部分。

首先，大灾提醒官方重视防疫工作。陕西省防疫处提出"防疫重于防匪"的口号，指出："是人命之死于匪患者，固不可数计；然疫疠传染，乃亦常阖户烟绝，村舍灭迹，其害洵不减于剧盗积匪。"②有鉴于此，省主席杨虎城提议，成立永久性的"陕西省防疫处"，将 1932 年 7 月临时组织的虎列拉防疫处改为陕西省防疫处③，改平民医院为西安防疫医院，直属省政府，掌管全省防治虎疫事宜。④陕西省防疫处是在国内继北平中央防疫处之后成立的第二所防疫机构，也是全国第一家省属防疫机构。该处成立以后，加强人员力量，"添设制造课，先造牛痘浆，次制虎疫苗"⑤。仅三个年头即取得极大进展，"除牛痘苗不敷应用外，余如霍乱、伤寒、赤痢各种疫苗，供本省已裕如矣"⑥。到第五个年头，牛痘疫苗供应本省已十分充足，而其他疫苗还可输出河南、山西、甘肃等省。⑦这些都标志着陕西省现代卫生事业的起步与发展。尽管在当时抗战时期，一切

---

① 《虎疫报告：上海上周死九人》，《大公报》1932 年 6 月 14 日。

② 贾友三：《防疫重于防匪》，《陕西防疫处第十周年纪念特刊》，西安市档案馆编：《往者可鉴：民国陕西霍乱疫情与防治》，西安，内刊，2003 年，第 219 页。

③ 《潼关组织临时防疫处》，《西北文化日报》1932 年 7 月 2 日。

④ 《平民医院暂改临时防疫院》，《西北文化日报》1932 年 7 月 2 日。

⑤ 杨叔吉：《陕西省防疫处今年的防疫办法》，《西京医药》1933 年第 2 期。

⑥ 李松年：《陕西防疫处六年工作回顾》，《陕西防疫处第五、六周年年刊》，西安市档案馆编：《往者可鉴：民国陕西霍乱疫情与防治》，西安，内刊，2003 年，第 217 页。

⑦ 李松年：《陕西防疫处六年工作回顾》，《陕西防疫处第五、六周年年刊》，西安市档案馆编：《往者可鉴：民国陕西霍乱疫情与防治》，西安，内刊，2003 年，第 217 页。

经费均难筹措，但防疫处的工作却做得有声有色，在全国范围内起到了先导的作用。

　　其次，大疫让更多的民众了解到近代卫生常识，近代卫生观念开始深入百姓的日常生活当中。自霍乱进入陕西，陕西省防疫处带领民众进行了大量的文化宣传，普及霍乱预防知识，还以宣传团、连环画、标语传单等多种方式广为散发①；在城市开展卫生运动，组织清洁扫除，实行全城范围内大消毒。②陕西省防疫处成立以后，每年进行相关的宣传，大量印制卫生标语，随时随地张贴，"托当地讲演所、中小学校、区乡村长，讲演宣传"③。1933 年，由防疫处编印的有关虎列拉、鼠疫、白喉、伤寒、麻疹、流感等各种讲话即达四十二种之多。西安市每年夏季均进行全市动员，实施大扫除。蒲城、潼关、渭南也进行过类似的工作，就连榆林这样陕北较偏远的县也开展了相应的工作，"榆林讯：此间军政当局，为防止疫疠，注重清洁卫生起见，特于前日下午三（点）钟，由公安局鸣锣传知各住户：禁止小孩在门前巷内大便，并不准在公共之处任意小便；各巷内及中山大街之垃圾粪堆，限日扫除干净；粪便不准在中山大街停留；禁止猪狗在街市乱跑。并派员分赴各处视察，以重清洁而防疫病发生云"④。陕西省防疫处编辑发行《防疫周刊》《西京医药》等期刊，作为定期刊物下发各县，宣传防疫知识，进行疫病研究。可以说，这些都是此次霍乱在陕西省催生出来的新生事物，它首次将公共卫生概念带入陕西，并通过疫病宣传由城市传播到乡村，让人们真正认识到了清洁、卫生与健康的关系，以及公共卫生的重要性。

　　最后，大疫进一步催生并改善了陕西城乡医疗体系，使近代公共卫生与医疗组织在陕西得以初步建立。现代意义上的"防疫"与中国传统社会的疫病应对模式有极大差别。近代西方医学对于疫病的认识与治疗主要通过西医手段进行，通过检疫确认病菌源，然后注射以相应的防疫疫苗，实行消毒隔离，阻止疫情扩散，辅之以现代西医治疗手段，使染者不传，病者痊愈。这里既要求民众对现代医疗手段有认同，也要求现代医疗卫生组织健全完备。然而，就民国初年的陕西而言，省城西安也只有陆军医院、省立医院、红十字会医院等几家西医医院。外县只有一些经济发达的县有由外国教会设立的小型西医医院，如三原的英华医院。完备的现代医疗体系在省城西安都难以实现，下属各县几乎

---

① 《防疫院昨开会议，呈省饬救济院迁移并请拨费收容患者》，《西北文化日报》1932 年 7 月 5 日。

② 《本市八月虎疫死亡八百余人》，《西北文化日报》1932 年 9 月 2 日。

③ 杨叔吉：《陕西防疫处今年的防疫办法》，《西京医药》1933 年第 2 期。

④ 《注重清洁卫生》，《新秦日报》1932 年 11 月 26 日。

为零，有些县连一处西医药房都没有。经此大疫之后，陕西省充分认识到了现代医疗体系的重要性，故决计在全省范围内建立现代医院。为保证人才需求，陕西省防疫处专门开办防疫人员训练班，令各县每县先选送两名，分期培训，以三月为期，期满考试合格则给予证书，回本县服务，办理防疫工作。①防疫人员训练班从 1933 年开始，以后每年进行。陕西省防疫处督导各县成立防疫会，到 1933 年成立防疫会的共计有高陵、洛南、大荔、三原、华阴、澄城、佛平、醴泉、朝邑、白水、长安、旬邑、蓝田、泾阳、凤翔、乾县、商县、沔阳、临潼、邠县、华县、郃阳、渭南等三十县。②通过努力，陕西省防疫处七年时间先后在 14 个县建立起县级卫生院，对于无条件建立卫生院的县推行卫生助理员制度。民国二十二年（1933 年）春，陕西省防疫处拟定《督促各县建立卫生行政进行办法暨卫生助理员工作标准概略》，经省政府批准后实施，当年防疫训练班毕业的人员，即行派往各县，卫生助理员制度的推行大大满足了偏远地区的医疗需求，覆盖面积达 71 县。③陕北的洛川、宜川等县都在这一时期配备了卫生助理员。④从县级卫生院到卫生助理员，陕西 92 县基本全覆盖，初步建立起全省范围的近代卫生医疗体系。

日本人称霍乱为"卫生之母"，其是催促日本公共卫生体系形成的动因。⑤范燕秋认为，台湾公共卫生制度的建立直接导源于日据时期鼠疫的防治。⑥总体来说，近代国家公共卫生的建立，基本均源于传染病流行问题，可见，陕西公共卫生制度的建立也导源于 1932 年的霍乱流行，其意义也是不容忽视的。

综上，我们将 1932 年陕西的霍乱之灾及其根源进行了系统的梳理，大体可总结为以下三点：第一，1932 年中国之所以发生如此大面积的霍乱疫灾，与 20 世纪初期全球气候变动有很大关系。20 世纪二三十年代北半球气候变暖是导致各种病菌繁殖，诱发霍乱流行的外在条件。于中国来讲，此次霍乱的影响范围

---

① 《本处防疫人员训练班开办简章》，西安市档案馆编：《往者可鉴：民国陕西霍乱疫情与防治》，西安，内刊，2003 年，第 203 页。

② 吴湘涟：《一年中防疫工作之经过》，西安市档案馆编：《往者可鉴：民国陕西霍乱疫情与防治》，西安，内刊，2003 年，第 204 页。

③ 《呈省府拟定督促各县对于卫生行政进行办法暨卫生助理员工作标准概略请鉴核施行文》，《防疫处一周年纪念特刊》，1933 年，第 20 页。

④ 余正东：《洛川县志》卷 18《卫生志》，《中国地方志丛书·华北地方》第 536 号，台北：成文出版社有限公司，1976 年，第 356 页；余正东：《宜川县志》卷 18《卫生志》，《中国地方志丛书·华北地方》第 538 号，台北：成文出版社有限公司，1976 年，第 350 页。

⑤ 小野芳朗：《'清洁'の近代-'卫生唱歌'から'抗菌グッズ'へ》，东京：讲谈社，1997 年，第 102 页。

⑥ 范燕秋：《疫病、医学与殖民现代性——日治台湾医学史》，台北：稻乡出版社，2005 年，第 154 页。

广，自东至西达 23 个省市 306 个城市，除新疆、西藏以外，几乎遍布全国，陕西的霍乱灾害是其时全国性疫灾的一个重要组成部分。第二，陕西作为此次霍乱的重灾区，是由本省脆弱的自然环境与社会环境双重作用的结果。陕西地处黄土高原，是中国著名的生态环境脆弱区，自然灾害频繁，民众的承灾能力弱。20 世纪初的全球气候变动对陕西影响很大，持续、频繁的旱荒年景大抵困扰陕西 10 余年，水旱灾荒、地下水污染、病菌繁殖造成霍乱灾害蔓延扩散。同时，进入民国以后，陕西地方军阀混战，民不聊生，医疗卫生事业得不到发展，防疫水平低，疫苗无储备，医护无人力，这是此次疫灾人口大量死亡的直接原因。第三，1932 年陕西的霍乱灾害还与本省近代交通发展有着不可分割的联系。1931 年 12 月陇海铁路筑入潼关，缩短了陕西与世界的距离，它改变了过去一成不变的霍乱传播路线，使霍乱这一外源性传染病更快、更直接地进入内陆，这是现代性经济扩张的直接后果。在以往传统交通条件下，这种疫病很难深入内陆，内陆民众接触机会少，人群自身无抗体，抵御传染病的能力差。而此次霍乱传入陕西，借助火车其传播速度与东南省区相差无几，困扰陕西民众四个月之久，这是造成此次陕西霍乱染疫人口众、人口死亡率高的重要原因。

当然，作为全国性疫灾的一个组成部分，其时陕西抵御霍乱类外源性传染病的能力不只代表了其本身，它应是当时内陆省区应灾水平的整体体现。从更深层次上讲，它体现的是近代传染病由东至西逐渐推进的过程，也是中国近代化发展从东南沿海向内陆省区迈进的过程，更多地体现着中国近代化进程的东西差距。

就古典生物型霍乱发生史来看，1817 年起这一疫病就已传入中国，长期肆虐于我国东南沿海地区，时间实在不算短。东南沿海各省市对其早有认知，也与之斗争了数十年，形成了共同认识，在这中间也促成了当地防疫体系构建、卫生条件改善，以及近代卫生事业的成熟。相反，这种认识在中西部地区则始终付诸阙如，从 1932 年陕西应对霍乱的过程中可以看出，在 20 世纪 30 年代，内陆省区对待烈性传染病仍是手足无措，毫无还手之力。可见，至少在近代卫生防疫体系构建当中，内陆省区与东南沿海地区发展水平已有半个世纪的差距。因此，1932 年陕西霍乱之灾也可视为衡量中国近代化水平区域差距的一个标尺。

环境"脆弱性"是近年灾害研究的一个重要视角，它让人们从灾害表面透视到其内在的本质。"灾"与"害"之间本无必然联系，无论是自然环境造成的气象之灾，还是生物病菌影响下的疫病之灾，只要有人类生存的地方，这些"灾疫"就不可避免。但"灾疫"是否能够形成"灾害"，则完全取决于特定的自然与社会条件，其中脆弱性的环境条件是造成灾害在区域间扩展的根本原因。1932年陕西霍乱之灾让我们更加深刻地认识到这一点，也进一步提醒我们，灾害背后本质与规律性的东西才是我们最不能忽视的。

第四编 制度与空间：社会经济运行与景观多元建构

第一节 城镇体系的多元建构与经济中心成长

明清时期中国城镇研究历来是明清经济社会史研究中的重头戏，普遍的城镇经济繁荣，以经济发展为主导的市镇的勃兴，成为传统城镇发展当中特有的现象，影响着城乡社会的发展，并引领着中国传统经济的发展方向。无论南北，大量经济型市镇的成长成为各地经济发展的普遍现象，形成地域间新的景观格局，使城镇空间体系更加复杂，城镇的空间化序列更为多样。①有鉴于此，从不同角度研究城市与市镇的发展机制成为这一研究的主要内容，近年来相关研究不断出现，各种视角的解释也层出不穷，学者从地区开发的角度、制度层面以及时间尺度的延伸层面讨论市镇发展的动力机制。然而这些研究大多集中在江南地区，对于城镇的研究也多集中于单体城镇的研究②，对于城镇与城镇间的

---

① 关于明清以降中国城镇空间体系的研究以美国学者致力最多，施坚雅曾针对中华帝国晚期的城市加以研究，从空间角度研究了它的经济体系与社会体系，以及19世纪中国的城市化问题，相关研究主要收入其主编的《中华帝国晚期的城市》一书。
② 据学者粗略统计，"目前国内的城市史研究，约占九成的研究成果为单体城市研究"。参戴一峰：《城市史研究的两种视野：内向性与外向性》，《学术月刊》2009年第10期，第133—135页。

关系、城镇与乡村的关系的探讨均少有涉及。①固然明清江南市镇经济的发展具有非凡的代表性，各种研究资料较他处亦丰富许多，对于华北、西南、西北、岭南等区域的相关研究却远不能与之相比。尽管明清时期不同地域的城镇在发展规模上存在着差异，但这一时期中小城镇的发展在全国是一个普遍的现象，不分南北东西。大大小小经济型市镇的成长，且不断超越其所属州县城镇的经济发展程度，形成地方经济中心与政治中心的分离，这种现象遍及全国。是何原因导致这种经济现象的出现？如何解释传统经济条件下区域城镇的发展模式？这不仅仅是城市史研究的问题，同时又牵涉城乡之间、国家与地方之间关系的互动，乃至中国传统制度及其影响经济发展方向的问题，其研究意义是非常明显的。

明清时期陕西关中地区的三原、泾阳城镇经济的成长过程就是一个典型案例，值得我们深思。众所周知，陕西地处中国的黄土高原地区，是西北五省的东大门，明清时期也是西藏、四川前往京师驿路的中坚。因此，商品流通联系数省区。明代这里又是北方边疆重镇，担负着"陕边四镇"边塞防卫的军事重任，是西北军事重镇，商业中心联系数省区，直接影响到国家西北军备与边疆防卫，其意义非他处可比。而作为陕西布政司所在地的西安，又是中国历史上著名的十三朝古都所在地，古称长安，其城市发展已历千年，明清西安府城就是在隋唐长安城基础之上改建而成的，其选址曾经隋文帝君臣多方论证，无论从自然还是交通地理位置上来讲，都十分优越，非其他地域可与伦比②，但在明清时期其经济发展却要让位于三原与泾阳——关中盆地北部两个名不见经传的县级城市。③何以这样的小城镇可以一跃成为影响远播全国的"三秦大都会"，

---

① 对于明清城镇与市镇经济的研究成果较丰，学界对相关研究成果的梳理也较多，相关内容可参考熊月之、张生：《中国城市史研究综述（1986—2006）》，《史林》2008 年第 1 期，第 21—35 页；王卫平、董强：《江南城市史研究的回顾与思考（1979—2009）》，《苏州大学学报（哲学社会科学版）》2010 年第 4 期，第 1—6 页；定宜庄：《有关近年中国明清与近代城市史研究的几个问题》，〔日〕中村圭尔、辛德勇编：《中日古代城市研究》，北京：中国社会科学出版社，2004 年，第 247—273 页。关于明清市镇研究是明清经济史研究的重中之重，相关研究成果更加宏富，对于这方面的研究可参考任放：《二十世纪明清市镇经济研究》，《历史研究》2001 年第 5 期，第 168—182 页；范毅军：《明清江南市场聚落史研究的回顾与展望》，《新史学》1998 年第 3 期，第 87—134 页。

② 关于此点可参看史念海：《古代的关中》，《河山集》（一），北京：生活·读书·新知三联书店，1963 年，第 26—66 页；辛德勇：《长安城兴起与发展的交通基础——汉唐长安交通地理研究之四》，《中国历史地理论丛》1989 年第 2 辑，第 131—140 页；马正林：《论西安城址选择的地理基础》，《陕西师大学报（哲学社会科学版）》1990 年第 1 期，第 19—24 页。

③ 李刚、刘向军：《试论明清陕西的商路建设》，《西北大学学报（哲学社会科学版）》1998 年第 2 期，第 77—81 页。其指出明清时期在陕西道路建设过程中，出现了商路与官驿大道的分离现象，带来了陕西政治与经济中心的分离，从而形成了"政治以西安为中心，经济以三原、泾阳为中心的二维社会结构"。

其与陕西布政司所在地——会城西安又存在着怎样的相互关系？这样一种经济格局是怎样形成的，在全国又有什么样的典型意义？笔者以此为切入点，进行深入探讨。

一、明清三原与泾阳城市经济的发展

要想说清楚明清时期三原、泾阳与西安的经济关系，首先需要对三者经济发展方向与职能进行定位。三原、泾阳两县均位于关中盆地的中部，三原因南有丰原、西有孟侯原、北有白鹿原，故而得名。泾阳因处泾水之北，水北为阳，因以名县。两县均平原广畴，水利发达，历史上就以"关内膏腴之最"而著称，是陕西"形胜之区""关中之上郡也"①，历史时期始终是关中地区的重要农业区，明清时期是关中重要的粮棉产区之一。

（一）明清三原城镇商业市场发展及其职能

明代三原县商业市场是继元代发展而来，北方边防四镇军事消费需求又是促进其商业发展的外在动力。元末明初，三原经济已较发达，人称"小长安"。县城建于至正二十四年（1364 年）。"城肖钟形，北阻河（清河），河深十丈余，岩险可据"②，周围凡九里一百八十步，也就是后来的三原南城。入明以后，随着三原经济的蓬勃发展，"凡四方及诸边服用率取给于此"③。县城人口迅速膨胀，难以容纳，以至清河以北，人烟凑集。至明中叶"守其北居民与南等"④。三原北面无城，但居住人口已膨胀到与南城相当的程度。嘉靖二十年（1541 年），巡抚谢蓝增筑北城，万历年间少保温纯重加修葺，建石桥（今龙桥），南与县城相连，形成三原县南北二城的布局结构。到了清代，南北二城与城外关城发展为周围十五里的城区，面积在陕西各县中首屈一指。

明代三原城市商业发展非常突出，不仅市场上各种商品齐备，居民所需生

---

① 光绪《三原县新志》卷 1《地理志》，台湾成文出版社编：《中国方志丛书·华北地方》第 539 号，台北：成文出版社有限公司，1969 年，第 48 页。

② （明）马理：《溪田文集》卷 3《明三原县创建清河新城及重隍记》，许宁、朱晓红点校整理：《马理集》，西安：西北大学出版社，2015 年，第 312 页。

③ （明）马理：《溪田文集》卷 3《明三原县创建清河新城及重隍记》，许宁、朱晓红点校整理：《马理集》，西安：西北大学出版社，2015 年，第 312 页。

④ （明）马理：《溪田文集》卷 3《明三原县创建清河新城及重隍记》，许宁、朱晓红点校整理：《马理集》，西安：西北大学出版社，2015 年，第 312 页。

活用品应有尽有，而且形成了行市分区的布局结构，这种布局结构为大宗商品的集散与转输提供了方便，使城市商业职能更为加强。南城老城区是全县人口最集中的区域，商业市场也主要集中于此。嘉靖年间，三原县南城大致以谯楼（即钟楼）为中心，形成了几大集中的市场区。谯楼位于全城中心，通过谯楼的南北大街为南城中最集中的商业区。谯楼南有米麦市、手帕市、板木市；北有果子市、丝市、铁器市、菜市。由于店铺较为集中，故税课司设于此街。谯楼北，东西走向的书院街为另一商业集中区，布花市与骡马市集中在这条街上。谯楼东织罗巷集中分布着盐店，是南城食盐售卖中心。此外，城中尚有一处柴炭市。①北城位于清峪河北，"多晋绅髦士家"②，商业繁华程度不比南城，但仍有米市、丝市、盐店市、手帕市、纸市、果子市、菜市、柴炭市等多种行市。西关城明初修建，是三原修筑较早的关城，周一里六分，市况较盛。明中叶西门内外市廛集中，西门内有果子市，西门外又有猪羊市。③在整个陕西县级城市市场当中，三原县非他县可与伦比。史载：其时，三原县商业街市之上"四方商货日云集阛阓"，城市之中，"集四方商贾重赀，昏晓贸易"。④富商大贾东走齐鲁，西逾陇蜀，"四方任輦车牛，实绾毂其口，盖三秦大都会也"⑤。

　　明代的三原商税课程钞折银达"一百一十六两七钱二分"⑥，而当时泾阳仅有六十八两九钱⑦，西安府（咸宁、长安二县）只有四十九两三钱⑧，可见三原县商业经济的发达程度有逾泾阳、西安。

　　入清以后，三原县商业市场延续明代格局又有所发展。乾隆年间，南城中以谯楼为中心，自南门至北门，名正街，一名梅香里。"正街两面市廛"由于"水无去路，秋冬泥淖"，知县蔡维倡修，"通砌以石"。书院街是另一处商业中心，乾隆年间"近西一半为民居，近东一半为市廛"⑨，仍以石砌路，交通条

①　嘉靖《重修三原志》卷 1《镇市》，凤凰出版社编选：《中国地方志集成·陕西府县志辑》第 8 册，南京：凤凰出版社，2007 年，第 13 页。

②　（明）马理：《溪田文集》卷 3《明三原县创建清河新城及重隍记》，许宁、朱晓红点校整理：《马理集》，西安：西北大学出版社，2015 年，第 312 页。

③　嘉靖《重修三原志》卷 1《镇市》，凤凰出版社编选：《中国地方志集成·陕西府县志辑》第 8 册，南京：凤凰出版社，2007 年，第 13 页。

④　康熙《三原县志》卷 6《艺文志》温纯三原龙桥。

⑤　（明）马理：《溪田文集》卷 3《明三原县创建清河新城及重隍记》，许宁、朱晓红点校整理：《马理集》，西安：西北大学出版社，2015 年，第 312 页。

⑥　嘉靖《陕西通志》卷 34《田赋》，陕西省地方志办公室校点本，西安：三秦出版社，2006 年，第 1853 页。

⑦　嘉靖《陕西通志》卷 34《田赋》，陕西省地方志办公室校点本，西安：三秦出版社，2006 年，第 1852 页。

⑧　嘉靖《陕西通志》卷 34《田赋》，陕西省地方志办公室校点本，西安：三秦出版社，2006 年，第 1850—1851 页。

⑨　乾隆刘绍攽《三原县志》卷 2《建置》，清乾隆四十八年刻本，第 1 册，第 16a 页。

件比明代又有改进。北城与西关仍是三原县的两处重要商业市场。同治六年（1867 年）陕西回民起义，关中各县均不同程度遭到破坏。泾阳城破，损失至为惨重，"布商徙居于原，各商多从之，由是地益繁盛"①。三原成为渭北区域的商业中心，城市市场较以往更加发达。南城中心之处最为繁华，"商界栉比，市况颇振，其最大者为南大街，道幅丈许，而敷石"。其次为盐店街、东渠岸街、西渠岸街、山西街、古山西街、北极宫街、辕门街、崇文巷等，均为商业繁盛之区。北城中北街、东街、西街（菜市街）、奎星楼街、柱国街（后街）虽不比南城繁华，亦为商业集中区。另外，三原城南关在清末时商业崛起，南关无城壁，但市况盛，"旅舍甚多"。南关商业的崛起主要是受南城商业影响力带动而来，且南关正当西安及其他南部诸县西去北往的门户，故而商业发展，成为三原又一商业集中区②、商品集散场所。清末三原各商业区集中了大量商品零售与批发店铺——布匹店、百货店、花店（棉花店）、盐店、药材店，不仅规模大，数量也非常可观。以药材店来说，"南城之东半部，自北极宫街到东渠岸街一带，满目皆为药材店"③。

就明代三原市场来看，它最主要的商业职能就是为西北边区提供物资供应，是边区军防用品的供应基地。明代陕西疆域较今大出许多。其时陕甘尚未分治，陕西北部地区长期处于对蒙古部落军事战备状态。陕北沿边一线分布着甘肃、固原、宁夏、榆林四镇，号称陕边四镇。陕边四镇长期驻守官兵，而这一区域又不产棉花，棉布、棉花均靠外运。据考证，明代陕西四镇年需布匹大约六十万匹④，陕西本省仅能提供一半左右，其余三十万匹均需外运。⑤这些布匹大多来自松江、上海一带，以其周围所产"标布"为主要买售对象，供四镇官兵军资之用与边贸贡市所需。它成就了三原商人的商业活动，也带动了三原商业经济的发展。所谓"盖三原天下商旅所集，凡四方及诸边服用，率求给于此，故三原显名于天下"⑥。三原县城门上便冠以"西达甘凉""三边要路"的石额。这种局面一直持续到清代，入清以后，虽然西北战事平靖，供应军旅的"标布"失去市场，但民用布匹的需求量却不断增加。由于清代西北地区统一疆域较以

① 陕西清理财政局编辑：《陕西全省财政说明书·岁入部·厘金》，清宣统元年排印本，第82页。

② 刘安国：《陕西交通挈要》上编，上海：中华书局，1928年，第44页。

③ 刘安国：《陕西交通挈要》上编，上海：中华书局，1928年，第45页。

④ 嘉靖《全陕政要》，四镇每年需布"五十六万五千一百三十三匹"。

⑤ 田培栋：《明代关中地区农业经济试探》，《北京师院学报（社会科学版）》1984年第2期，第10—19页。

⑥ （明）马理：《溪田文集》卷3《明三原县创建清河新城及重隍记》，许宁、朱晓红点校整理：《马理集》，西安：西北大学出版社，2015年，第312页。

往更加广大，人口大量增加，而西北地区纺织技术普遍落后，运往甘肃以西的布匹、绸缎有增无减。西北交通的开辟又使三原成为联系整个西北区域的枢纽城市，经此转输西北的布匹数量更多，三原成为名副其实的布匹转运中心。同治以后，三原征收厘金总数表明，"大布居十之五，药材、棉花约各有二，皮毛、杂货又一成而已"①。甘肃则专门设有"三原大布统捐"②。布匹来源包括湖北"德安、历山、淅河、随州、枣阳、应山等布"，也有名为"梭布、阔布、猴布、台子小布的"③，统名之为大布。这些布产自湖北，经白河或龙驹寨运抵三原，再进行改装、染色，然后分东南与东北二路入甘。三原成为布匹改装、染色与转运中心。

另外，清代三原还是西北药材外运的集散地。药材是清代西北出口量最大的货物之一，药材产自川、甘及陕省南北山，由于这里山多土旷，所产药材名贵、上乘。如乾州"最著者为红软柴胡，即所称西柴胡，为国药中地道佳品。产量颇丰，运销四川等省"④。礼泉县所产地黄极为有名，"按地黄本产自河南怀庆，以邑城北志公泉水，九蒸九晒，如法炮制之，性味极佳，故有醴泉九地之称"。⑤这些药材经过三原"转贩豫、晋、鄂、苏等处销售"⑥。三原既是药材再加工中心，也是转运与外销基地。宣统年间统计，三原局所征商税厘金中，除大布厘金所占比例较大外，就属药材了。

再者，三原还是本地及渭北周围地区商品外销的基地。这一点在明代就已形成，由于明代三原为军防用品供应基地，形成供应商品齐全、商业贸易发达的西北商业中心，对周围地区商品也有吸纳功能，因此成为区域的商业中心，当时陕西省各县的商品供应也多从三原进货。耀州距离三原最近，本州市场不甚发达，"人持五金以上者，率就三原以市"⑦。延安府东关市，"旧俗止以布货易，凡日用冠婚丧祭之需俱市诸别地。弘治年间，知府王彦奇下车，深为痛惜，乃立会，聚四方商贾贸易于此，以通货利，自是延民及西北边方用需悉便，

---

① 陕西清理财政局编辑：《陕西全省财政说明书·岁入部·厘金》，清宣统元年排印本，第 82 页。
② 经济学会编辑：《甘肃清理财政说明书》次编上《百货统捐》，民国铅印本，第 60 页。
③ 经济学会编辑：《甘肃清理财政说明书》次编上《百货统捐》，民国铅印本，第 60 页。
④ 民国《乾县新志》卷 5《业产志》，凤凰出版社编选：《中国地方志集成·陕西府县志辑》第 12 册，南京：凤凰出版社，2007 年，第 11 页。
⑤ 民国《续修醴泉县志稿》卷 2《地理志·物产》，凤凰出版社编选：《中国地方志集成·陕西府县志辑》第 10 册，南京：凤凰出版社，2007 年。
⑥ 陕西清理财政局编辑：《陕西全省财政说明书·岁入部·厘金》，清宣统元年排印本，第 83 页。
⑦ 乔三石：《耀州志》卷 4《市集》，清光绪增刻本，第 1 册，第 6b 页。

远近军民颂声塞满人耳"①，其货物亦为三原提供。清代时渭北地区所产棉花、回绒毡、布帽等大多汇于三原而销川、甘②，尤其棉花一项。晚清时期，渭北各县均出产棉花，三原实为之绾毂，当时"汉中及川北附近陕省等处，纺纱捻线皆用陕省河北（渭河以北）一带所产之棉，每至秋冬，凤县、留坝一路驮运棉花，入川者络绎于道"③。这些棉花大多经三原输出，故三原厘金以布、药材、棉花为最多，被誉为"陕西渭河以北商业之中心"④。

（二）明清泾阳城镇商业市场的发展及其职能

关于明清泾阳县商业发展状况，史籍记载较少，很难恢复当时的状貌。但是，从一些文献的片断记载中仍可看到它的市场影响力。明代的泾阳商税少于三原而多于会城西安，居三原之下而在西安之上，其商业地位也非常明显。明人在论述泾、三两县商业发展时，也是先三后泾，云"陕以西称壮县，曰泾阳、三原，而三原为最"⑤。但是，泾阳城市市场仍相当繁华，《泾阳县志》载，"泾邑系商贾辐辏之区"，县城中"泉刀四集，肆廛甲第塞路"。⑥受其影响，周围市镇经济也得以发展。县北四十里之云阳镇，"易仓钞，贩花布"，史称"其利颇巨"。县西北四十里石桥镇，当时盛产红花，"每五六月间，贾客辐辏，往来如织"⑦。这些都说明明代泾阳县商业经济之发达。清代泾阳县的商业市场更加繁华，东西两门之间道路两旁市街邻比，市况较盛，城内有山西会馆。⑧南关城内又有水烟行会馆⑨，据民国初期记载，"该县在清代同治年间，即有票号十余家，钱店二十余家，每月起解金标除西安、三原外，均以其间为周转调拨之柜

---

① 弘治《延安府志》卷1《延安府》，1962年陕西省图书馆与西安古旧书店影印本，第1册，第16a页。

② 陕西清理财政局编辑：《陕西全省财政说明书·岁入部·厘金》，清宣统元年排印本，第83页。

③ 仇继恒：《陕境汉江流域贸易表》卷上《入境货物表》，《丛书集成续编》第42册，上海：上海书店出版社，1994年，第778页。

④ 刘安国：《陕西交通挈要》上编，上海：中华书局，1928年，第45页。

⑤ （明）李维桢：《大泌山房集》，转引自田培栋：《明清时代陕西社会经济史》，北京：首都师范大学出版社，2000年，第252页。

⑥ 康熙《泾阳县志》卷3《贡赋志·物产》，南京大学图书馆编：《南京大学图书馆藏稀见方志丛刊》第10册，北京：国家图书馆出版社，2014年，第272页。

⑦ 康熙《泾阳县志》卷2《建置志·市镇》，南京大学图书馆编：《南京大学图书馆藏稀见方志丛刊》第10册，北京：国家图书馆出版社，2014年，第244页。

⑧ 〔日〕东亚同文书会编：《支那省别全志》第7卷《陕西省》，东京：东亚同文书会，1917年，第51页。

⑨ 西北大学历史系民族研究室调查整编，马长寿主编：《同治年间陕西回民起义历史调查记录》，西安：陕西人民出版社，1993年，第251页。

址"①。从当时人的片断记载，我们仍可以看出清代泾阳县商业的繁荣程度。

清代泾阳县的商业多与手工加工业相联系，发展为具有地域特色的市场经济类型，其商业发展特征大致表现在以下三个方面。

第一，清代泾阳是西北茶叶贸易总汇之区。这里既是茶叶加工、装载中心，也是销行西北茶叶的集散、转运中心。这一商业地位的确立，得益于本地优质的水源。清代西北所销之茶部分来自湖北、江西、安徽，而大多来自湖南，走汉口运入泾阳。"汉口之茶，来自湖南、江西、安徽，合本省所产，溯汉水以运于河南、陕西、青海、新疆，其输至俄罗斯者，皆砖茶也。"②湖南安化等地所出"红茶"产量丰、价格廉，不易酶烂，运输方便，制成砖茶利于保存，因此非常适合西北游牧民族生活需要。但是，红茶在加工过程中往往需要二次发酵，挤压、压砖，形成"茶砖"。而发酵过程中对水质的要求很高，好水才能发出香气浓郁的好茶，而泾阳恰恰具有这种得天独厚的条件。其人炒茶"所用水为井水，味咸，虽不能做饮料，而炒茶则特殊，昔经多人移地试验皆不成功，故今仍在泾阳"③。从湖南运来之散茶在泾阳经过加工炒制，制成茶砖再销往甘、青等省，这样就形成了泾阳茶叶总汇之区的特殊经济地位。道光年间，"官茶进关，运至（泾阳）茶店，另行检做，转运西行，检茶之人亦万有余人"④，"茶盐之利尤巨"。这还仅仅是官茶检做，尚不包括私茶运销。泾阳县从事这一行业人员之众、利润之丰是他处所无法比拟的。

第二，清代泾阳是西北皮毛、毛织品加工及运输、转销中心。西北多畜牧之利。清代陕西出口商品的大宗贸易以皮货为主。皮货的利润大，陕西又有地缘优势，自然闻名全国，这种优势促进了泾阳毛皮加工的发展。清中叶该县"东乡一带皮毛工匠甚多"，"借泾水以熟皮张，故皮行甲于他邑。每年二三月起至八九月止，皮工齐聚其间者，不下万人"。⑤当时西宁、洮岷、宁夏、新疆等地运来的猞猁、狼、豹、狐、羊皮大多集中于泾阳进行加工，关中、陕北也是泾阳皮业进货渠道，所制皮毛销往全国各地。清末，仅泾阳县城即有作坊数十家，每年皮货成本有十七八万两，是泾阳厘金局抽收厘金的大宗货品之一。此时泾

---

① 原玉印：《陕西泾阳县概况调查》，《农本月刊》1941 年第 46—47 期，第 20 页。

② 《清史稿》卷 124《食货五·茶法》，北京：中华书局，1977 年，第 3653 页。

③ 《陕行汇刊》1939 年第 1 期、第 2 期。

④ 卢坤：《秦疆治略·泾阳县》，台湾成文出版社编：《中国方志丛书·华北地方》第 288 号，台北：成文出版社有限公司，第 30 页。

⑤ 卢坤：《秦疆治略·泾阳县》，台湾成文出版社编：《中国方志丛书·华北地方》第 288 号，台北：成文出版社有限公司，第 30 页。

阳已经回民起义打击，在此之前作坊更多，收益更高。[1]

第三，泾阳还是兰州水烟运销东南各省的转输中心。"水烟产于兰州而行销沪汉一带"，由甘贩陕往往经泾阳发庄。据宣统元年（1909 年）统计，甘肃全年运泾之水烟有二万数千担，每担二百四十斤，每担抽银一两四钱，可得厘银三万余两。这样算来，甘肃大约全年就有 600 万斤水烟要经泾阳发庄转销他处[2]，约占其全部产量的三分之二了。可见泾阳是兰州水烟最重要的输出庄口，在清末泾阳厘金收入中，兰州水烟是最重要的一项抽收货品，也是收厘最多的产品。

另外，清中叶三原与泾阳二县还是关中地区的金融中心，关中各县银钱多半以泾阳、三原为标准。据光绪年间所修《续修大荔县旧志稿》卷 4《钱法》记载："荔境，回乱之先，闾阎富庶，街市流通银两易钱多则一千二三百，少则一千有奇。然价之涨落，率视泾（阳）、三（原）为标准，以该处地当秦陇商贸孔道，富商大贾皆屯聚于泾阳一带，荔邑钱庄生理多随之为升降。"

二、明清西安城镇商业与市场职能的发展特征

（一）明代西安城镇商业特征

有关明代西安城市市场发展的记载史籍较为欠缺，只能根据一些零散的片断加以复原。据嘉靖《陕西通志》可知，南大街东开元寺附近有骡马市，是明代西安城的牲畜交易市场。五味什字与南广济街元代称为药市街，因药店密集，故有此名。创立于天启二年（1622 年）的著名药店藻露堂即设此，明代这里是中药店铺集中区。另外，许多街区名称与商业市场相关联，由此可以推断出明代西安商业市场的分布情况。其中，东关城中的炮房街，以制作售卖纸炮作坊店铺集中而得名，源于明代，当为明代纸炮作坊与市场集中区。鸡市拐为明清时代鸡、粮食专门市场。南大街东、西木头市街名源于明代，为当时木器作坊集中区，是西安著名的木器市场。西大街左近大小皮院因明清时皮业繁盛得名，附近的麻家十字为回民聚居区，明清时以出售回民小吃闻名。北门附近的糖坊街则源于当时制糖作坊。[3]这些市场均出现于明代，且延续至清。从街名可以看出明代西安城商业发展情况。

---

① 陕西清理财政局编辑：《陕西全省财政说明书·岁入部·厘金》，清宣统元年排印本，第 82 页。
② 陕西清理财政局编辑：《陕西全省财政说明书·岁入部·厘金》，清宣统元年排印本，第 82 页。
③ 西安市地名委员会、西安市民政局编：《陕西省西安市地名志》，内部资料，1986 年，第 115 页。

上述记载虽然零碎，但还是可以看出明代西安市场的大体格局，南大街、东关、南院门左近（以五味什字为中心）及大小皮院附近的回民市场等是四处较大的商业区，也是清代西安城市市场结构的雏形。这四处市场区中的东关与南大街市场属咸宁县；大小皮院及南院门左近市场大多归长安县，在分区上显示出二县市场区发展较为平衡。但事实上，咸宁县由于处于较好的交通地段，东关市场直接迎对的是东南省区西运的货物，是西安市场中较重要的中转枢纽。南大街左近则为整个西安城的中心地带，秦王府以及临潼等其他五个藩王府等均分布于此，市场消费较高。因此，咸宁县的两处市场区远较长安县繁华，两县商业税收也明显有差距。据嘉靖《陕西通志》卷 34《民物二·田赋》记载，明中期咸宁县商税课程钞为 37.49 两，而长安县则只有 11.94 两。总之，明代西安城市市场主要为城市消费服务，大宗货品的集散与批发功能的记载几乎不见，与三原、泾阳商税税收的比较也表现出明显的弱势（表 4-1）。这与西安城市的政治与军事地位相比，极不相称。

表 4-1　明代三原、泾阳、西安商税课程钞比较表　　（单位：两）

地区	商税课程钞
三原县	116.72
泾阳县	68.9
西安府（咸宁、长安二县）	49.43（其中咸宁县为 37.49 两，长安县为 11.94 两）

资料来源：嘉靖《陕西通志》卷 34《田赋》，陕西省地方志办公室校点本，西安：三秦出版社，2006 年，第 1850—1853 页。

（二）清代西安城镇工商业的缓慢进步

入清以后，西北边疆民族矛盾缓和，西安城内明藩王府拆撤，西安城市市场较前有了一定的发展，除上述明代各商业街区保留延续外，又出现了一些新的市场与店铺集中区。

清初，西安城东部咸宁县所辖市场大体包括十六类市场与十七种店铺。从城市分区上可以划分为城内区与四关市场五个部分。城内市场除咸宁县治东边的"羊市"较为孤立外，其他市场均呈集中分布的趋势，基本可分为五大商业区。

第一，南大街两侧及附近商业区。其中包括南大街东马巷坊的面市，跌水河西的骡马市、草市；开元寺东的木头市、案板市，稍远四门牌楼的粮食市；街西通政坊的糯米市。第二，南院门市场区。其中包括粉巷的猪市、竹笆市及其附近的鞭子市、瓷器市。第三，西大街及鼓楼前市场区。其中包括鼓楼前鸡鹅鸭市、书店、金店、椒盐摊，鼓楼西的梭布店、云布店、红店、纸店、壶瓶店、绸缎店、南京摊。第四，满城内市场区。其中包括大小菜市、布店三处小规模市场。第五，关城市场区。关城具有地理位置优越的特点，也是独立的经济单元，咸宁县所辖东、南、北三关均有市场。南郭有青菜市，北关有锅店、过客店。东关是市场最繁荣的区域，内有粮食市、菜籽市，又有盐店、药材店、棉花店、糖果店、生姜店、过客店。①

清中期以后，西安城市市场较前有所繁荣，又出现了一些新的商业街区，大多仍围绕这几处市场区添加，形成了较为稳固的集中市场区。钟楼南大街附近案板街以出售案板为主，油店巷因巷中分布有较多的油坊而得名，印花园则多为印花布店铺集中区。南院门北、中牛市巷则以牲畜交易闻名。②此外，咸宁、长安二县也集中了大量的典当、寄卖行，雍正时，咸宁县共有当铺 28座，长安县 27 座。③当然，这些当铺并非全部分布在西安城中，城外市镇也有一部分，可以看出当时集中于西安城中咸宁、长安两县的当铺数量还是很多的。

从以上西安市场分布情况来看，其具有以下四个特征：第一，市场受城市结构的制约，均分布于城南与西北地区。满城所占城区范围虽大，但仅有大小菜市与布店等维持日常生活最基本需求的店市，封闭性十分明显。第二，南大街、南院门以及鼓楼西大街附近市场区属于西安人口集中区，街市的繁华与人口分布多寡成正比。第三，从城内市场商品构成可以看出，城内市场以出售日用消费品为主，大多与居民日常生活联系紧密，除粮食、蔬菜、牲畜之外，大多为方板、木头、瓷器、竹笆、药材、布匹等，这反映出西安城市商业功能的单一性。第四，四关之中东关商业市场最繁荣，店铺种类较多，且有过客店，兼具批发功能。这一点在清后期厘税征收情况中也有反映。厘税征收，各省实行时间不同，"陕西百货榷厘肇自咸丰八年（1858 年），时因发逆之乱"④。省城四关设局，始自同治六年（1867 年）。据宣统元年（1909 年）清理财政统计，咸宁县东关局共收厘银 8822 两，南关局 3525 两，北关局 447 两；长安县西关局共征 2100 两。在四关榷厘税银中东关局遥遥领先。其时东关"地当大道之冲，

---

① 康熙《咸宁县志》卷 2《建置·市镇》，康熙七年刻本，第 1 册，第 26 页。
② 西安市地名委员会、西安市民政局编：《陕西省西安市地名志》，内部资料，1986 年，第 73—74 页。
③ 雍正《陕西通志》卷 26《贡赋三》，凤凰出版社编选：《中国地方志集成·省志辑·陕西》第 2 册，南京：凤凰出版社，2011 年，第 17 页。
④ 陕西清理财政局编辑：《陕西全省财政说明书·岁入部·厘金》，清宣统元年排印本，第 75 页。

左近有各行店，生理甚盛，凡东北、南各路大宗货物若布匹、绸缎、京货、杂货、药材，其来或入城或投行局，实为之枢纽"。清中后期西安东关商业市场的集散功能已相当强。在其带动下，西安城市商业职能也在不断提高，会城经济中心地位逐步完善，这是清代西安商业发展最大的进步。

清代中后期，随着西安城市商业的发展，市场商业功能也在不断加强。

第一，西安城市市场是东北南路运来洋货、杂货聚散之地，"会垣为洋货荟萃之区"①，也是京广福杂货集中购运之地（史籍虽没有明确记载省垣为京广福杂货荟萃之区，但从关中、陕北、甘肃等地杂货进货渠道上可以明显反映出来）。这些货品大致包括纸张、茶、糖、香料、海产品、洋布、洋布小帽、洋金线、洋布饭单、闽糖姜、建莲子、南茨实等。如光绪三十二年（1906 年）由白河榷厘员仇继恒所作《陕境汉江流域贸易表》统计，经白河局过漫川关入西安的货物就有产于广东潮州等地的白糖、红糖；产于湖南的南铁；产于南洋、吕宋等处的苏木；产于东西洋之洋颜料；产于湖北均州、河南邓州之烟叶；产于湖北应城的石膏等。②这些洋货以及京广福杂货一方面运入西安消费，另一方面则发往本省各县以及甘肃省。据宣统元年统计，甘肃所入绸缎、海菜等均由西安发庄入甘。③西安是西北地区洋货与京广福杂货集散、转输中心。

第二，西安是本省及西北地区牲畜外运的输出口岸。府城西关是本境出产、运入城中猪、羊、骡、马、驴等牲畜之入口，而南关则为"牲畜由西来赴东南去"的重要出入口岸。

第三，西安还担负着部分西口药材东运的中转职能。东关南街是药行与药店的集中区，当时川甘药材运至三原加工、炮制，改装车骡运输，部分运至东关，再分运全国。同治以后，东关所征厘金中即有药材一项。它的运输量不比三原，但仍为一重要输出口岸。

第四，西安也是东南布匹运发本省的集散地。由潼关、龙驹寨以及白河运来之湖北、东南诸省所出布匹，大多经三原集散，分销到甘肃及附近各县。但是，也有部分布匹经西安东关而销行省内各县。定边县所需布匹就来自西安，榆林则部分来自三原，部分来自西安。

---

① 陕西清理财政局编辑：《陕西全省财政说明书·岁入部·厘金》，清宣统元年排印本，第 80 页。

② 仇继恒：《陕境汉江流域贸易表》，《丛书集成续编》第 42 册，上海：上海书店出版社，1994 年，第 778—791 页。

③ 经济学会编辑：《甘肃清理财政说明书》次编上《百货统捐》，民国铅印本，第 55—56 页。

（三）从会馆设置看晚清西安城市商业功能的加强

清中后期西安城市商业功能的加强可以从众多工商会馆的设置反映出来（表 4-2）。

表 4-2　清代西安会馆分布统计表

会馆	时代	崇祀	馆址	出处	备注
两广会馆		关帝、文昌	大皮院东口	光绪十九年《西安府图》、民国二十五年《咸宁长安二县续志》卷7《祠祀考》	
湖广会馆		夏禹王	四府街		
全浙会馆		夏禹王	大湘子庙街		
绍兴会馆		夏禹王	东木头市		
中州会馆		先贤先儒	五味什字		
八旗奉直会馆		先贤先儒	盐店街		
安徽会馆		朱文公	五味什字		
山东会馆		孔子	五味什字		
江苏会馆		吴泰伯、仲雍	大保吉巷		
福建会馆		天后圣母	南院门		
四川会馆		文昌	贡院门		
甘肃会馆		三皇	梁家牌楼		
三晋会馆		关帝	梁家牌楼		
江西会馆		许真君	小湘子庙街		
中州西馆			五味什字		
安徽东馆			湘子庙街		
畜商会馆(瘟神庙)	道光九年		西关	《咸宁长安二县续志》卷7《祠祀考》	
山西会馆	清中叶		东关	嘉庆《咸宁县志·东关图》	
直隶会馆				《支那省别全志》	
五省会馆（燕、冀、辽、吉、黑）			现盐店街副廿八号	舒叶《建国前碑林地区会馆知多少》，载政协碑林区委员会文史资料委员会主办《碑林文史资料》第9辑	
梨园会馆	乾隆年间	唐玄宗、楚庄王	骡马市街		三意社地址
裁缝会馆			东木头市		尚友社地址
银匠会馆			南大街油店巷口南侧		市日用五金制品研究所
鞋匠会馆	道光十三年	孙膑	北柳巷南口三号地址		
厨师会馆			东关索罗巷中段（田师庙）		现已拆除
澄城会馆			南广济街		南院门派出所

续表

会馆	时代	崇祀	馆址	出处	备注
华州会馆			印花布园街		
园艺会馆（花神庙）			东关长乐坊	黄云兴《长安花神会》，载《碑林文史资料》第 6 辑	长乐坊东段
南药会馆			东关	郭敬仪《旧社会西安东关商业掠影》，《陕西文史资料》第 16 辑	
两江会馆			大皮院	民国《西京快览》第六编《公共事业》	
药材会馆			骡马市	《首建梨园会馆碑》	
鄠县会馆	光绪二十六年		城隍庙后街	民国《鄠县县志》卷 2《官署》	
咸阳会馆				民国《咸阳县志》	

  会馆本是设于异地供同乡之人寄寓之所，明代既已出现。随着明清以后全国经济的发展，各地间的交流日益广泛与频繁，会馆逐渐演变为同乡客商在异地交流信息、住宿休息、存放货物的重要场所，商业功能不断加强。[1]陕西会馆出现较晚，西安城中设置最早的大致应为乾隆年间建于骡马市街上的梨园会馆。商业会馆最早兴建的当为东关城中的山西会馆，嘉庆《咸宁县志》东郭图中已标有"山西会馆"，至迟在嘉庆年间就已落成。目前，从现有资料中可以统计出，清代西安城中会馆达 33 处之多。详细划分，其又可分为手工业会馆、商业会馆以及省级会馆、各县会馆和部分专门行业会馆等多种形式。

  手工业会馆在西安众多会馆中所占比例不大，只有裁缝会馆、银匠会馆、鞋匠会馆、厨师会馆、花神庙等五种，占全部会馆总数的 15%。从这些会馆来看，大多属于城市消费行业，与日常生活紧密相关。

  畜商会馆、药材会馆、南药会馆是畜商与药材商集资兴建的行业会馆。畜商会馆设于西关瘟神庙内，所祀神祇不详，大致其时威胁牲畜生长繁育最严重的问题便是瘟疫，故会馆设于瘟神庙中，祀神也应为司瘟疫之神了。陕西处于西北畜牧区与东南农耕区交错地带，西北牲畜南运、东走大多通过西安中转，南关是清代"牲畜由西来赴东南去"[2]的重要通道；西关则为"本境出产，由乡运城之物，猪、羊、骡、马、驴较多"[3]。可见两处为牲畜转输较为重要的通道，

---

①　王日根：《乡土之链：明清会馆与社会变迁》，天津：天津人民出版社，1996 年，第 29 页。

②　陕西清理财政局编辑：《陕西全省财政说明书·岁入部·厘金》，清宣统元年排印本，第 80 页。

③　陕西清理财政局编辑：《陕西全省财政说明书·岁入部·厘金》，清宣统元年排印本，第 80 页。

也是畜商集中之区，畜商会馆设于西关自然较为方便。

清代西安城有几处药材会馆，史籍记载不详。城内骡马市梨园会馆对面有药材会馆，这从《首建梨园会馆碑》中可以得到可靠的证据。此会馆修建较早，在整个西安城会馆建设史上也是首屈一指的，至少在乾隆年间既已存在。另外，田克恭称，西安东关有"药材会馆"①，而郭敬仪记，西安东关有"南药会馆"②，这二处与药材有关的会馆具体位置，文中均未作交代。可以肯定，晚清、民国时期，西安东关存在过与药材有关的会馆，这与东关作为清末西北商货集散中心，尤其作为药材转输中心的地位也是不矛盾的。但东关是否存在过"药材会馆"与"南药会馆"，抑或只存在过上述某一家会馆则无从考证，尚有待新材料的证实。

清初西安东关是西口药材东运的中转地。当时川甘药材运至三原加工炮制，部分改装车骡运抵东关，再分运全国。东关南街是药行、药店的集中区，其中际盛隆、全盛裕两家老号药店在乾隆时就很有名。满族贵族问病、吃药，总是推荐际盛隆、全盛裕。③同治以后，东关征收厘金，"所收土产货物则以牛羊皮、山纸、木耳、生漆为大宗，桔子、椒、蜂蜜、桐漆油次之，药材等又次之"，说明药材行业在东关占有举足轻重的地位，药材商于此建馆也是很自然的事情。

本省各县在西安建会馆的并不多，醴泉、澄城、华州三处，因没有过多的材料加以说明，很难分清其为乡试会馆，抑或商业会馆。

全国性省级会馆在西安的分布非常多，除宁夏、青海、新疆、西藏、云南、贵州、内蒙古等偏远地区外，其余各省在西安均建有会馆，多达二十余省。可见，清中后期西安商业辐射范围已遍及全国。各省商业会馆在西安乃至西北的影响力很大，据民国年间东亚同文书院调查资料，"全浙会馆由江苏一部以及浙江全省人民组成，其中绍兴、金华、钱江、宁波四帮有名气。据说，会员总数达到四千人。宁波帮从事棉花、煤炭、杂货、鸦片、药材、鱼、海产物、酱园业。绍兴帮从事酒业和装饰业，除了汾酒和高粱酒以外的酒业由该帮独占"④。从其经营项目与市场占有份额来分析，清代此帮商业发展当不会弱。

① 田克恭：《西安城外的四关》，中国人民政治协商会议陕西省西安市委员会文史资料研究委员会编：《西安文史资料》第2辑，1982年，第201—217页。

② 郭敬仪：《旧社会西安东关商业掠影》，中国人民政治协商会议陕西省委员会文史资料研究委员会编：《陕西文史资料》第16辑，西安：陕西人民出版社，1984年，第160—188页。

③ 郭敬仪：《旧社会西安东关商业掠影》，中国人民政治协商会议陕西省委员会文史资料研究委员会编：《陕西文史资料》第16辑，西安：陕西人民出版社，1984年，第160—188页。

④ 〔日〕东亚同文书会编纂：《支那省别全志》第7卷《陕西省》，东京：东亚同文书会，1917年，第794页。

三、西北地区商业中心的确立及地点的递嬗

以上我们对明清时期三原、泾阳与西安市场状况进行了一定的复原，那么，究竟应该如何定位三者的经济关系呢？

就明代三原、泾阳、西安的市场吐纳而言，无论是在重要商品的集散与转输能力方面，还是商税税收、城市商业经济发展、行市分区等方面，西安均无法与三原、泾阳相比。三原、泾阳经济区承担了西北与东南各省大宗商品，包括布匹、食盐的主要批发与转运功能，三原自不必说，泾阳也成为"易仓钞，贩花布"利益颇巨的关中壮县。另外，明代三原与泾阳商人辈出也可证明此点。张瀚《松窗梦语》卷 4《商贾纪》载："至今西北贾多秦人，然皆聚于沂雍以东，至河华沃野千里间，而三原为最。"这就是说，所谓山陕商人，主要来源就是以三原、泾阳两县为中心的渭水沿岸各地区。表 4-3 和表 4-4 是以康熙、乾隆两朝《两淮盐法志》中的材料为主，参照同治《两淮盐法志》卷 47《科第表》对明代两淮山陕籍商人科第者进行的整理。表 4-3 为明代两淮山陕商籍登进士第人员统计表，共计 37 人，而陕西三原籍共计 17 人，约占总人数的 45.9%；泾阳籍 8 人，约占总人数的 21.6%。表 4-4 是对明代两淮山陕商籍考中举人人员所作的统计，共计 43 人，陕西三原籍计有 22 人，约占总人数的 51.2%；泾阳籍 14 人，约占总人数的 32.6%。表 4-3 和表 4-4 显示山陕商人中三原人数最多，其次为泾阳，两县相加则分别占到全部山陕商人总人数的 67.6% 和 83.7%，足见明代三原、泾阳两县经商人员之众，商业影响力之大。

表 4-3　明代两淮山陕商籍登进士第人员统计表

籍贯	人员
陕西三原县	王恕、梁泽、王承裕、秦伟、秦稿、雒昂、来聘、梁木、温纯、秦一鹏、焦源清、马逢皋、焦源博、来复、秦新式、房廷建、石隆
陕西泾阳县	赵邋、赵兰、何宗贤、李思达、牛应元、韩继思、韩琳、张恂
陕西其他县	魏秉、阎世选、武献哲、阎汝梅
山西籍	亢思谦、李承式、李植、李杜、高邦佐、马呈秀、李柄、杨义

资料来源：〔日〕寺田隆信：《山西商人研究》，张正明、道丰、孙耀，等译，太原：山西人民出版社，1986 年，第 221—222 页。（正统戊辰科—崇祯癸未科，1448—1643 年）

表 4-4　明代两淮山陕商籍考中举人人员统计表

籍贯	人员
陕西三原县	申春、仇庄、雒守一、韩清、孙佐、申琼、马祯、来贺、马栻、梁茂、秦四器、仇让、王弘祥、秦际皡、梁文熙、石胜、张善治、房象乾、梁应基、李于奇、雒献书、梁松

续表

籍贯	人员
陕西泾阳县	寇恕、杨九皋、牛昭、强书、康渭、茹巨鳌、韩复礼、韩易知、张惇、何漠杰、鱼赐腓、毛宗昌、赵虞佐、张嶙
陕西其他县	阎傅、阎士聪
山西籍	刘有纶、亢孟桧、亢秉忠、李楫、李承弼

资料来源：〔日〕寺田隆信：《山西商人研究》，张正明、道丰、孙耀，等译，太原：山西人民出版社，1986年，第223—224页。（永乐甲午科—崇祯丙子科，1414—1636年，不包括已进士及第者）

那么，为什么明代三原、泾阳可以由渭北区两县，成长为声名远播的"三秦大都会"？而作为经过长期论证选址，曾经担负起国际大都市重任的隋唐国都所在的长安即明代陕西布政司所在地的会城西安，此时却完全失去了经济发展优势，其原因何在？

众所周知，明代的西安作为陕西布政司所在地，还是西安府的府城，以及咸宁、长安两县的县城。城池是在唐末韩建所筑新城的基础上扩建而成的。隋唐长安城面积84.1平方千米，是当时世界上首屈一指的国际大都市，但经唐末五代战乱，损毁至为惨重，几成废墟，后梁韩建缩城，只取唐长安的皇城加以修葺，号"新城"，面积只有5.2平方千米，为唐长安城的1/16。[1]朱明王朝建立以后，朱元璋次子朱樉坐镇西安，对西安城加大了修筑的力度，以西墙、南墙为准绳，将北墙与东墙分别向外扩展了四分之一，城区面积比韩建所筑新城增加了三分之一。但即便如此，城市规模也仅为11.5平方千米，加关城不足15平方千米[2]，比之隋唐长安城的规模已是大大缩小了。

按照朱元璋巩固边防的国策，诸皇子皆分封各地以为藩王，坐守军政重镇以求屏蔽诸邦。次子朱樉封为秦王，就藩西安。与西安城扩修的同时，西安府城内东北部同时修筑了秦王府，作为藩王之首，秦王府有"天下第一藩封"之称。王府不仅"富甲天下，拥赀千万"[3]，而且在规模上也是首屈一指的，据实测数据，秦王府城面积应不小于0.3平方千米，约为西安大城面积的1/38。[4]当时人曾说这一规模与南京的宫城规模不相上下。朱樉于洪武十一年（1378年）"就藩西安"[5]。明制规定，藩王嫡长子袭封藩王，其余诸子册封为郡王，郡王

---

① 史念海主编：《西安历史地图集》，西安：西安地图出版社，1996年，第109页。

② 史红帅：《明清时期西安城市地理研究》，北京：中国社会科学出版社，2008年，第66页。

③ （清）谷应泰撰：《明史纪事本末》卷78，北京：中华书局，1977年，第1359页。

④ 史红帅：《明清时期西安城市地理研究》，北京：中国社会科学出版社，2008年，第29页。

⑤ 《明史》卷116《诸王一·秦王樉》，北京：中华书局，1974年，第3560页。

亦各有封地，然秦王子孙分封郡王虽多，但却均未分驻各地，而是在西安城内纷纷建起了郡王府宅。原因主要是以当时陕西的经济条件，很难找到稍好一些的封地，只有城高池深、位居腹里的西安城是其最好的居地选择。最初所封的朱樉次子永兴王朱尚烈封藩于巩昌府，三子保安王朱尚煜封藩于临洮府，而巩昌、临洮等地邻近边塞，防御条件又差，秦王子孙均不愿就藩边地，明廷虽已在当地为其修建了王府，但二人仍以留居西安"以敦同气"①为由，上奏朝廷，不再迁出。开此先例，以后秦王诸子也大多留居西安，而其他子孙或为镇国将军，或为辅国将军，在西安城内筑宅居守。这样，整个明代，西安城先后建有九所郡王及三十二所镇国、辅国将军府，这些王府占据了城中大片空间，这在当时全国各省会城市中是独一无二的。

除众多的郡王、将军府外，明代的西安城尚分布有众多官府、衙门、贡院、文庙以及驻防军队等，如陕西布政司衙门、巡按察院、都察院衙门、清军道、巡茶察院、西安府署、咸宁县署、长安县署等。这些官府衙门不仅占据城中大面积的土地，成为限制城市商业空间拓展的一个重要因素，更重要的是它成为盘剥商民、百姓的垄断机构，这一点可以说对于明代西安城市商业发展是致命的打击。仅以秦王各支系的府邸来看，其豪华程度就可略见一斑。第一代秦王朱樉的秦王府，前面我们已经谈过，规模庞大已是尽人皆知，分封于北京，与之同为"塞王"，手握重兵的燕王朱棣，府城面积只是秦王的一半左右。②秦王府之阔绰也是尽人皆知的，府邸不仅拥有宫殿区、祭祀区、官署区、护卫区，还有规模不小的苑囿区，以及城外的离园。洪武九年（1376 年），"定亲王宫殿门庑，及城门楼皆覆以青色琉璃瓦"③，秦王府为保证府邸所用琉璃瓦的供应，专门在陕西同官县（今铜川市）同官故城东南 40 里的立地坡盆景峪建有琉璃厂④，"正统、景泰、天顺、成化间，皆尝经理督造。迨嘉靖甲申乙未之岁，秦宫室及承运等殿，复动工重建，而琉璃之费无穷"。⑤这里所说的还仅仅是琉璃瓦一项开支，秦王的园林别馆更是极尽奢华，珍禽异兽、奇花异草满目皆是，无怪当时人称秦王为"天下第一藩封"，"拥赀数百万"⑥，"今天下诸

① 嘉靖《陕西通志》卷 5《土地·封建·皇明藩封》，西安：三秦出版社，2006 年，第 197 页。
② 史红帅：《明清时期西安城市地理研究》，北京：中国社会科学出版社，2008 年，第 29 页。
③ 万历《明会典》卷 181《工部一·营造·亲王府制》，北京：中华书局，2007 年，第 919 页。
④ 秦凤岗：《立地坡琉璃厂》，中国人民政治协商会议陕西省铜川市城区委员会文史资料委员会编辑：《铜川城区文史》第 2 辑，1989 年，第 45—46 页。
⑤ 民国《同官县志》卷 12《工商志》，凤凰出版社编选：《中国地方志集成·陕西府县志辑》第 28 册，南京：凤凰出版社，2007 年，第 173 页。
⑥ （清）彭孙贻：《流寇志》卷 8，杭州：浙江人民出版社，1983 年，第 127 页。

藩无如秦富"①。

　　那么，就明代的陕西而言，经济发展已非同往昔，国都东迁，远离全国经济重心，富庶程度不比华北，更无法与江南相提并论；北部黄土高原沟壑纵横，与蒙古长期争战，民不聊生。这样的经济发展条件如何能成就这一"天下第一藩封"？秦王的财富从哪里来，无非来源于对地方的盘剥，据《明实录》记载：成化十四年（1478 年）"三月己卯，定陕西等处秦、庆、肃、韩四府郡王以下府第工价则例。工部言陕西镇守巡抚等官，议奏四府先年皆已有护卫，凡郡王以下出阁，营造府第，未尝役军民。后因支庶日繁，奏请有司营造。迁延勒逼，民甚苦之"。②这里还仅就役用民工而言，至于经费、银钱所出更是军民、商工之灾了。时人有记，其时"诸冠盖往来者"，尚且不愿进入西安，往往都要"以避入省参谒、挂号"，商贾行人更是"惮经会城，往往自渭南、临潼取道于此（泾阳），以故京兆者什三，出是邑者反什七也"。③就是说，秦王府邸之众，官府衙门之多，对于百姓的盘剥已使官员、吏民、商贾、行人视西安为畏途，能绕则绕，可避即避，致使陕商行走路线发生改变，明代经商于此的商贾行人大多不走官驿大道，百分之七十的行人由潼关走渭南、临潼而入泾阳、三原，只有百分之三十的人继续维持原路，走西安入省城。这才是成就泾阳、三原商业经济繁荣的主要原因，而会城西安商业反而落后于两县。明人李维桢曾经称道："陕以西称壮县，曰泾阳、三原，而三原为最，沃野百里，多盐荚高资商人，阛阓骈比，果布之凑，鲜车怒马者，相望太仓，若蜀给四方镇饷，岁再三发辇，若四方任辇车牛，实缩榖其口，盖三秦大都会也。"④这样一种制度因素，大大限制了明代西安城市工商业的发展，致使许多商人视西安为畏途，宁可绕道避走也不愿入城经商，选择平原广畴、交通方便，又无经济干扰的三原、泾阳作为商品转输中心，就成为一种必然。

　　很明显，明代陕西西安城市的商业职能没有随着政治与军事职能的加强而提高。一方面，由于明代西安的政治与军事色彩过于浓重，限制了城市商业的扩展，高城深池阻碍了商品经济的渗透。另一方面，政治上衙门、王府过于集

---

①　（明）倪元璐：《救秦急策疏》，《四库全书·集部·别集类·明倪文贞奏疏》卷 10，《四库全书》第 1297
　　册，上海：上海古籍出版社，2003 年，第 302 页。

②　《明宪宗实录》卷 176，江苏国学图书馆传抄本，第 9b 页。

③　康熙《泾阳县志》卷 3《贡赋志·驿站》，南京大学图书馆编：《南京大学图书馆藏稀见方志丛刊》第 10
　　册，北京：国家图书馆出版社，2014 年，第 264—265 页。

④　（明）李维桢：《大泌山房集》，转引自田培栋：《明清时代陕西社会经济史》，北京：首都师范大学出版社，
　　2000 年，第 252 页。

中，盘剥苛重，使商人视此为畏途，故而退避三舍，也使城市商业无法发展。这两点是限制明代西安城市商业发展的主要因素，也由此成就了三原、泾阳西北商业中心的地位。这样说来，明代西北商业中心在三原与泾阳两县，而非西安，形成了政治以西安为中心，经济以泾阳、三原为中心的二维空间格局。

进入清朝以后，随着明王朝的败亡，秦王府、将军府被拆除，封王守疆的制度也被废弃，这大大便利了西安城市商业的发展，西安商业发展明显显示出生机，以乾隆四十四年（1779 年）《西安府志》统计数字来看，长安、咸宁两县的课程银、牙税银均已超过泾阳、三原，当税的收入也遥遥领先。从这一数字上的变化也能看出，至少到乾隆时期，咸宁、长安两县从商铺数量到当铺数量乃至行业行商等方面均已超过了三原、泾阳两县。当然，咸宁、长安两县的商税收入不只包括西安府城一区，但从中也能看出其商业发展的势头（表 4-5）。清中叶以后，伴随各省区商业势力的渗透，大量南北商帮活跃于西北地区，会馆林立，城东关担负起南北货物的集散与转输中心的作用，大大提高了会城西安的经济地位，使之成为京广福杂货荟萃之区，并担负起部分省内大宗货品诸如布匹、牲畜等集散与转输的中坚作用，商业税收大幅度增加。那么，西安与其北部的三原和泾阳在经济上又是怎样的一种关系呢？

表 4-5　乾隆年间西安、三原、泾阳商税比较表　　　　　（单位：两）

县份	课程		当税	牙税
长安县	20.92	润加 1.743	190	46.61
咸宁县	37.65	润加 0.1375	640	85.9
泾阳县	22.16	润加 1.8466	195	97.3
三原县	34.21	润加 2.8558	295	45

资料来源：乾隆《西安府志》卷 15《食货志中》，台北：成文出版社有限公司，1970 年，第 703—706 页。

从前面对清代三原、泾阳两县商业发展特征的分析能够看出，在清代，两县并未因西安商业的发展而退出历史舞台，相反，多数东南与西北地区贸易货品的转输仍由两县承担，如东南运往西北的布匹、茶叶；西北销往东南的皮毛与水烟等都还是由三原与泾阳转运，在大宗货品的加工与转输方面，西安仍远远不能取代二者的经济地位。原因何在？这仍然需要从一些制度因素上来找答案。从历史发展上来看，我们不难发现，尽管清王朝建立以后，西安的秦王府邸被拆除，封建政治势力对商业干预有所减弱。但是，清王朝对其军事上的控制没有丝毫放松，在经营上仍将西安视作控制西北的重要军防重镇，这一点从满城与南城的修筑上可以明显体现出来，这两处军营驻防系统占据了西安城几乎一半的空间，给西安城市市场圈的发展带来许多不利因素。满城的修筑本是清王朝巩固统治的一个国策，不仅西安存在，全国各区域中心城市都建有满城，清政府认为，清王朝以异族进入中原，"虑胜国玩民，或多反侧"，于是"乃于各直省设驻防兵，意至深远"。①但是西安的满城是当时全国最大的一座八旗驻防城，驻扎八旗军兵也最多。西安满城修筑于顺治时期，顺治二年（1645 年）开始划定驻防城范围，至顺治六年（1649 年）筑成。②满城中居住的都是八旗马甲及其家属，俨然一军事堡垒，这种局面更加重了西安城市的军事氛围。满城建于西安大城的东北部，东墙与北墙借用大城城墙，西墙与南墙新筑，不仅将原明代秦王府全部围在满城之内，还包括了明保安王府、临潼王府、汧阳王府等一系列建筑，面积 4.7 平方千米，比秦王府所占空间还要大。③满城筑成不久，康熙二十二年（1683 年）又在满城南面加筑了南城，南城是清政府为进一步加强驻防军力量而增筑的，主要是为镇压当时不断涌起的反清浪潮和农民的反抗斗争。南城位于满城之南，除西城墙为新筑，其余全部利用西安原城墙。

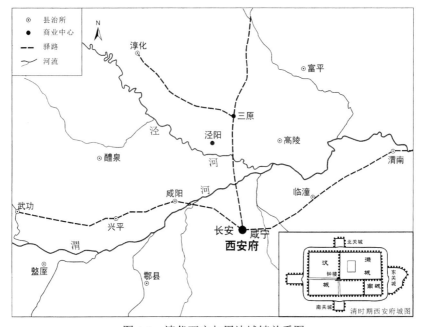

图 4-1　清代西安与周边城镇关系图

① （清）刘锦藻：《清朝续文献通考》卷 208《兵考七》，王云五总纂：《万有文库》第 2 集，《清朝续文献通考》第 2 册，上海：商务印书馆，1935 年，第 9559 页。

② 史红帅：《明清时期西安城市地理研究》，北京：中国社会科学出版社，2008 年，第 95 页。

③ 史红帅：《明清时期西安城市地理研究》，北京：中国社会科学出版社，2008 年，第 95—99 页。

面积约 0.6 平方千米，与满城相加，约占全部西安大城面积的 45%。[①]这样，接近一半的西安城区都为军防城所占据，使西安城市空间显得极为拥挤，大大损害了城市商业空间的拓展。

从传统社会的角度来看，西北地区的城市始终与城墙联系在一起，无论政治还是经济空间都需在城墙包围之内完成，即便商贸发展突破城墙的限制，政府也会再筑新的城池，将之包围于城墙之内，城市规模往往与城墙范围相始终，无法突破，与江南地区的河街布局具有本质的不同。这样一种格局也是出于对地方经济的保护，毕竟西北地区居于军防前线，战争的威胁时时会有。从清代西安城市地图上可以看到，钟楼南大街并非位于全城的中心地带，而是略显偏南。东部的满城影响了这一地区商业的发展，市场不得不向西扩展，而城西部又显得集中与拥挤。为填补东部的空档，东关膨胀发展，人口增多，商业市场繁荣，较其他三关发展迅速，商业影响力加强。从清代西安城市整体布局来看，城市空间利用率已相当高，南部甚至形成挤压的格局。这样的城市空间格局已很难再容纳新的工商业进驻发展，更何况如布匹加工、毛皮熟涨等集加工与批发产品于一体的大宗商贸市场的发展。因此，具有地缘优势，又具备加工条件与技术积累的原明代商业中心泾阳与三原，当仁不让地成为补充西安商业中心发展空间不足的最佳城镇选择。从清代的三原与泾阳商业特点上不难看出，两地成长起来的商业经济均建立在加工工业基础之上。三原是湖广大布运入、改卷、整染、发卖中心，泾阳是湖茶与毛皮两项货品加工与转输中心，除这种大宗商品的加工与转运外，其余商品贸易额都在减少。到清末，人们再形容三原就只说它是"渭北各地贸易总汇之区"[②]了，而非如明代所云"盖三秦大都会也"[③]，可见其经济地位还是有所下降的。

第二节　制度空间与农业景观格局的建构及演变

地处黄土高原中心区的陕西省是中国内陆地区棉花引种较早的省区，据有

---

①　史红帅：《明清时期西安城市地理研究》，北京：中国社会科学出版社，2008 年，第 114 页。

②　刘安国：《陕西交通挈要》上编，上海：中华书局，1928 年，第 45 页。

③　（明）马理：《溪田文集》卷 3《明三原县创建清河新城及重隍记》，许宁、朱晓红点校：《马理集》，西安：西北大学出版社，2015 年，第 312 页。

关史籍记载，宋元时期，陕右即植木棉。①明清以来棉花一直是关中地区种植最广泛的经济作物，明代这里的棉花供应北边四镇（榆林、甘肃、固原、宁夏），极大地支持了明王朝对蒙古战争的军事需求。抗战时期，华北以及全国各大棉产区相继沦陷，关中又一度成为支援抗战最重要的棉花基地，全国棉花的二分之一来自关中。罂粟则属嗜食类作物，在中国种植较少，晚清时期鸦片泛滥，中国内陆省区为增加财政收入，开始大量引种，陕西一度成为种植较多的省区，年产值全国排名第四，这期间罂粟与棉花互为替代，成为陕西农业中经济作物的两个栽种点，两者互为消长，其中制度因素为其提供了一定的生长空间。

一、清前期陕西粮棉经济的地区分工

从清至民国陕西植棉业的发展来看，其大体当分为三个阶段，即清前期（顺治初至道光十九年）、鸦片战争至光绪三十年（道光十九年至光绪三十年）、光绪三十年至民国晚期三个阶段，其间发展脉络十分清晰。

清初是陕西植棉业发展的一个高峰期，它的一个明显特征是，在植棉区域上全省有一个明显的南北扩展趋势。从史籍记载来看，明代陕西植棉区主要集中在关中地区，陕北、陕南种植棉花非常稀少，据嘉靖《陕西通志》卷34《田赋》记载，明代陕西征收棉布共计33州县，除商州、商南二州县外，其余31州县均在关中。②入清以后，陕西的植棉区迅速向北、向南扩展。康熙年间修纂的《古今图书集成·方舆汇编·职方典》记录的陕西四府一州的物产中，陕北宜川、延川、洛川、中部、宜君诸县的"货属"中均列有"棉花"一项。雍正年间所修《陕西通志》"物产门"的"木棉""布"两项下也列出西安、延安、凤翔、汉中各府的十余州县。史籍反映南到汉中府，北到延安府的延川、绥德州的清涧县③，北纬33°—37°的陕西各州县普遍产棉。当然，从整个发展过程与发展条件来分析，这种局面的出现绝不是偶然的，它应是自给自足的自然经济的产物。

---

① 据清人谈迁追述其种植历史，云："元学士王磐序《农桑辑要》之书云：木棉种于陕右。《辍耕录》记：闽广多种木棉，纺绩为布。盖木棉出于南夷西域，宋元间特转闽、广、关、陕，至明乃盛。"（清）谈迁：《枣林杂俎》中集，《适园丛书》初集本。

② 据嘉靖《陕西通志》卷34《田赋》载，其时陕西征收棉、布州县有"蓝田、郿县、扶风、宝鸡、岐山、凤翔、永寿、乾州、醴泉、武功、澄城、白水、华阴、韩城、耀州、鳌屋、鄠县、高陵、兴平、咸宁、长安、泾阳、临潼、富平、蒲城、三原、同州、渭南、朝邑、郃阳、华州、商州、商南"。

③ 道光《清涧县志》卷1《地理志·风俗》，道光八年刻本。

清初陕西植棉区域扩展的一个重要原因是统治者大力推动。就清朝统治阶级而言，虽兴起于关外，但其自进入中原以后，很快就接受了中原的农耕文明，奖励耕织、劝课农桑成为基本国策。圣祖康熙皇帝为鼓励农桑生产，曾专门将耕田、种稻、养蚕、制衣的全过程，按不同工序编绘成十六幅《耕织图》，每幅并附诗说明。对于棉花之利，康熙称之为"木棉之为利于人溥矣"，"功不在五谷下"，专门写作《木棉赋》，盛赞木棉作为衣被原料对百姓生活的重要意义。①康熙以后，雍正、乾隆、嘉庆亦遵循这一政策，未有改变，其作为朝廷基本国策，经统治者大力推行，各地地方官员亦遵循不怠。致力于陕西植棉业推广工作的地方官员为数众多，其中较著名的有乾隆年间四任陕西巡抚的陈宏谋②、延安府洛川知县柴胜、葭州知州孔化凤，道光时长武知县李肇庆，嘉庆时汉中知府郑地山、严如熤等人。③关于这一点志勤先生已有论述。④

　　另外，清初陕西植棉区域扩展还由于地区商品流通不畅。经过明末战争的破坏，全国经济发展都有一个恢复过程，北方如此，南方也不例外。总体来讲，清代全国经济的恢复大体在乾隆年间，南方略早，大约在雍正时期。因此，商品棉的地区流通在清初十分有限，南北商贸往来受到一定程度的限制，自给自足的自然经济得以强化。

　　这样发展起来的陕西植棉业虽具有普遍意义，但从陕西三区棉田种植面积来看，差异还是相当大的。就自然条件来说，陕北黄土高原海拔高，一般均在900—1500 米，气候干燥、寒冷，光、热条件等诸多方面均不适宜棉花生长。今天来看，这里的棉田面积也是非常有限的，更别说清代农业生产技术更为落后的时期。乾隆年间延长县也曾种植棉花，史载，"棉花不多种，惟川地爽垲为宜，苗不高长，结苞亦颇稀，花绒短，纺织不能，促工即成线，亦难细，所以地不织布，所需白蓝大布率自同州驮来，各色梭布又皆自晋之平绛购以成衣"⑤。在延长县即便选择一些土地高爽、生产条件较为优越的地方种植棉花，株苗仍不能保证健康成长，所结花绒纺线都难，更别说织成布匹。较好的如道光年间

---

① （清）康熙：《木棉赋》，见《广群芳谱》："八口之家，九土之氓，无沍寒之肤裂，罕疾风之条鸣"，"今远迩贵贱，咸资其利"。

② （清）陈宏谋：《巡历乡村兴除事宜檄》，《培远堂偶存稿》卷 19《文檄》，《清代诗文集汇编》委员会编：《清代诗文集汇编》第 280 册，上海：上海古籍出版社，2010 年，第 457 页。

③ 严中平：《明清两代地方官倡导纺织业示例》，《东方杂志》1946 年第 42 卷 8 号，第 21 页；《皇朝经世文编补》卷 37《延安纺织议》；《续修汉南郡志》卷 27《艺文》下。

④ 志勤：《清代前期陕西植棉业的发展》，《西北历史资料》1980 年第 1 期，第 87—107 页。

⑤ 乾隆《延长县志》卷 4《服食》，凤凰出版社编选：《中国地方志集成·陕西府县志辑》第 47 册，南京：凤凰出版社，2007 年，第 188 页。

延川县，也只有县东乡植棉，"纺织为业"①，因此，考虑到自然环境的因素，应该说，清初陕北地区棉花的种植面积与产量都不会很大。

在清初的一些方志中，我们经常可以见到陕北各州县地方官员劝民纺织或教人纺织的事例。如顺治年间，延安府洛川县，"雒俗不知女红。（知县柴）任教之织，遂擅机杼之利"②。"（葭）州民素不习纺织，（葭州知州孔）化凤募匠置具教之。"③康熙时鄜州"旧志男拙于服贾，女慵于绩织。今鄜妇女多织纺者。乃自兵燹后，贫不能买衣，相效而为之。为布不能多，只以自蔽其体。不惟不能出鄜境，且不能出村落也"④。雍正时宜君县，"山居穴处，气质朴野，习尚勤俭而重农。妇女间有纺织者"⑤。这些描述结合前列各州县出产棉花的记载很容易给人以误导，似乎当地大多是植棉、纺织，擅纺织之利，衣被自给自足的地区。然而，事实并非如此。仅以陕北地区经济发展条件较好的洛川县为例，顺治时，知县柴胜曾大力劝导洛民振兴女红，很快便收到实效，洛民"遂擅机杼之利"。嘉庆以前，洛川县所织土布尚是县中大宗货品，列为当地特产。至嘉庆后期，洛川县经济却发生了很大的变化，史载"近日木棉价昂，纺织者渐少，卖布者多郃阳人"⑥。此时的洛川县纺织者已逐渐减少，何以造成木棉价昂，从民国《洛川县志》中很容易找到答案。《洛川县志》载，当地土俗有所谓"富不种棉花"⑦的习惯，因木棉的种植要占用较肥沃的水浇地，所谓"木棉，水地多种之"；而且需要复杂的田间管理，生长期内耕除八遍；产量又低，收益少，一亩地仅收"十斤花"。⑧因此，这样劳工费力而又收益少的事，一般富有的人认为是不值得做的。贫穷人家偶一种之，自织为布，以供家庭之需尚可为之。而

---

① 道光《重修延川县志》卷1《物产》，凤凰出版社编选：《中国地方志集成·陕西府县志辑》第47册，南京：凤凰出版社，2007年，第21页。

② 严中平：《明清两代地方官倡导纺织业示例》引《山西通志》卷149，《东方杂志》1946年第42卷8号，第21页。

③ 严中平：《明清两代地方官倡导纺织业示例》引雍正《恩县续志》卷3，《东方杂志》1946年第42卷8号，第21页。

④ 康熙《鄜州志》卷1《风俗》，凤凰出版社编选：《中国地方志集成·善本方志辑》第24册，南京：凤凰出版社，2014年，第24页。

⑤ 雍正《宜君县志·风俗》，凤凰出版社编选：《中国地方志集成·陕西府县志辑》第49册，南京：凤凰出版社，2007年，第524页。

⑥ 嘉庆《洛川县志》卷13《物产·货属》，凤凰出版社编选：《中国地方志集成·陕西府县志辑》第47册，南京：凤凰出版社，2007年，第438页。

⑦ 民国《洛川县志》卷24《方言谣谚志》，凤凰出版社编选：《中国地方志集成·陕西府县志辑》第48册，南京：凤凰出版社，2007年，第547页。

⑧ 民国《洛川县志》卷24《方言谣谚志》，凤凰出版社编选：《中国地方志集成·陕西府县志辑》第48册，南京：凤凰出版社，2007年，第548页。

贫穷民户占有土地肥沃的水浇地往往又极为少见。因此，从民国《洛川县志》来看，此时该县已见不到棉花种植。①以此推断，清初以来，洛川县应该说是一直很少有种植棉花者，顺治年间，知县柴胜教民纺织，所纺之棉主要应为从邻近关中州县购得。嘉庆以后，"木棉价昂"，也就是说买棉纺织已不划算，纺织者就更不多见，而多买布为衣，卖布者多为部阳人。由此来看，清代洛川县是不产棉的，至少当地产棉是不足自给的。光绪《朝邑县乡土志·商务》称，"向无大商，近年惟所出之棉花尚可成庄，北路运至宜君、洛川，西路运至宝鸡、虢镇，衰旺无恒，皆外来客自行贩运，每岁约出三十余万斤"②。此记载亦可证明以上推断。嘉庆以前洛川县棉纺织业的发展是建立在棉花外购基础之上的，同时也说明当时关中棉产区商品棉的销售很大一部分是运销陕北区域的，这种棉花北运不仅满足本地民众装衣絮被的需要，而且支撑着当地家庭棉纺织业的发展。洛川如此，陕北其他州县情况大多如此。其时陕北黄土高原地区各州县棉产均不能自给，属当时的陕西缺棉区。

陕南汉中府、兴安府、商州三区位于秦岭、巴山之间，属亚热带暖湿区，无论从气温还是降雨条件来看，均较陕北优越。但是秦巴山地地形复杂，山地、丘陵分布较广，农业生产条件较好的区域仅局限于秦岭巴山之间的汉江谷地与汉中——安康盆地，面积小、分布散。《古今图书集成·方舆汇编·职方典》所记汉中、兴安二府"货属"中均列有"棉花"一项，说明康熙年间当地人已掌握了植棉技术。乾隆以后，随着各省客民迁入，老林开发，人口不断增加，人们的衣食之需也在不断增长，棉花种植面积又有增加，如道光年间（1821—1850年），石泉县就大量产棉③，但是棉花种植的区域特征仍十分明显。道光以前各志所记产棉州县大都局限于汉江谷地周围，如南郑、城固、沔县、略阳、石泉等。山地、丘陵分布较多的州县即使植棉亦需择地，如镇安县"木棉，宜于向阳之地"④。清初陕南各州县植棉面积亦不多，故本地所产棉花亦不足本地使用，需要关中以及湖北产棉区的棉花接济。史载，光绪（1875—1908 年）以前"汉中及川北附近陕省等处，纺纱捻线皆用陕省河北一带所产之棉。每至秋冬，凤

① 民国《洛川县志》卷 8《地政农业志》，凤凰出版社编选：《中国地方志集成·陕西府县志辑》第 48 册，南京：凤凰出版社，2007 年，第 147 页。

② 光绪《朝邑县乡土志·商务》，燕京大学图书馆编：《乡土志丛编》，1937 年，第 39 页。

③ 道光《石泉县志》卷 2《田赋志·物产》，凤凰出版社编选：《中国地方志集成·陕西府县志辑》第 56 册，南京：凤凰出版社，2007 年，第 17 页。

④ 乾隆《镇安县志》卷 7《物产》，凤凰出版社编选：《中国地方志集成·陕西府县志辑》第 30 册，南京：凤凰出版社，2007 年，第 393 页。

县、留坝一路，驮运棉花入川者络绎于道"①。

关中平原地区介于陕北黄土高原与秦岭山地之间，由河流冲积与黄土堆积而成，地势平坦，土质肥沃，水源丰富，是陕西自然条件最优越的区域，也是最适宜农业发展的地区。关中地区历来是陕西棉花种植业的中心地区，"泾渭两河流域，即古之八百里秦川，为陕省棉产最著之区，地势平坦，土砂参半，气候适宜，干燥少雨，为我国植棉最宜之地"②。清初，关中地区各州县植棉业普遍较明代有所发展，耀州在明代地不产棉，入清以后，"近又能种木棉，事织纺。然为布无多，不能出村落也"③。除植棉业普遍发展外，关中地区各州县在植棉面积上也有所扩大。

由于棉花属于经济作物，比粮食更具商品性，经济价值与收益也要高于粮食作物。在清代陕西三区之中，有二区植棉不敷本地使用，需要外棉运入。关中处于二区中间，与之联系渠道畅通，交通方便；又有地利之便，沃土膏壤利于棉花生长，故农民在宜于植棉之地挤出部分粮地种植木棉，成为他们获取更高经济收益的重要途径。从清初开始，这里就有部分州县广种木棉，成为产棉大县。棉花成为本境大宗输出的货品，而由于植棉占用土地较多，致使粮食生产减少，本地粮食不足食用，尚需外粮内运，形成了植棉区与产粮区的地区分工。乾隆年间韩城县"芝川镇迤北，水渠纵横，悉种麻枲，近陇坡者，率以木棉。计亩可收禾稼之利二倍许"。而县内"以域狭，故粟麦独缺，而仰给者上郡之洛川、宜川、鄜州、延长诸处。南之郃阳，西南之澄城，每岁负担驴骡，络绎于路。渡沟历涧，风雨雪霜，日夜不绝。富室贫家，率寄饔飧于市集。倘三日闭粜，则人皆不火矣"④。韩城县位于陕西同州府东北部，隔黄河与晋省为邻，县境为一狭长地带，本来就属陕西省面积较小的州县，经济作物过多种植挤占了大量粮田，自然形成粮食不足自给的局面。当时韩城的木棉往往成为外销陕北各县的主要货品，而陕北洛川、宜川、鄜州等地的粮食则南下销往韩城，形成北粮南下、南棉北上的运售途径。这种情况在清前期不仅存在于韩城一县，其邻近的朝邑县、西安府的泾阳县均与之大体相当，且史籍记载时段上比之更

---

① 仇继恒：《陕境汉江流域贸易表》卷上《入境货物表》，《丛书集成续编》第42册，上海：上海书店出版社，1994年，第778页。

② 黎小苏：《陕西之特产（续）·棉花》，《陕行汇刊》1940年第7期。

③ 乾隆《续耀州志》卷4《风俗》，凤凰出版社选编：《中国地方志集成·陕西府县志辑》第27册，南京：凤凰出版社，2007年，第456页。

④ 乾隆《韩城县志》卷2《物产》，凤凰出版社选编：《中国地方志集成·陕西府县志辑》第27册，南京：凤凰出版社，2007年，第30页。

早。如康熙《朝邑县后志》即记其邑大量植棉、栽种瓜果，"麦、豆、谷、糜，所出有限，常仰给于他邑"①。清朝前期关中地区植棉业的发展使本地区棉花生产商品化程度不断加深，逐渐从自给自足的家庭型生产走向市场销售型生产，尽管发展程度还十分有限，但它是区域社会分工发展的必然趋势。

二、口岸开放与近代陕西罂粟引种及植棉业的衰退

1840 年爆发的鸦片战争是中国历史上的重要事件，《南京条约》签订后，中国开放五口通商，外国商品在中国市场倾销，机器大工业生产引入内地，这些均改变着中国经济的发展道路，也直接影响着内地粮棉等种植业结构，直接导致陕西植棉业的衰退。这一时期对陕西植棉业影响最大的大致有两个因素。

第一，罂粟种植合法化，大量挤占棉田。鸦片战争以后，清政府开放烟禁，不再禁食鸦片，同时内地种植罂粟普遍化。罂粟的大面积种植挤占了大片棉田，使陕西植棉面积减少，植棉业受到很大冲击。以华州为例，华州在清代属同州府，是关中土地较肥沃之区，兼之交通便捷，手工业、商业均较发达，自古为富庶之区。明代这里的植棉、纺织业颇为发达，嘉靖《陕西通志》统计，此时政府于华州年征布匹 12 556 匹，棉花 1866 斤，征布、棉之多仅次于泾阳县，在全省排名第二。②康熙时期华州柳子、王宿二镇尚以"善纻，作大布"③著名。所织土布不仅供农户自家使用，也是市集上售卖的重要货品，且输出邻县。鸦片战争以后，华州种植业结构则发生了根本性的变化。《华州乡土志》载，华州物产"植物产以农产物为最贵品，农产物又以谷类为最贵品，州境凭山，高印之田宜菽、宜玉麦、宜黍、宜稷、宜芊，原隰宜稻、宜麦、宜秫、宜粱，就大较言之，当可为谷类之出产场。然而通计岁入，则蓝棉烟草之利视五谷值厚矣，罂粟之利视蓝棉烟草尤厚，谷贱病农，济以妖卉，饮鸩而甘，不其唏矣"。作为商品，华州的货品输出与输入也随之改观。光绪《华州乡土志·商务》记载非常清楚："州境西距长安不二百里，东望华河，密迩晋豫；南通商雒，擅材木之饶，北带渭，得运输之便。交易四达，宜乎为居积逐时者之所走集矣。而输出

---

① 康熙《朝邑县后志》卷 3《风俗附物产》，凤凰出版社编选：《中国地方志集成·陕西府县志辑》第 21 册，南京：凤凰出版社，2007 年，第 123 页。
② 嘉靖《陕西通志》卷 34《田赋》，陕西省地方志办公室点校本，西安：三秦出版社，2006 年，第 1855 页。
③ 康熙《续华州志》卷 2《补物产述遗》，凤凰出版社编选：《中国地方志集成·陕西府县志辑》第 23 册，南京：凤凰出版社，2007 年，第 189 页。

之品独竹制器物为大宗，茧、丝、靛、棉、苇席、火纸运销不出百数十里。果若桃干、杏干、桃杏仁、柿饼、万寿果；药若麻黄、防风、苍术；蔬若笋、藕、山药，东输至华阴，西输至西安、三原止矣。而鸦片一宗远及山西、河南、直隶、山东，每岁以钜万计。其输入品则煤、铁之舟汛于河渭，来自山西。洋布洋纱、巾扇、钮扣、绸货来自西安；粟来自渭北，然独粟为至多矣，约计之，岁可四、五百万石，大率以鸦片辗转相贸，然则华之民仰食于鸦片者殆十室而五六，此宁可长恃乎!"①鸦片的种植大量挤占良田，使原本作为华州最重要经济作物的棉花种植减少许多，即使有所输出，运销亦"不出百数十里"，相反，每年还要从省城西安输入"洋布、洋纱"，供本境使用。鸦片反而成了州境最大宗的货品了。这种情况不仅华州一地存在，在陕西各州县也非常普遍。乾州属境的武功县，乾隆时县志尚称"东南大宜木绵、桑，故蚕织之业广焉，然多为细人觊觎营利，故其人反贫，甚至寒不得衣，继缔谚曰：'物丰于所聚，利竭于所产'，岂不诚然乎"②。木棉、蚕丝在当时是武功重要的出产物品，常为商贩所觊觎，成为获利的手段。而到光绪时期，武功县出产物品中鸦片成为最大宗，桑蚕不见记载，木棉退居末位，只作为常产而非特产来记述，产出亦不多，"棉多出本境亦于本境内通造为布"，没有半点输出了。③虽然史籍并没有交代这种局面的形成是种植罂粟的结果，但至少与罂粟大面积种植有关。光绪时武功县罂粟种植面积非常可观，从其输出量可以反映出来，"鸦片一宗，由客商转运（陆运），在本省、河南、山西、直隶等处，每岁销行约壹百伍陆拾万两"④。

罂粟种植挤占棉田，在陕西影响最大的当首推凤翔府。清代凤翔府包括凤翔、宝鸡、陇州、岐山、扶风、麟游、郿县、汧阳八州县。康熙时朱琦所撰《重修凤翔府志》卷 3《物产》中记载了当时整个凤翔府的主要物产，除个别物产下注出某县所出，如"陇酒"注"州出"，"石墨，汧阳出"，"赤白土，岐出"，其余均无注，应该说明这些物产在府中各州县均有出产，其中即有"木棉、棉布"二项。⑤另外顺治《岐山县志》、康熙《陇州志》、雍正《郿县志》、雍正《扶

---

① 光绪《华州乡土志·物产》，燕京大学图书馆编：《乡土志丛编》，1937 年，第 62—63 页。

② 正德《武功县志》卷 2《田赋志第四·物产》，凤凰出版社编：《中国地方志集成·陕西府县志辑》第 36 册，南京：凤凰出版社，2007 年，第 18 页。

③ 光绪《武功县乡土志·物产·商务》，陕西省图书馆编：《陕西省图书馆藏稀见方志丛刊》第 5 册，北京：北京图书馆出版社，2006 年，第 656 页。

④ 光绪《武功县乡土志·物产·商务》，陕西省图书馆编：《陕西省图书馆藏稀见方志丛刊》第 5 册，北京：北京图书馆出版社，2006 年，第 656 页。

⑤ 康熙《重修凤翔府志》卷 3《物产·货属》，中国科学院文献情报中心编：《中国科学院文献情报中心藏稀见方志丛刊》第 22 册，北京：国家图书馆出版社，2014 年，第 376 页。

风县志》、乾隆《宝鸡县志》、康熙《麟游县志》等的《物产志》中也都明确记载该县产"木棉、棉布"。雍正《凤翔县志》①、道光《汧阳县志》②中记载本县出"布"。可见，清朝初年凤翔府各州县大多是出产棉花、棉布的，似乎产量也不少，到晚清时期凤翔府的植棉业却发生了根本的改变。光绪《麟游县新志草》的"物产"志中已不见"木棉、棉布"的记载。宣统《郿县志》记"植物制造有布"，但无棉花种植的记录。③宝鸡县在民国初年仅川村出产棉花。④《岐山县乡土志》亦无植棉纺织的记录。扶风县"旧有木棉，今乃反无"⑤。陇州虽有宜棉之地，但已"地不成棉"⑥。从这些记载可以看出，在清朝晚期凤翔府植棉业的衰退已达到极点。原因何在?是物土不宜?答案是否定的。因为凤翔府在清初以及民国时期均出产棉花，虽产值不比同州、西安两府，但比陕西省其他府县有过之。《陇州乡土志》明确强调，本地沙土利于植棉，植棉业衰退是近一时期的事情，不是土地的问题。⑦那么，为何近一时期植棉业大大衰退，府县志书不见记录。考之史籍，我们可以明显发现一点，在植棉业衰退的同时，另一经济作物的种植面积在大大扩展，那就是罂粟。这一时期这些州县第一大宗出境货品无一例外都是鸦片。陇州种植，岐山种植，扶风更多。岐山、扶风所产鸦片不仅供本地、本省使用，且发直隶、山西、河南，成为县中仅有的数品大宗出境货物。扶风县是"近日狃于烟土之利，罂粟之种，几于比户皆然"⑧。当时的人以"扶土瘠狭，无多产，以易他地之财，得罂粟之种而商务稍兴，或以为扶风幸"⑨。在这种情况下，罂粟的种植只会疯狂地扩张，挤占农田自不可免。

① 雍正《重修凤翔县志》卷 3《物产·货属》，北京大学图书馆编：《北京大学图书馆藏稀见方志丛刊》第 70 册，北京：国家图书出版社，2013 年，第 132 页。

② 道光《汧阳县志》卷 1《地理志·物产·货类》，凤凰出版社编选：《中国地方志集成·陕西府县志辑》第 34 册，南京：凤凰出版社，2007 年，第 309 页。

③ 宣统《郿县志》卷 18《物产》，凤凰出版社编选：《中国地方志集成·陕西府县志辑》第 35 册，南京：凤凰出版社，2007 年，第 509 页。

④ 民国《宝鸡县志》卷 12《风俗》，凤凰出版社编选：《中国地方志集成·陕西府县志辑》第 32 册，南京：凤凰出版社，2007 年，第 370 页。

⑤ 光绪《扶风县乡土志》卷 2《物产篇第十二》，台北成文出版社编：《中国方志丛书·华北地方》第 273 号，台北：成文出版社有限公司，1969 年，第 94 页。

⑥ 光绪《陇州乡土志》卷 14《物产》，国家图书馆地方和家谱文献中心编：《乡土志抄稿本选编》第 6 册，北京：线装书局，2002 年，第 248 页。

⑦ 光绪《陇州乡土志》卷 14《物产》，国家图书馆地方和家谱文献中心编：《乡土志抄稿本选编》第 6 册，北京：线装书局，2002 年，第 248 页。

⑧ 光绪《扶风县乡土志》卷 2《物产篇第十三》，台北成文出版社编：《中国方志丛书·华北地方》第 273 号，台北：成文出版社有限公司，1969 年，第 96 页。

⑨ 光绪《扶风县乡土志》卷 2《物产篇第十三》，台北成文出版社编：《中国方志丛书·华北地方》第 273 号，台北：成文出版社有限公司，1969 年，第 96 页。

虽然不能说仅仅因为种植罂粟而使凤翔府的植棉业走向衰退，但在有限的耕地中，罂粟的大面积种植肯定要挤占部分棉田，使之趋于萎缩，这应是无可否认的事实。

第二，洋纱、洋布的倾销，使得陕棉在市场的占有率明显减少。

中英《南京条约》签订以后，中国开放五口通商，外国商品打入中国市场，机器大生产引进，外来洋棉、洋纱在中国市场倾销。由于洋棉与洋纱为机器大工业生产，产品质量与产出率均高于手工纺织品，价廉而物美的洋棉、洋纱挤入中国市场，使陕西棉花市场占有份额明显降低。从本省来说，清后期陕西各州县大多输入洋棉、洋布。关中地区华州"输入品……洋布、洋纱、巾扇、钮扣、绸货来自西安"①。鄠县"洋布、洋斜，由省城陆运至鄠，每年约销二、三千匹"②。富平县"入境之货……洋布、斜纹、羽缎、川绸、褐子约共十万余匹。（俱陆运入境）"③。陕南地区城固县"洋布、洋缎、海产食品等项，由湖北水运入境销行"④。汉中府"运入货物以棉布、洋布、竹布、洋缎、磁器为大宗"⑤。镇安县是陕南地区较贫瘠的州县，此地百姓织的布也有许多是购买洋纱织成的。⑥这些记载在各州县乡土志中比比皆是，而此一时期，经陕西运入西北各省的更多。据统计，宣统二年（1910年），由外地运入陕西的洋纱为100捆，其中经过陕西转销西北各省的有70捆；运入陕西的洋布有120捆，其中经过陕西转销西北的有100捆。⑦因此，本省棉花在本省以及西北省区已失去了部分销售市场。另外，鸦片战争以前，陕西关中所产棉花，尤其凤翔府所产棉花大多销往汉中与四川省。1876年，中英《烟台条约》签订，内陆开放宜昌、重庆为商埠，洋纱泛滥，四川织布所用棉线"一律改用洋纱洋线"，"陕花遂不入川"。⑧这样，陕棉在四川又失去了销售市场，鸦片战争以后，凤翔府的植棉业急剧衰

---

① 光绪《华州乡土志·商务》，燕京大学图书馆编：《乡土志丛编》，1937年，第63页。

② 光绪《鄠县乡土志·商务》，燕京大学图书馆编：《乡土志丛编》，1937年，第9页。

③ 宣统《富平县乡土志·商务》，陕西省图书馆编：《陕西省图书馆藏稀见方志丛刊》第9册，北京：北京图书馆出版社，2006年，第350页。

④ 光绪《城固县乡土志·商务》，燕京大学图书馆编：《乡土志丛编》，1937年，第28页。

⑤ 光绪《南郑县乡土志·商务》，陕西省图书馆编：《陕西省图书馆藏稀见方志丛刊》第14册，北京：北京图书馆出版社，2006年，第552页。

⑥ 光绪《镇安县乡土志》卷下《物产·商务》，《乡土志丛编》第2辑，陕西省图书馆影印本，第79页。

⑦ 〔日〕东亚同文会编：《支那省别全志》第7卷《陕西省》，东京：东亚同文会，1917年，第652—654页。

⑧ 仇继恒：《陕境汉江流域贸易表》卷上《入境货物表》，《丛书集成续编》第42册，上海：上海书店出版社，1994年，第778页。

退，这应是其中的一个主要原因，也是陕西棉农改植棉之地种植罂粟的一个外在原因。

晚清陕西的罂粟种植面积有多少？据光绪三十二年（1906 年）统计，全省种植罂粟 53 万余亩。①从光绪三十一年（1905 年）至三十三年（1907 年）全国产量来看，三年中，四川产 153 112 担，贵州产 36 732 担，云南产 31 452 担，陕西产 29 646 担，山西产 28 184 担。陕西年产鸦片名列全国第四位，仅次于四川、贵州、云南。陕西本省每年销售鸦片 4652 担，大部分销往外省。②

三、棉种改良：晚清民初关中棉区的空间格局

光绪三十年以后，陕西植棉业发生了重要的变化，其标志便是棉花品种的改良。光绪以前，陕西省所种棉花俗称为"乡花""布花"，或"土花""茧花"，学名大陆棉或亚洲棉。这种棉花棉株低矮，结桃小且少，棉花的纤维粗且短，产量也低，每亩多者可收籽棉三十斤，少者只收十余斤。鸦片战争以后，由于外国资本的侵入，机器大工业生产开始引进，这种纤维粗短的棉绒无法适应机器棉纺织业的要求。因此，外国和本国的棉纺织业资本家和棉花商人乃至清朝政府均致力于引进棉株较高，桃多桃大，产量高而纤维长的海岛棉，或称美洲棉，陕西俗称"洋花"。

洋花引入陕西的时间，以往均认为在辛亥革命以后，李之勤先生将之定为"宣统以前的光绪年间"③，但具体时间仍不明确。据民国《鄠县志》载，"衣料则有棉……清光绪初，鄠产多乡棉，俗名乡棉。嗣后洋棉输入，俗名洋花，茎高实大，收数优于乡棉，故种者多。至宣统间，洋棉遂普及而乡棉日少"④。这则史料明确记载洋棉引进鄠县大约在光绪年间，而广泛普及应在宣统以后。鄠县如此，关中其他产棉州县怎样？对此记载较详的应属纂修于宣统年间的《泾阳县志》，泾阳县是陕西植棉大县，其洋棉的推广过程当具有一定的普遍意义。据之可以看出洋棉的引种过程及其经济收益。

---

① 李文治编：《中国近代农业史资料》第一辑（1840—1911），北京：生活·读书·新知三联书店，1957 年，第 906 页。
② 《丞寥厅奏查明各省洋药进口土药出产及行销数且酌拟办法一折》，中央第一档案馆藏，转引自田培栋：《明清时代陕西社会经济史》，北京：首都师范大学出版社，2000 年，第 119 页。
③ 李之勤：《鸦片战争以后陕西植棉业的重要变化》，《西北历史资料》1980 年第 3 期，第 79—86 页。
④ 民国《重修鄠县志》卷 1《物产第七》，凤凰出版社编选：《中国地方志集成·陕西府县志辑》第 4 册，南京：凤凰出版社，2007 年，第 132 页。

泾阳产棉分二种，芒韧而实下垂者曰布花，其絮坚而可耐久。芒松而实仰开者曰洋花，其色白而利于售，子皆可以榨油，乡民习种布花数亩、数十亩不等。每亩俭者收十斤，丰亦不逾三十斤。自洋花之种输入，则又胶执中外之私见，托言物土之异宜，徘徊观望，而洋纱洋布已畅行于东南矣。试一种之，较土花相倍蓰，若粪肥土润有收及百斤者，于是贾客争购，布花为之减色。去秋霖雨，禾稼被损，而洋花一亩尚得棉三十斤上下。邑里经兵燹五十一年，生计萧条，元气未复，而春征届期，不匝月而即收三分之一，起运为通省冠，较邻封之数亦最钜，是皆编户售棉所得豫储耳。否则追呼鞭扑，民有死而已；将何术以应之乎！计自光绪二十三年始，县境出棉五十三万三千有奇（据申报清册）。三十二年增至三倍。今（宣统三年）又倍增矣。宣统元年，每（百）斤售银十七八两至二十两，二年百斤售银十二三两至十五两。闻诸棉商曰：棉之利大矣哉。每百斤以银十三两，率之运汉（口），厘捐则价倍，化为纱布，则价倍，南往北来，则价倍，本一而倍之三。今若于产棉之区，设机而纺之，而织之为纱为布，而贩运听之，则衣被天下不难矣，区区一邑之利云尔哉。[①]

泾阳县洋棉栽种有一段较长的接受过程。从最初拒绝，之后徘徊观望，进而"试一种之"，以后又"粪肥土润"，最后大面积推广，这应是科技推广的普遍规律，尤其在封建时代保守闭塞的陕西省区，这一过程尤显漫长。然而，结合鄠县棉花引种记载，可以肯定地说，至少在光绪初年，关中地区已开始引进洋棉种植技术，此时"洋纱洋布已畅行于东南矣"[②]。在时间上，陕西已落后许多。但是，洋棉引种不能代表推广普及，结合泾阳县上则史料所列三组数字，应该说，光绪二十三年（1897 年）全县产棉 53.3 万斤，此当为洋棉尚未推广前的全县棉产数额。九年之后，也就是光绪三十二年（1906 年），全县棉产增至三倍，达 159.3 万斤，棉花的推广收到了良好的效益。至宣统三年（1911 年），泾阳县棉花产量再翻一番，达 300 余万斤。这应是洋棉普及以及棉田扩大的双重效益，因此，本书以为应将陕西洋棉引种与普及时间分开，因为只有将两者分开，

① 宣统《重修泾阳县志》卷 8《实业志·农田》，凤凰出版社编选：《中国地方志集成·陕西府县志辑》第 7 册，南京：凤凰出版社，2007 年，第 480 页。
② 宣统《重修泾阳县志》卷 8《实业志·农田》，凤凰出版社编选：《中国地方志集成·陕西府县志辑》第 7 册，南京：凤凰出版社，2007 年，第 480 页。

才有利于我们更准确地分析、利用晚清时期各县相关统计资料。对陕西来说，洋棉引种可以说在光绪初年即开始进行，但其普及时间则应在光绪三十年以后了。

棉花品种的改良是清末陕西植棉业发展过程中的一件大事，它给棉农带来了经济收益，也提高了棉农生产的积极性，陕西植棉业出现了一个短暂的发展高峰。关中地区土质较佳，气候温和，非常适合洋花生长，产品的品质亦高，受到东南省区各大工厂的欢迎。"陕棉在国内各市场，占有相当地位，各纱厂亦特别欢迎。盖因陕棉纤维细长，撚曲数多，可纺较细之纱，且费花甚少故也。"①这种新的棉花品种开始在关中地区普及，并改变了输出渠道，由运销西北及四川改为供应东南省区各大工厂。史载，"山陕豫鲁直各省棉产日益增多，自1895年起至1900年，上海各厂所需原料，大半仰给于上述诸省及浙江省"②。1899年开工的南通大生纱厂也以陕棉为其原料的重要来源之一。③这样，陕西的植棉业在技术改良与品种更新推动之下，又焕发出新的生机，在全国棉花市场当中占有一席之地，"中外棉商，及纺织工厂，无不知陕棉之名"④。民国八年、九年，虽灾祲不断，陕西仍"居全国棉产省份之第四位"⑤。

四、烟进棉退：民国初期"烟亩税"与陕西鸦片种植

进入民国以后，陕西的经济与社会结构没有根本性的改变，以农为主决定了"其农作物之丰歉，关系该省民生之重大，较他省为尤甚"⑥。由于远离东南沿海，陕西近代化的发展程度始终较低，因此，工业不兴，商业不振，传统经济发展模式与传统农村生活方式保持不变。而政治上的动荡不宁又不断带来经济上的盘剥。辛亥革命以后，袁世凯派其亲信陆建章入陕，陕西成为北洋军阀控制的地方。1916年陕西革命党人讨袁逐陆成功，陈树藩就任陕西护国军总司

① 陕西实业考察团编辑，陇海铁路管理局主编：《陕西实业考察·工商》，上海：上海汉文正楷印书局，1933年，第439页。
② 章有义编：《中国近代农业史资料》第二辑（1912—1927），北京：生活·读书·新知三联书店，1957年，第147页。
③ 陈翰珍：《二十年来之南通》（下），《南通日报》，1930年，第5页。
④ 陕西实业考察团编辑，陇海铁路管理局主编：《陕西实业考察·工商》，上海：上海汉文正楷印书局，1933年，第434页。
⑤ 铁道部业务司商务科编：《陇海铁路西兰线陕西段经济调查报告书》第4章《棉业与棉产》，1935年，第49页。
⑥ 陕西实业考察团编辑，陇海铁路管理局主编：《陕西实业考察·农林》，上海：上海汉文正楷印书局，1933年，第77页。

令，掌握了全省的军政大权。陈树藩本身就是一个投机分子，督陕期间，陕西的政治更加黑暗。1921年6月，阎相文率冯玉祥部攻占西安，陈树藩被赶出了陕西，阎相文就任陕西督军，但时隔不久即自杀而死，从此陕西进入长达六年的军阀混战时期，这中间冯玉祥（1921年8月—1922年4月）、刘镇华（1922年5月—1925年2月）、吴新田（1925年2月—7月）、孙岳（1925年8月—1926年1月）、李虎臣（1926年1月—11月）轮番督陕，陕西省政权进入频繁更迭的阶段。军阀混战、民不聊生成为这一时期陕西政治经济状况的集中写照。

各军阀势力为扩充地盘，不断加重陕西的赋税征收，"架床叠屋，巧立名目"[①]，致使"陕西农民生活至苦，即在大有之年，亦不易暖衣饱食，若遇旱灾，则□草根咽土饭，坐以待毙"[②]。军阀们急于敛财，发展势力，再次将目光投向鸦片种植。罂粟利大，"种罂粟之利数倍于五谷"[③]。民国三年（1914年），陆建章督理陕西军务，次年与同伙吕调元由甘肃暗运罂粟种子，派人分赴各县，并派军队保护，逼民种植。民国九年（1920年），陕西督军陈树藩与省长刘镇华委派40多个劝种烟委员分赴各县，力劝农民种烟，宣布种烟一亩，要一次征收大洋30元的税金。[④]鸦片虽为毒品，但价值很高，可以保证农民现实的收入。民国年间陕西民户赋役繁重，农产收益低微，食用缺乏，生计维艰。曾有人比较种粮和种烟的收入，"如有田二亩，用以种粮，每年可得二十元，尚不足以完税，如种鸦片，可得百元，即能盈余五六十元"[⑤]。这种情况下，贫困的农户不得不放弃种粮与棉，而改种罂粟，因此民国年间陕西罂粟种植比之晚清更有过之。

罂粟的种植直接挤占棉田，并导致陕西棉花种植的衰退。罂粟与棉花均属经济作物，需要上好水田才能保证收获良好，且颇耗地力，费时费力。因此，民国年间，蒲城农人有"三虎"之说，"三虎云者，即棉为白老虎，罂粟为黑老虎，西瓜为水老虎。盖此三者，获利多，而风险亦大，气候偶或不适，则将一无所获，故以老虎称之也"。[⑥]这样，陕西一直以来多半以罂粟易植棉之地，据

---

① 西安市档案局、西安市档案馆编：《陕西经济十年（1931年—1941年）》，西安市档案馆内刊，1997年，第88页。

② 西安市档案局、西安市档案馆编：《陕西经济十年（1931年—1941年）》，西安市档案馆内刊，1997年，第88页。

③ （清）鲍源深：《请禁种罂粟疏》，《道咸同光四朝奏议》，台北：商务印书馆，1970年，第3100页。

④ 马模贞、王玥、钱自强编著：《中国百年禁毒历程》，北京：经济科学出版社，1997年，第22—23页。

⑤ 董成勋编著：《中国农村复兴问题》，上海：世界书局，1935年，第48页

⑥ 王劲草：《陕东十二县农业调查报告》，《中农月刊》1944年第8期，第63—108页。

抗战以后国民政府对陕西棉田的统计，陕西棉田大幅增多，主要是罂粟之田再度转为棉花之地。1935 年，关中地区"以前种烟之地，在可能范围之内，多半改种了棉花，因为鸦片价值较昂，若是改种价贱的粮食，未免太不合算，棉花的利益，毕竟厚些……不但种棉的人，可以直接收到利益，此外如运送，轧花，打包等等，间接可以养很多人"①。当时就有人说，"陕西棉田之激增，实禁绝烟苗之力居多"②。

鸦片泛滥不仅导致陕西棉田种植面积减少，更重要的是对棉花技术支持减少，并导致棉花品种的退化。自光绪以后陕西一直致力于棉花品种的改良，而新棉种引种是需要一定技术力量支持的。对棉种的培育，籽种保存最为重要。"棉花为常异交作物，若不严密管理，难免不无混杂劣变之现象，及良种退化，应于棉作开花及形态已固定之际，举行去伪去劣。即将田内不良棉科先行拔去之谓，在已成之品种中，淘汰劣本之棉株，以维持其纯粹与整齐。可以杜绝劣株之繁殖，及防止劣本与其它良本杂交，以免退化之劣性遗传于后代。"③这些技术上的指导与棉种的培育都需要一定的投入，然而民国年间陕西政局动荡，军阀势力忙于自己地盘的扩充，没人真正关心农业的发展，全省各项经济建设几乎停顿。民国十年（1921 年）以后，陕西棉业大幅下滑。据民国二十二年陕西实业考察团调查，"近数年来，陕省棉田减少，产量降低，品质不如昔日之佳，在国内所占地位，亦渐趋下"④。原因何在？棉花品种的退化是其中最主要的原因。"查陕省棉田，除灵宝棉种外，在二三十年前，即有美棉屈理斯种等之输入。其初品质甚佳，纤维细长，称誉一时，产量亦高，每亩恒产花衣四五十斤。近则纤维短劣，每亩产量，亦减至三十斤以下。自十八年灾荒后，中外人士，及公私机关等，分给农民之各种美棉，种类愈多，混杂亦愈甚。此行在关中区棉田内所见，即为混杂之种。夫中美棉种之互见，尚易分别，若美棉之自身混杂，益难辨认。然棉种因混杂而劣变，则无疑义，此为今日陕西棉作上之重要问题，不可不注意者也。"⑤由于棉种退化，产量减少，加之灾祲不断，农民揠苗助长，使之成品品质下降，进一步失去市场竞争力，而同期河南、山西等省的棉业又

---

① 殷铸夫：《陕西见闻之实录》，《西北问题季刊》1935 年第 4 期，第 91—113 页。

② 刘阶平：《陕西棉业改进之检讨》，（民国）《国闻周报》1936 年第 26 期，第 20 页。

③ 黎小苏：《陕西棉花之栽培概况》，《陕行汇刊》1943 年第 1 期，第 20—31 页。

④ 陕西实业考察团编辑，陇海铁路管理局主编：《陕西实业考察·工商》，上海：上海汉文正楷印书局，1933 年，第 439 页。

⑤ 陕西实业考察团编辑，陇海铁路管理局主编：《陕西实业考察·农林》，上海：上海汉文正楷印书局，1933 年，第 78 页。

有大幅进步，这些都决定了陕西棉业衰退的命运。陕西实业考察团曾对当时这一现象有着相当的调查，载："查棉种初入陕时，产量极丰，普通棉田，每亩产棉四五十斤，优良上田，每亩产量有至百斤者。就此次调查所得，近数年每亩产量，超出五十斤者，实居少数，此则可以证明陕棉产量之减少。且连年荒旱，人民急于收获，不待棉茧开裂，即行摘下，甚至连株拔去，晒于场圃，令其开放。殊不知茧虽长大，内部纤维，尚未十分长成，致使纤细品质变劣。年复一年，品质日益不良。其次如灾后人口之死亡，农具棉种之缺乏，以及地主佃户，视种棉不能增加本身收入，多改图其他较能获利之经营，皆为陕棉退化之原因。"①陕棉的退化导致农民更加种烟而不种棉。

五、抗战时期关中粮棉生产的政策保障与棉业复兴

1931 年九一八事变，日本的铁蹄开始踏入中国。国民政府为保障内陆经济的发展，开始将政策重心转向西部。1931 年 5 月，国民政府建设委员会拟定了内容浩繁的《开发西北计划》，民国开发西北的序幕也就此拉开。南京政府随后又通过了十几个有关西北问题的决议案，包括《开发西北案》《救济陕甘案》等。

民国二十年（1931 年）十二月，陕西省建设厅成立农业推广委员会，派员赴长安、临潼等五县，督导人民组织信用消费及灌溉等合作社，并示范农田适肥施用等项事宜。民国二十三年（1934 年）陕西棉产改进所成立，为推广棉业，在泾阳杨梧村设立棉作试验场，大荔边张营设立分场。泾阳棉场偏重试验研究，大荔分场偏重繁殖良种。陕西棉产改进所在高陵县康桥马村租地设立繁殖场，以备繁殖良种。在积极引进美棉的同时，陕西农业专家也尝试着培育自己的棉花品种。抗战以后陕西省当局为集中农林事业，于二十七年（1938 年）十月裁并机关，改组陕西省农业改进所，原定全年经费十二万元，但后经中央及省政府补助二十余万元，声势为之一振，大大促进了近代陕西农业技术的发展。

民国二十八年（1939 年），陕西省致力于棉田面积的推广工作，以良种棉取代当地土棉，当年推广良种 25 万亩，民国二十九年（1940 年）推广 94 万亩，至民国三十年（1941 年）推广至 126 万亩。据历年对泾惠渠灌溉地所种斯字棉的调查，每亩可产皮花 100 斤，而本地小洋花则每亩仅产三四十斤，故凡换种四号斯字棉，一亩即可增收皮花至 50 斤。因此，自民国二十五年（1936 年）

---

① 陕西实业考察团编辑，陇海铁路管理局主编：《陕西实业考察·工商》，上海：上海汉文正楷印书局，1933 年，第 439 页。

四号斯字棉所种一千亩，至三十年为止已推广到一百万亩（表4-6），突破全国良种棉推广的纪录。德字棉产量虽稍逊于斯字棉，但适于多雨区域，故改在陕南洋县、城固、西乡、南郑推广，成绩亦不菲。这一时期陕西省还开设泾惠、兴平、渭南、长安四号斯字棉棉种管理区，以及洛惠、城固两个德字棉棉种管理区。其他主要产棉县，分设棉种推广区。全省宜棉之区，普设示范棉田，对推动陕西植棉业的发展具有重大的促进作用。

表 4-6　民国二十五年至三十年陕西新棉种推广面积统计表 （单位：市亩）

品种	民国二十五年	民国二十六年	民国二十七年	民国二十八年	民国二十九年	民国三十年
四号斯字棉	1 210	12 910	42 766	199 641	852 006	1 022 150
七一九号德字棉	1 000	6 161	25 983	50 885	89 412	239 153
合计	2 110	19 071	68 749	250 526	941 418	1 261 303

资料来源：西安市档案局、西安市档案馆编：《陕西经济十年（1931 年—1941 年）》，西安市档案馆内部资料，1997 年，第 43 页。

而对于鸦片种植，1933 年，陕西省政府贯彻中央法令，彻底铲除烟苗，将全省县区划分为三期：第一期长安等 57 县至 1935 年均改种棉花；第二期咸阳等 16 县在 1935 年禁绝；第三期原定在 1936 年禁绝，后由中央禁烟特派委员会与陕西省政府共同决定，提前在该年春夏收烟后，即改种棉花或粮食。[①]民政厅及禁烟总局也随时派员赴各地宣传劝诫，使种植者了解政府有必禁之决心，而无敷衍之余地，从而让烟农彻底断绝侥幸心理，自愿改种其他作物。此时，代替罂粟的最主要农产即为棉花。同时，政府又调整烟亩加价税，过重的捐税也迫使农民放弃种烟，选种棉花，因此当时就有人说，灾后"陕西棉田之激增，实禁绝烟苗之力居多"[②]。

与棉花品种改良的同时，陕西省主席杨虎城特邀著名水利专家李仪祉入陕，主持修复关中水利工程。李仪祉于 1930 年着手恢复引泾灌溉工程，到 1936 年先后主持完成了规模庞大、设计先进、管理科学、效益显著的泾惠、渭惠、洛惠、梅惠四大惠渠的修建。泾惠渠于 1934 年竣工，当年灌溉农田 453 061 亩，此后每年可灌礼泉、泾阳、三原、高陵、临潼等县田地 65 万亩。[③]泾惠渠全部

---

① 刘阶平：《陕西棉业改进之检讨》，《国闻周报》1936 年第 26 期，第 20 页。
② 刘阶平：《陕西棉业改进之检讨》，《国闻周报》1936 年第 26 期，第 20 页。
③ 水利水电科学研究院《中国水利史稿》编写组：《中国水利史稿》下册，北京：水利电力出版社，1989 年，第 428 页。

采用现代工业原料和水利工程技术修建，现仍为陕西最大水利工程之一，有效灌溉面积已达 130 多万亩。洛惠渠和渭惠渠亦先后于 1937 年和 1938 年竣工。其他各惠渠在以后十余年间次第修成（名称和工程规模均有所变迁），并增修了涝惠渠、黑惠渠等（表 4-7）。这些灌渠，特别是 20 世纪 30 年代建成的关中四大惠渠，为陕西农业摆脱困境，推动陕西农业在抗战中的发展起了重要作用。这期间陕南汉惠、青惠、褒惠渠，陕北定惠渠也相继完成，到 1947 年，各灌区灌溉面积达 138 万亩。[①]李仪祉修建关中八渠，大大解决了关中平原的灌溉问题，土地质量也大为提高，据 1946 年的统计，渠区农产中因受水利之益而增产部分，占总产值的 33%[②]；经陕西省建设厅改良的棉花品种斯字棉推广后，关中泾惠渠区"因受渠水灌溉之益，产量甚丰，每亩产量高达七八十斤"[③]，甚至最高达到亩产皮棉 140 斤[④]，高出以前许多倍，因而，这种优质棉种易于为农民广泛接受，详见表 4-8。

表 4-7 民国年间陕西关中完成各渠农作物种植面积及产量

年份	渠名	灌溉面积/亩	种棉面积/亩	产量/担	种粮面积/亩	产量/石
1937	洛惠渠	500 000				
1941	梅惠渠	99 333			163 727	297 548
1942	泾惠渠	662 015	302 299	129 889	600 235	570 302
	渭惠渠	399 533	46 290	29 626	642 471	1 341 748
	黑惠渠	129 537	1 597	437	11 908	8 709
	汉惠渠	60 030			60 030	136 863（稻米）
	褒惠渠	144 003			84 008	243 623（稻）93 000（杂粮）

资料来源：陕西省政府统计室 1944 年编：《陕西统计手册》。

1940—1942 年，关中地区"三年共推广良种美棉 3 018 900 亩，内新领种者 253 550 亩，农民自留及自换种者 2 765 350 亩，论分布之区域，则自泾惠渠区各县，扩展至关中各主要产棉县份"[⑤]。到 1947 年，陕西的棉花几乎都是美棉的改良品种，"关中一带的斯字棉占 90%，播种面积占 270 万亩"[⑥]。在 20 世纪 30 年代初，陕省棉田不过万余亩，产皮花不过三四万担，但在 1934—1935 年，由于厉行烟禁，农民多改烟田为棉田，棉麦出现并驾齐驱的趋势。

---

① 张波：《西北农牧史》，西安：陕西科学技术出版社，1989 年，第 377 页。
② 周矢勤：《陕西省已成各渠之灌溉管理及其征收水费标准》，《陕政》1946 年第 11 期，第 14 页。
③ 鲍昭章：《陕棉购销近况及棉价问题之商榷》，《中农月刊》1944 年第 3 期，第 16 页。
④ 俞启葆：《关中植棉之考察》，《新西北》1940 年第 2 期，第 23 页。
⑤ 王桂五：《关中三年来棉种推广之检讨》，《农报》1943 年第 1—6 期，第 3 页。
⑥ 胡隆昶：《独步国内的陕省棉产》，《申报》1947 年 11 月 10 日。

表 4-8　民国时期历年陕西省植棉面积、皮棉产量及亩产量统计表①

年份	棉田面积			皮面产量			皮棉亩产量	
	全国/万亩	陕西/万亩	陕西占全国比例/%	全国/万担	陕西/万担	陕西占全国比例/%	全国/市斤	陕西/市斤
民国三年（1914 年）		210.6			80.1			38.0
民国四年（1915 年）		263.3			102.3			38.9
民国八年（1919 年）	3059.3	155.0	5.1	1056.3	35.5	3.3	34.5	22.9
民国九年（1920 年）	2623.1	118.9	4.5	789.8	34.4	4.3	30.1	28.9
民国十年（1921 年）	2612.8	222.8	8.5	635.2	50.1	7.9	24.3	22.6
民国十一年（1922 年）	3098.8	172.9	5.6	972.3	55.8	5.7	31.4	32.3
民国十二年（1923 年）	2736.7	152.1	5.6	835.9	54.0	6.5	30.5	35.5
民国十三年（1924 年）	2664.2	152.1	5.7	913.6	54.7	6.0	34.3	36.0
民国十四年（1925 年）	2604.0	121.9	4.7	881.5	90.3	10.2	33.8	74.1
民国十五年（1926 年）	2532.6	134.0	5.3	730.4	43.4	5.9	28.8	32.4
民国十六年（1927 年）	2556.7	133.6	5.2	786.0	41.9	5.3	30.7	31.4
民国十七年（1928 年）	2956.4	118.8	4.0	1034.2	31.0	2.9	38.0	26.1
民国十八年（1929 年）	3130.9	17.1		886.5	4.0		25.8	23.2
民国十九年（1930 年）	3481.1	111.9	3.2	1031.0	15.8	1.5	29.6	14.2
民国廿年（1931 年）	2929.5	151.8	5.2	748.8	40.5	5.4	25.8	26.7
民国廿一年（1932 年）	3435.4	130.8	3.8	948.4	18.5	1.9	27.6	14.1
民国廿二年（1933 年）	3746.0	195.1	5.2	1143.6	63.8	5.6	30.5	32.7
民国廿三年（1934 年）	4164.3	343.6	8.3	1310.6	117.5	9.0	31.5	34.2
民国廿四年（1935 年）	3243.3	338.6	10.4	952.7	93.8	9.8	29.3	27.7
民国廿五年（1936 年）	5205.1	388.0	7.5	1697.5	108.4	6.4	32.6	27.9
民国廿六年（1937 年）	5931.6	482.5	8.1	1271.4	106.8	8.4	21.4	22.1
民国廿七年（1938 年）	3370.2	380.4	11.3	843.2	105.5	12.5	25.0	27.8
民国廿八年（1939 年）	2534.1	280.7	11.1	656.6	97.5	14.9	26.0	34.7
民国廿九年（1940 年）	2827.1	270.6	9.8	676.7	86.9	12.8	23.9	32.1
民国卅年（1941 年）	3125.4	206.3	6.6	799.6	68.2	9.8	25.6	37.9
民国卅一年（1942 年）	3289.6	138.5	4.2	886.1	31.4	3.5	26.9	22.7
民国卅二年（1943 年）	2746.0	145.7	5.3	683.0	46.9	6.9	24.9	32.2
民国卅三年（1944 年）	2774.7	192.6	6.9	698.6	41.7	5.9	25.2	21.6
民国卅四年（1945 年）	2280.0	188.9	8.3	500.8	51.8	10.3	22.0	27.4
民国卅五年（1946 年）	2941.8	237.0	8.1	743.0	71.1	9.6	25.0	30.0

---

① 转引自赵汝成、陈凌江：《民国时期陕西的棉花生产》，《古今农业》1992 年第 3 期，第 46—47 页。

续表

年份	棉田面积			皮面产量			皮棉亩产量	
	全国/万亩	陕西/万亩	陕西占全国比例/%	全国/万担	陕西/万担	陕西占全国比例/%	全国/市斤	陕西/市斤
民国卅六年（1947年）	3886.1	267.0	6.9	1102.3	96.6	8.8	28.0	36.2
民国卅七年（1948年）	3712.0	302.2	8.1	1012.0	105.8	10.5	27.3	35.0
民国卅八年（1949年）		308.0			86.2			28.0

资料来源：全国数来自冯泽芳编著：《中国的棉花》，北京：财政经济出版社，1956年，第24页。并采取四舍五入法。民国三年、四年陕西数来自许道夫编：《中国近代农业生产及贸易统计资料》。民国八年陕西数来自郝钦铭：《棉作学》，上海：商务印书馆，1949年。面积系由总产推算的。其余来自中央人民政府编：《中国农业统计资料》，1950年。

六、制度空间：种植业结构变迁及其作用机制

中国传统经济一直以自给自足的自然经济为主，这样的制度模式也就决定了农家生产的自给性。明清以后，随着中国传统经济商品化趋势越来越强，小生产者投放到市场上的商品数量也越来越多，在江南与华北地区这样的小商品生产表现非常明显，西北内陆省区虽不比江南，但在农业经济发达的地区也逐渐开始分化，关中平原即其一。

终清之世，陕西的农业贯彻以粮食种植为主，以棉花与油料等经济作物种植为辅的农业发展政策。粮食是农户主要的生活之资，棉花与油料等经济作物同样为保障小农自家的需求。一则作为农家生活支撑，再则在有限的耕地中，挤出部分农地进行经济作物的种植，可以收到更丰厚的收益，成为农家赋税交纳以及满足其他生活之需的重要经济来源。

清初，各地经济都处在逐渐恢复时期，清政府一贯贯彻的自给自足、男耕女织自然经济的发展路线决定了陕西棉花种植的普遍发展格局，农家为保证基本的衣食之需，在不适宜植棉之地也种植起棉花，政府鼓励与政策导向成为其中主要原因。

清中期以后，由于各地经济发展、商品流通与交易的频繁，农民开始更加合理、经济地安排自身的种植结构，关中地区宜棉之区大量植棉，以求得收益增加，而陕北、陕南地区则多以粮食种植为主，与关中地区形成经济上的互补，各取所需，也能够收到更丰厚的收益，这是陕西传统制度条件下农业经济发展

的必然结果。

1840 年鸦片战争以后，中国经济经历了一个历史性的转折，清政府开放烟禁，不再禁食鸦片，同时内地种植罂粟也进一步合法化。在政府政策支持之下，内陆省区为改变长期入超以及财政上的困难局面，开始引种罂粟，陕西成为当时全国重要的罂粟产区。而棉花则在洋棉、洋纱市场进逼之下，逐渐退出了历史的舞台，虽经晚清有识之士致力的品种改良，但种植面积与清时仍不能比拟。

辛亥革命推翻了清王朝的统治，政治体制的变革成为这一时期最重要的历史转折，内陆省区同样被卷入这种改革的大潮，但是随之而来的并不是新制度的更新与新政权的确立，相反军阀混战、民不聊生成为这一时期的历史写照。各方军阀为扩充军备，均致力于推广罂粟，无所不用其极，以至关中地区刚刚发展起来的洋棉引种再次受挫。民国十七年（1928 年）陕西大旱，此后形成旷古罕见的大灾荒，各方人士纷纷指责地方军阀的穷兵黩武，以及罂粟种植所带来的农业衰退。但是，天灾并不能阻断百姓种植鸦片，灾荒过后，陕西的罂粟种植不但没有减少，反而更多了，灾后农民"得了天雨能下种，不去种麦，还是种鸦片"[①]。原因何在？罂粟产值高，收入有保障，很多烟农已经习惯于种植罂粟，"若无适当之替代品，人民生计，势必恐慌"。[②]在当时，有识之士不管如何呼吁，仍不能阻止鸦片的种植。

抗战爆发以后，西北的政治局面有所改观，国民政府将西部地区作为抗战后方重点建设。陕西自然也成为西北开发的重点区域，国家政策的调整，新经济制度如农村贷款、农业合作社制度的引进，以及对于棉花新品种的引进与改良，这些制度支持成为陕西棉业复兴的动力所在。因此，1933 年以后陕西植棉面积直线上升，1937 年陕西棉田面积达到 5931.6 万亩，比民国十五年、十六年翻了一番还多。

制度与政策性因素在清至民国陕西经济作物棉花与罂粟种植关系当中起到了决定性的作用。应该说这种作用机制在黄土高原复杂的地貌区是非常普遍的，黄土高原地区经济条件有限，经济发展空间较小，促进本地经济发展的外在影响因素有时作用是非常大的，这一点与同期的江南、华北区别尤大，是我们在研究时需要重视的经济现象。

---

① 李协：《怎样督劝农民自动不种鸦片》，《新陕西》1931 年第 6 期，第 76 页。
② 高良佐：《西北随轺记》，中国西北文献丛书编辑委员会编：《西北民俗文献》第 13 卷，兰州：兰州古籍书店，1990 年影印版，第 141 页。

第三节　风俗所见黄土高原土地利用方式的差异

陕北黄土高原是我国黄土高原的重要组成部分，它位于北纬 35°20′30″—38°24′，东经 107°41′—110°47′，北接长城沿线风沙滩地区，东隔黄河与山西相望，西连子午岭与甘肃省相邻，南面大致以梁山、黄龙山为界与关中盆地相接，包括榆林地区的清涧、绥德、子洲、米脂、吴堡、佳县、神木、靖边、定边、府谷、横山和延安市的子长、延长、延川、安塞、志丹、吴起、甘泉、洛川、富县、黄陵、宜川、黄龙、宜君等 24 个县区，总面积 43 578 平方千米，占全省面积的 22.2%。陕北地域广阔，各地微地貌差异很大，可进一步划分为北部风沙草滩区，西北部白于山区，中部黄土梁状丘陵沟壑区，东部黄土残塬沟壑区，中南部黄土塬梁沟壑区和南部土石低山区等。北部风沙草滩区，大体位于长城沿线，定边、靖边、横山、榆林、神木北部，是毛乌素沙地的组成部分。西北部白于山区，大体位于今天的定边、靖边、吴起、志丹等县境，是厚层黄土覆盖的梁状山地，海拔高，气候温凉半干旱。中部黄土梁状丘陵沟壑区，大抵位于府谷、佳县、米脂、子洲、绥德、子长、安塞、延川、延安市等县市，由黄土梁和黄土峁组成，沟壑纵横，密度较大，地形支离破碎，水土流失严重。东部黄土残塬沟壑区，主要分布于延长、宜川两县境，主要由黄土梁与黄土峁组成。黄土残塬不多，大部分塬呈长条形，但本区热量资源丰富，无霜期长，生产水平较高。中南部黄土塬梁沟壑区，分布于延安地区的南部，位于北洛河中游的洛川塬构成本自然区的主体，大抵为甘泉、富县、洛川、黄陵的一部分。塬面较平坦，水热条件好，为重要的农业生产基地。南部土石低山区包括黄龙山—桥山自然区、崂山自然区、子午岭自然区等，大体位于富县、黄陵、洛川、宜君、黄龙等县境，为土石山地区，林木资源较为丰富，是陕北地区林业发展基地。[①]综合以上对陕北黄土高原地貌条件的分析，可以看到，这一地域综合自然条件极为复杂，作用于其上的土地利用也呈现出多种多样的特征，其复杂性

---

① 陕西师范大学地理系《延安地区地理志》编写组：《陕西省延安地区地理志》，西安：陕西人民出版社，1983 年，第 132—133 页；陕西师范大学地理系《榆林地区地理志》编写组：《陕西省榆林地区地理志》，西安：陕西人民出版社，1987 年，第 260 页。

光、热条件等诸多方面均不适宜棉花生长，大多州县不产棉花。如延长县，史载，"棉花不多种，惟川地爽垲为宜，苗不高长，结苞亦颇稀，花绒短，纺织不能，促工即成线，亦难细，所以地不织布，所需白蓝大布率自同州驮来，各色梭布又皆自晋之平绛购以成衣"①。牧业的发展又为当地解决了部分衣被资源问题，体现在服饰习惯上，衣着羊裘，就成为当地的一个特色。米脂县"羊，有二种，黑者名山羊，白者名棉羊，棉羊肉肥味腥，山羊较佳，皮皆可以为裘"②。清涧县"羊……家家畜之，岁剪其毛以为毡物"③。神木县羊为重要物产，由羊毛织成花罽，"五色班烂"远近闻名。④横山县人们的生活习惯则是"居则挖土为窑，衣则羊裘。食惟羊肉，人多嗜酒"⑤。靖边县"衣惟粗布羊皮，食为荞麦糜谷，往来酬酢，简亵无文"⑥。延安府城百姓在清前期男子大多无棉布衣服，因棉布价昂，"每岁出数石粟始成一件衣，且闻父老言，前数十年，乡人入城，大半戴毡笠，裘惟黑羊皮"⑦。可见，衣食住行等生活习俗与各地的生产方式、产业结构是分不开的。

那么，民国时期陕北各县牧业所占比例如何，这从风俗习惯上多少可以反映出来。

对于长城沿线各县，牧业在当地的土地利用中所占比例是相当大的，就分布地域来讲，且有自东而西逐渐扩展的趋势。据《延绥揽胜》载，榆林"喜啖羊肉，市有接踵之肉架，家有果腹之肉饭，屠夫满街，刀俎环列，无论步街入户，到处均腥膻扑鼻，羊骼埋涂，此榆城风俗之特别者也"⑧。神木县当地物产大半为牧畜产品，如"羔羊皮、山羊皮、牛皮、狐皮、驼绒、羊绒、羊毛、花

① 乾隆《延长县志》卷4《食货志·服食》，凤凰出版社编选：《中国地方志集成·陕西府县志辑》第47册，南京：凤凰出版社，2007年，第188页。

② 民国《米脂县志》卷7《物产志·动物》，凤凰出版社编选：《中国地方志集成·陕西府县志辑》第43册，南京：凤凰出版社，2007年，第351页。

③ 道光《清涧县志》卷4《物产》，凤凰出版社编选：《中国地方志集成·陕西府县志辑》第42册，南京：凤凰出版社，2007年，第80页。

④ 民国《榆林县乡土志·货属》，民国六年编、抄本，全国公共图书馆古籍文献编委会编：《中国西北稀见方志续集》第3册，北京：中华全国图书馆文献缩微复制中心，1997年，第83页。

⑤ 曹颖僧辑著：《延绥揽胜》上编3《陕北风俗各论·横山县》，榆林市黄土文化研究会、榆林市政协文史委员会2006年刊，第106页。

⑥ 曹颖僧辑著：《延绥揽胜》上编3《陕北风俗各论·靖边县》，榆林市黄土文化研究会、榆林市政协文史委员会2006年刊，第142页。

⑦ 嘉庆《重修延安府志》卷39《习俗》，凤凰出版社编选：《中国地方志集成·陕西府县志辑》第44册，南京：凤凰出版社，2007年，第277页。

⑧ 曹颖僧辑著：《延绥揽胜》上编3《陕北风俗各论·榆林县》，榆林市黄土文化研究会、榆林市政协文史委员会2006年刊，第90页。

毡"①等，它们既是神木县的特色产品，也是本县的输出产品，民国年间不仅销行本省，且远售蒙古、直隶、上海等地。横山县，史籍明确记载："农家多以畜牧牛羊为副业，故皮张绒毛出产颇旺。而横山的羊绒，号称紫绒，津晋商贾，每年多以重价收买，为出口货的上品。"②靖边县据《秦疆志略》记载，当地耕牧为业，除此"再无别业"，而妇女衣装都与此有关，当地娶亲，"无论冬夏，新媳冠狐弁，披羊裘，富者舆，贫者乘牡马"③。定边县，据方志记载："地宜畜牧，牛羊繁殖为农家主要的生产。"④保安县（今志丹县）更是"其地草场辽阔，到处可资畜牧，牛羊成群，孳乳孔繁"⑤。从以上记载可以看到，自榆林、神木、横山、靖边、定边、保安六县，大体自东而西，从地宜畜牧到畜牧为农家主要生产，到处畜牧，在地域分布上有着由农牧兼营、以农为主到以牧为主的转变，这是民国时期陕北沿边六县农牧分布的一个主要特征。

　　除沿边州县外，民国时期，陕北内陆州县也都不同程度地存在畜牧生产，牧业用地在土地利用当中仍占有一定比例，但这些州县大多是利用本地宜牧之地进行放牧，与沿边各县不同之处在于畜牧业所占比例不大，这在风俗习惯中也有体现。洛川县位于陕北腹地，距离关中较近，但日常生活中"冬日御寒，多衣羊皮……被褥等物，除棉布者外，并多毛毯、毛毡等"。⑥羊毛制品之所以成为洛川县主要被服用品，主要是因为这里存在一定的畜牧资源，畜牧业也较有地方特色。据民国《洛川县志》载，这一带"水草油细，所产羊皮，较之榆林一带为绒厚"，"毛毡多本地产，用以垫炕，并制冬日帽袜"。⑦民国年间洛川县牧业用地主要集中在本县东境，因"洛川地势，东北高，西南低，河流皆自东而西流入洛，故东境牧草丰盛，水源不缺，可终年放牧，牧地多分布于此"。⑧

① 民国《神木县乡土志》卷3《物产·货属》，燕京大学图书馆编：《乡土志丛编》，1937年，第6页。

② 曹颖僧辑著：《延绥揽胜》上编3《陕北风俗各论·横山县》，榆林市黄土文化研究会、榆林市政协文史委员会2006年刊，第108页。

③ 光绪《靖边县志稿》卷1《风俗志·习俗》，台北：成文出版社有限公司，1970年，第118页。

④ 曹颖僧辑著：《延绥揽胜》上编3《陕北风俗各论·定边县》，榆林市黄土文化研究会、榆林市政协文史委员会2006年刊，第140页。

⑤ 曹颖僧辑著：《延绥揽胜》上编3《陕北风俗各论·保安县》，榆林市黄土文化研究会、榆林市政协文史委员会2006年刊，第129页。

⑥ 民国《洛川县志》卷23《风俗志》，凤凰出版社编选：《中国地方志集成·陕西府县志辑》第48册，南京：凤凰出版社，2007年，第508页。

⑦ 民国《洛川县志》卷23《风俗志》，凤凰出版社编选：《中国地方志集成·陕西府县志辑》第48册，南京：凤凰出版社，2007年，第508页。

⑧ 民国《洛川县志》卷8《地政农业志》，凤凰出版社编选：《中国地方志集成·陕西府县志辑》第48册，南京：凤凰出版社，2007年，第159—160页。

往往非一般平原地区可比，因此，进行历史时期区域土地利用研究，其复杂程度也非其他地区可比。本书拟从社会风俗的角度来透视这一地区的土地利用特征，深化研究力度，以期对这一地区传统时期土地利用特殊性有更深入的了解。

一、衣、食习俗所反映的陕北地区牧业特征

社会风俗是生产方式的集中体现，作用于不同的土地利用之上的社会生产直接影响到各方民众的衣、食、住、行等生活方式，所谓"十里不同风，百里不同俗"，"一方水土养一方人"，无不反映了各地民风的差异，也是民风乡俗与土地利用方式关系密不可分的集中体现。

陕北地区地处黄土高原，北连蒙古，我国北方农牧分界线大体以长城为界，这一点史念海先生早已论述过。明清时期陕北黄土高原地区的生产主要以农业为主，但是，由于这一地区"天气高爽，盛夏不炎，无疹疠疫疫之患，土山浅垅，不勤稼穑，或卧或寝，各适其宜，则北山一地，固亦天然绝大牧场也"[1]。清至民国陕北大多州县都存在畜牧业人户，养羊是这里农户最主要的副业，有些还是主业。体现在当地的饮食习惯上，那就是食唯羊肉，它可以解决当地民众的部分食物来源问题。榆林因"地临蒙套，民俗喜食羊肉。平日家常便饭与款宴宾朋，均以烹羊调羹见长"[2]，同时期的神木县也是"饮食酬酢，羊肉、米面列为上品"[3]。地方偏南的肤施、延川等县也多如此，农家虽亦养猪，但在日常生活中，食用很少，大多用于祭祀供神或运出售卖。陕北安定县，"豕，人家多畜之，以供岁时庆贺，往来馈送"[4]。延长县"肉食多用羊，城乡人率喂猪出鬻，除敬神外，不轻宰杀，市屠春间时一宰，至夏秋冬或成月不见，户尽养鸡，客至必烹敬"[5]。这种饮食习惯的形成和当地牧业发展是分不开的。另外，就自然条件来说，陕北黄土高原海拔高，一般均在 900—1500 米，气候干燥、寒冷，

---

① 民国《续修陕西通志稿》卷 200《拾遗》，凤凰出版社编选：《中国地方志集成·省志辑·陕西》第 9 册，南京：凤凰出版社，2011 年，第 171 页。

② 曹颖僧辑著：《延绥揽胜》上编 3《陕北风俗各论》，榆林市黄土文化研究会、榆林市政协文史委员会 2006 年刊，第 88 页。

③ 曹颖僧辑著：《延绥揽胜》上编 3《陕北风俗各论》，榆林市黄土文化研究会、榆林市政协文史委员会 2006 年刊，第 96 页。

④ 道光《安定县志》卷 4《田赋志·物产》，凤凰出版社编选：《中国地方志集成·陕西府县志辑》第 45 册，南京：凤凰出版社，2007 年，第 44 页。

⑤ 乾隆《延长县志》卷 4《食货志·服食》，凤凰出版社编选：《中国地方志集成·陕西府县志辑》第 47 册，南京：凤凰出版社，2007 年，第 188 页。

洛川如此，与之相邻的其他州县也相去不远。宜川县日常生活中也是"被系棉装，褥多毛毡"①。中部县（今黄陵县）的民谣都能反映出当地人的农牧观念，如"七十二行，庄稼汉为强。放了三年羊，给官他不做……家有升合粮，不当小娃王……隔夜的金子，不胜当日的铜"。②中部县七十二行之中，除务农以外，养羊放牧是较受重视的职业。甘泉县农家多利用儿童放牧，"儿童年甫数龄，即以牧牛羊为事"。③肤施县则是"牛羊则到处成群，畜牧最盛"④。当地衣食住行中与牧业相关的风俗在陕北各县均有体现。

二、风俗所见陕北黄土高原地区的农业区域差异

陕北黄土高原在民国时期为农牧兼营之地。对于农业生产，普遍的汉族民众为主体的人口构成决定了它的农业特征。各县农户所占比例也是最多的。如甘泉县"邑俗类皆以务农牧畜为本，读书者稀少，亦不知事工艺商贾之业。士居十之一，农居十之九，工商居十之一"⑤；中部县（今黄陵县）"本境地脊民贫，人安乐土，凡士农工商之民皆以农业为重，为士而来兼于农恐俯仰不足，为工为商而不代于农恐饔飧不给，所以士不专士，其成名者仅增廪附生五贡而已，未成名者仍为农人，而增廪附五贡共计二百之数，农人甚多，凡工商之人，俟农隙之时，工则为土木石铁之业，商则为肩挑贸易之业，然人亦不多，究竟为商者悉属他境客籍，本境土著不过二十分之一也"⑥。陕北其他州县与之大体相当，但是由于地貌条件差异，各县农业生产的差别也是相当大的，在各县风俗中反映也相当明显。民国年间，陕北农业较发达的地域大抵在沿黄各州县，沿黄州县的农业土地利用率也是最高的。黄河及其支流无定河是陕北地区最大的河流，沿河川道农业生产一向发达。

沿黄州县自北向南包括府谷、神木、葭县、吴堡、清涧、延川、延长、宜

---

① 民国《宜川县志》卷23《风俗志》，凤凰出版社编选：《中国地方志集成·陕西府县志辑》第46册，南京：凤凰出版社，2007年，第460页。

② 民国《黄陵县志》卷18《风俗谣谚志》，凤凰出版社编选：《中国地方志集成·陕西府县志辑》第49册，南京：凤凰出版社，2007年，第376页。

③ 曹颖僧辑著：《延绥揽胜》上编3《陕北风俗各论·甘泉县》，榆林市黄土文化研究会、榆林市政协文史委员会2006年刊，第127页。

④ 曹颖僧辑著：《延绥揽胜》上编3《陕北风俗各论·肤施县》，榆林市黄土文化研究会、榆林市政协文史委员会2006年刊，第124页。

⑤ 《甘泉县乡土志·实业》，燕京大学图书馆编：《乡土志丛编》，1937年，第6页。

⑥ 《中部县乡土志·实业》，燕京大学图书馆编：《乡土志丛编》，1937年，第8页。

川八县。这八州县的河川谷道农业生产最为发达，也是陕北地区农业生产集中地域。据民国《延绥揽胜》各县风俗相关记载：

> 府谷地濒黄河，……城川阡陌纵横，树木丛生，园圃丰茂，在大自然界，有风景优秀之美观。形势雄壮，独擅陕北。埏埌广阔，土地较肥，边墙内外市镇，计十四区，有"金黄甫，银麻地"之称。其土壤在沿边六县中比较饶厚。
>
> （神木县）神境地处沙漠，西北瘠而东南饶肥。其田上上者，为沿黄河之沙峁与高家堡一带。高堡三面临渠，水田膏沃，民二十四年以前，系产烟最著之区，全县每岁输款逾二十五万元。至是民力疲敝，烟瘴满地，更经乡村破产，民多流亡。近年则烟禁森严，改种嘉禾，农村经济，始渐苏复矣。邑西沟长数十里，绿茵青丛，各流潺潺，到处水碾水磨，轧轧有声。
>
> （葭县）民多广种冬麦，入春节青蔚遍野。特民风勤苦，耕作精密均匀，芸田荷草亦更番不息，故播田少，而收获转多也。
>
> （清涧）清涧居秀延水滨，……其地土田，宜树艺果枣。县城以下，间种棉花，女习纺织，男勤耕耘，颇近古道。……善营农业，鸡鸭豚鹅，饲养称盛。
>
> （延川）延川与清涧毗连，地带秀延水，故是地风习与清邑稍近。
>
> （延长）此县地滨大河，山岳环峙，土质冲沃，最适农作。只以同治大乱后，生齿减，地旷人稀。比岁沿边各县，无地可耕者，群赴是地垦殖，生产余裕，成绩惊人。[①]

吴堡县还通过淤地坝工程肥田，大大提高了农业的土地利用率，既增加了田亩数量，又提高了产量。志载："吴邑南北稍长，东西狭隘，均各数十里耳。特地概平原，田亩肥饶，岁收农产，恒占邻县数倍。耕耘既精密省力，易致富。其民犁地，常于畎亩洼渠间，起棱拥坝，聚水漫田，积肥成地，不数年渠湮渐增，高度与原同等，面积益广，劣地反成良田。故阡陌纵横，平衍无垠，真乃治田者之特色。"[②]淤地坝技术在今天的陕北地区许多州县得到推广，就这一记载又

---

① 曹颖僧辑著：《延绥揽胜》上编 3《陕北风俗各论》，榆林市黄土文化研究会、榆林市政协文史委员会 2006 年刊，第 83—148 页。

② 曹颖僧辑著：《延绥揽胜》上编 3《陕北风俗各论·吴堡县》，榆林市黄土文化研究会、榆林市政协文史委员会 2006 年刊，第 120 页。

让我们看到，这一技术的采用至少可上溯到民国时期。民国年间在陕北普遍的农业技术较为落后的地域，仍然存在如吴堡这样农业技术相对成熟、农作发达的"孤岛"，这应是黄土高原土地利用地域差异性的最好证明。葭（佳）县与之大体相当，沿河川地精耕细作成为主要粮区，"农事以气候田力稍和，民多广种冬麦，入春节青蔚遍野。特民风勤苦，耕作精密均匀，芸田荷草亦更番不息，故播田少，而收获转多也"①。

无定河是黄河在陕北地区最大的支流，沿河川地宽阔平坦，土地肥沃，是陕北地区有名的米粮区。它所流经的米脂、绥德两县成为陕北著名的产粮大县。民国年间米脂、绥德两县成为供应榆林各地粮食、果品的主要产地来源。志载：绥德县"土质黄壤，田园膏腴．乃陕北各县中厥田上上之区。大理河涪川，有三皇峁盐田，周眰、三川沟煤矿，土地肥沃，树艺繁茂，居民多资沿河灌溉之益，耕稼利赖，百谷禾苗，恒占大有，故庄村殷硕，黎庶颇富。无定河川田居次。桃果梨枣，到处绿荫成林，蔚然宛如图画"②。米脂县："米邑居无定河川的中枢，……农产则树艺百谷，出产丰盛。而鸡鸭豚豕，鸡蛋果品之负贩榆林各地，均由绥米客户源源供给，产额当有可观。"③而榆林县南面，鱼河堡一带受无定河水灌溉之地也是重要的米粮川，志载："全县西北两面，多系沙碛，地力不毛，中有沟渠，川泽下泻，水田尚肥腴。其东南方有毛国、开荒、峁沟数川，与葭地犬牙错列，土质黄壤，地利耕稼，产粮较为丰富。南方则鱼河以下，地力更厚矣。"④这一地区是陕北黄土高原农业精耕细作区。

三、民俗记录中所见陕北林业资源与经济林带的分布

民国期间，陕北黄土高原的土地类型多样，土地利用方式也呈现出多样性与复杂性的特征。子午岭、黄龙山区在民国时期林木资源保存尚好，林地较多。处于这一区域的富县、宜君、洛川、黄陵各县均有相当面积的森林分布。据民

①　曹颖僧辑著：《延绥揽胜》上编 3《陕北风俗各论·葭县》，榆林市黄土文化研究会、榆林市政协文史委员会 2006 年刊，第 94 页。
②　曹颖僧辑著：《延绥揽胜》上编 3《陕北风俗各论·绥德县》，榆林市黄土文化研究会、榆林市政协文史委员会 2006 年刊，第 111 页。
③　曹颖僧辑著：《延绥揽胜》上编 3《陕北风俗各论·米脂县》，榆林市黄土文化研究会、榆林市政协文史委员会 2006 年刊，第 116 页。
④　曹颖僧辑著：《延绥揽胜》上编 3《陕北风俗各论·榆林县》，榆林市黄土文化研究会、榆林市政协文史委员会 2006 年刊，第 91 页。

国《黄陵县志》记载："县城北有黄帝陵寝，周围古柏六万余株，为良好森林。又西山由双龙镇至甘肃之正宁界，东西约二百余里，树木丛杂，实为一大林场，其中以松杨树为最多……多运至同官富平耀县及蒲城白水等县销售。"[①]黄陵县从地理位置来看，正处于子午岭和黄龙山之间，民国年间林区面积还是相当可观的。位于黄陵县西北方向的洛川县在清末至民国初年，群众自发植树造林，封山育林，其县东北山区成片的森林面积日益扩大，至民国二十年（1931年）达20余万亩[②]，当时由于黄龙垦区独立设治，原洛川县的大面积山林已独立出去，但本县仍能自发造林，确是难能可贵的事情。另外，民国时期陕北地区社会动荡不安，土匪出没，人口相对稀少，这种情况也使得本地林地恢复较好。如宜君县，曹颖僧等人考察其间记录："田野荒芜，荆榛遍野，飞禽走兽，结队成群。吾人旅经其境，目睹山雉白雕、麋鹿黄羊，到处狼奔豕突，踯躅横行，即知此地为野兽繁育的渊薮。故陕北人常有'宜君的枪手，百发百中'之谚。由此推之，则是地人打猎围射之妙技，可觇一斑矣。"[③]良好的森林植被造就了当地人多样的生活风习，使宜君的枪手也成为远近闻名的"神射"。这种习俗不仅在宜君县存在，与之相邻的中部县（今黄陵县）也与之大体相当。《延绥揽胜》有记，县境"树木盛产松、柏、核桃、柳、桐、椿、柽。桥陵古柏满布，质理致密，赤红有脂，号称油柏。兽有狼、豹、狐狸、鹿、獐、麝、麋，山谷成群，为害农田，故人习射猎，与宜君同俗"[④]。由于林木资源较丰厚，此地大多州县有养蜂的习惯，宜川、洛川均产[⑤]，鄜县（今富县）还形成本地特产，志载："县境百卉丛茂，人喜养蜂，故蜂蜜、黄蜡盛产。"[⑥]

经济林是农业土地利用方式的一种，也是地方多种经营的体现，经济林的发展有助于土地利用的多样化与多种经营的发展。民国年间陕北地区经济林带

---

① 民国《黄陵县志》卷6《地政农业志》，凤凰出版社编选：《中国地方志集成·陕西府县志辑》第49册，南京：凤凰出版社，2007年，第202页。

② 洛川县志编纂委员会：《洛川县志》，西安：陕西人民出版社，1994年，第269页。

③ 曹颖僧辑著：《延绥揽胜》上编3《陕北风俗各论·宜君县》，榆林市黄土文化研究会、榆林市政协文史委员会2006年刊，第149页。

④ 曹颖僧辑著：《延绥揽胜》上编3《陕北风俗各论·中部县》，榆林市黄土文化研究会、榆林市政协文史委员会2006年刊，第148页。

⑤ 民国《宜川县志》卷8《地政农业志》，凤凰出版社编选：《中国地方志集成·陕西府县志辑》第46册，南京：凤凰出版社，2007年，第156页；民国《洛川县志》卷7《物产志》，凤凰出版社编选：《中国地方志集成·陕西府县志辑》第48册，南京：凤凰出版社，2007年，第138页。

⑥ 曹颖僧辑著：《延绥揽胜》上编3《陕北风俗各论·鄜县》，榆林市黄土文化研究会、榆林市政协文史委员会2006年刊，第145页。

的发展也很具地方特色。而最富特色的经济林带主要分布在沿黄河与无定河滩地地带，形成多种林业资源，有些州县还形成地方特色产业。其分布州县大体为府谷、榆林、神木、葭县、绥德、吴堡、清涧、延川，各县之间略有差别。葭县、绥德、吴堡、清涧、延川均盛产红枣，葭县"泥河沟之赤油枣最佳"，县内"农家遍植枣树，沿河各村尤多。秋后花红，累累满树，剁枣期庙，盛筐盈仓，男女啖食，以饱为度。择其肥硕者，或洒酒纳瓮，必至春节启瓮，名为醉枣，香而且甜，为馈贻的佳品。近年北乡果梨盛产，大会坪产牛眼酸枣，色紫而肉肥圆滑，与枣酷似。又有篆字红杏，系以枣杏衔接，水分极富，红硕香甘。盖运售榆林，咸称佳产"。①葭县的枣、杏已形成地方特产，输出周围各县。神木县与葭县略有不同，"其东南沿河附近一带，盛产海红子，酸甜肉肥，殷红圆果，酷似茶，冬春冰冻，甘凉可口，人喜啖食，是地人嗜甜酸，山茶糖类每销费最多。桃、杏、葡萄、梨、果、树艺、瓜蔬，颇长于栽种，堪供本境贩用。冬月。乡间以海红子破烂碎小者，熬煮成浆，敷于木板，摊成平薄而坚韧之果丹皮，卷展齐整，俨如布匹，为馈赠佳品，小儿咸喜啖食"②。神木县的果品外运，以果品加工为特征的产业也得到开发，并形成地方品牌，这也是地方资源开发的一个有效途径。绥德县的物产当中，果品种类较沿边州县产出量也颇为可观。"产有甜桃（一名接桃），肉肥而汁甘。杏、李子、篆字红、胡撕赖、赤棘、梨、红苹、花苹、白苹、沙果、林禽（青果）等品物。"③吴堡县不仅"地宜树艺苹果梨枣，多产梨，质较细，皮薄甜密，较邻邑称最"，而且柏树培植也成为一项重要产业，其"山中盛植松柏，寺宇所在多有，种者辄活，且生长率特快，往往十余年竟至碗口粗者，亦地利使然也。陕北各地柏树，多延是邑技师往栽种，则必活"④。应该说吴堡县民在树木栽植的过程中已积累了相当丰富的经验，这种技师形成远近闻名的职业，绝非数日之功。清涧县的猪羊可以贩卖到黄河对岸的山西去，所产瓜枣如果当年销售不出去，百姓也会因之受累的，

---

① 曹颖僧辑著：《延绥揽胜》上编 3《陕北风俗各论·葭县》，榆林市黄土文化研究会、榆林市政协文史委员会 2006 年刊，第 93—94 页。
② 曹颖僧辑著：《延绥揽胜》上编 3《陕北风俗各论·神木县》，榆林市黄土文化研究会、榆林市政协文史委员会 2006 年刊，第 100 页。
③ 曹颖僧辑著：《延绥揽胜》上编 3《陕北风俗各论·绥德县》，榆林市黄土文化研究会、榆林市政协文史委员会 2006 年刊，第 113 页。
④ 曹颖僧辑著：《延绥揽胜》上编 3《陕北风俗各论·吴堡县》，榆林市黄土文化研究会、榆林市政协文史委员会 2006 年刊，第 121 页。

所以当地风土诗有"猪羊渡河贩，瓜枣隔年困"①之句。总之，民国年间陕北黄河沿岸经济林带已经形成，今天这里仍保留此传统，瓜枣也十分有名，其肇端可上溯到清至民国年间。

四、社会礼俗所反映的农业土地利用的精细化

清至民国陕北黄土高原大多贫穷落后，农家生活简朴，表现在饮食习惯上也往往是粗茶淡饭。许多州县农家平时饮食均无食用蔬菜的习惯。宜川县"食品简朴，日常以杂粮为主。每日三餐，早饭馒头（馍），富者以麦为之，贫者以包谷或稷黍为之；稀饭，俗名米汤。午多食面条，富者以麦为之，贫者以荞麦或豆麦为之。晚汤则与早饭同。副食菜蔬极简，多食醃白菜萝卜之类，殊少烹饪"②。但是陕北州县大多又注重婚丧嫁娶，重排场，讲铺陈，沿边地近蒙古各县尤其突出。如：

> （榆林）地邻蒙套，民俗喜食羊肉。平日家常便饭与款宴宾朋，均以烹羔调羹见长。清季民家婚娶，通常宴客，均做十三件的时菜，……军民客商酬酢，率以此享宴，习为故常……。且是地俗尚，对于男婚女嫁，以及生辰弥月，中人之家，类高搭彩棚，设喜筵以款宾朋，绚绮耀目，礼仪彬彬。……榆城烹饪厨夫，较擅精良，盖由军政商学互重交际应酬，故操刀割与煮羹调味之人，益日趋改良，此亦自然之势也。在昔全市仅饭馆一二处，门前车马寥落。今则酒食饭店，触目皆是，则酒食征逐，风俗靡漓之象益著矣。
>
> （神木）神邑酬酢之礼，乡间邀客，率以八簋为常礼。是地人咸喜饮酒，其量亦宏巨。遇有宴会，群起闹酒，竞逐猜拳，以豪饮为快乐，大有不醉无归之慨。因是主人设席，必预沽多酒以款待宾客，始称赞豪华。有清神城设部员（属理藩院）、同知各一员，专理蒙汉诉讼，与纠纷交涉。通常待客，有所谓满汉全席与半席之别，全席计有一百零八件大菜，丰脍咸酸甜辛珍馐，色色俱备。当时每席非百金不办，亦

---

① 曹颖僧辑著：《延绥揽胜》上编 3《陕北风俗各论·清涧县》，榆林市黄土文化研究会、榆林市政协文史委员会 2006 年刊，第 118 页。
② 民国《宜川县志》卷 23《风俗志》，凤凰出版社选编：《中国地方志集成·陕西府县志辑》第 46 册，南京：凤凰出版社，2007 年，第 459 页。

云奢矣。神人承此习俗，故地方富绅巨贾宴宾者，亦竞尚优沃，有海菜三十六件，及二十余膳之多，且啜且息，流连竟日，由昼秉烛，大嚼不已，此耆老所言如是。入民国后，此风渐杀矣。

（横山）宴客俗尚八碗两盘。人喜食肉，故每遇丧婚，恒以羊豚肉之丰嗇，以判办事之厚薄。士绅之家，昔间以三台、小食、十六件佳肴待上宾，其用海味山珍者甚罕见。今则风俗渐奢，与前悬殊也。

（佳县）是地婚娶饷宾，俗馔八簋，礼重丰美，蔬多肉少，与沿边各县不同。平常客至，多餐扁食，以其肉菜面三色均匀也。①

在这种风俗作用之下，各州县多种经营，土地利用的精细化程度也不断加强，榆林作为陕北沿边六县的中枢，是经济最繁华之地，"社会事业繁盛，军民客商酬酢，率以此享宴，习以为常，恬不为怪"。这种风尚作用之下，榆林城西南一带还出现了专业培植蔬菜的园户，这里成为城中蔬菜的专业园区与供应基地。志载："榆地三面黄沙，西南园圃，阡陌罗列，播种园户者，特长培植菜蔬，青葱勃茂，馥郁可口，瓜茄韭薤，咸按时登肆。春则紫蒜青菠，冬则韭黄芹苗，号称珍蔬，味炙遐迩。"②民国时期，在陕北普遍贫穷落后、瓜蔬不繁的地域仍然存在着一定的专门园区，蔬菜专业园区也构成了当地的一种独特的景观与土地利用形式。

五、风俗与黄土高原土地利用的区域差异

总之，民国时期，陕北黄土高原地区的土地利用方式的不同直接影响到人们的衣食住行与社会风貌，而通过各地的社会风俗又可以窥测其土地利用与生产方式的差异。可以说，衣、食、住、行等社会风俗是反映一地土地利用差异的重要指标。民国时期，陕北黄土高原地区在风俗习惯的间接影响和社会生产力的直接作用下，土地利用方式也呈现出多样性与复杂性，综观以上论述我们可以得出以下几点结论。

---

① 曹颖僧辑著：《延绥揽胜》上编 3《陕北风俗各论》，榆林市黄土文化研究会、榆林市政协文史委员会 2006 年刊，第 83—148 页。

② 曹颖僧辑著：《延绥揽胜》上编 3《陕北风俗各论·榆林县》，榆林市黄土文化研究会、榆林市政协文史委员会 2006 年刊，第 90 页。

（1）民国时期陕北黄土高原地区土地利用方式因区域的不同而表现出了明显的差异性。普遍来讲，在陕北黄土高原地区，农牧兼营是当地最重要的土地利用方式，沿长城一线较为突出，自东迄西牧业用地所占的比例逐渐加大；长城以南延安地区更多的是以农业耕种为主，但牧业是农家重要的衣、食等生活资料的补充，因此牧地仍占一定比例。

（2）民国时期陕北黄土高原土地利用的方式，总体来说，利用程度和开发力度还有限，这一时期的陕北地区人口尚不是很多。更多的农业用地还停留在广种薄收的基础之上，这一点在陕北的风俗当中反映最多。一家一户之中，尽一年之力，所获之物仅足糊口，丰年尚有余裕，一遇灾荒即流离失所，民鲜盖藏，这是当地农户的主要特征。但这并不排除一些土地优裕的河道川地精耕细作技术的实施，吴堡县出现了淤地坝技术，横山县民也以擅治土地闻名，这些都是陕北黄土高原农业土地利用多样化的体现。

（3）一方面，黄河滩地适宜树艺成长；另一方面，沿河交通方便，可进行商品交易，因此，农业的多种经营也较其他腹地州县丰富，沿河滩地区瓜枣等经济林带的形成就是一个绝好的证明，以至葭州、吴堡等沿河州县大多较内地富裕，社会习俗中也较重仕进。黄龙、宜君等北山地区各州县，在民国时期，由于人口较少，山中林地较多，植被尚好，故当地人多擅长打猎。当然，在各主要自然区中仍有地理分异现象存在，各地土地利用方式也呈现出一定的复杂性。

第五编 地方与国家：利益冲突条件下的干预、妥协与调控

第一节 卤泊滩土盐弛禁之争及其社会效应

土盐是黄土高原地区的一种主要食用盐，分布在陕西中部、山西北部等广大地区。受资源条件限制，其在某些区域所占比例还很大。与海盐、池盐、井盐等盐类相比较，土盐品质较劣，成本亦高，加工不好甚至食之有害健康，因此，无法进入官盐系统。但在历史时期，土盐往往又作为黄河流域与黄土高原地区重要的食盐品种长期存在，为民间所食用，甚至冲击着官盐运售，形成利益冲突。它体现了黄土高原地区盐业资源匮乏、民众生活成本低下的社会问题，同时与各时期国家与地方利益冲突关系紧密，是观察黄土高原民生社会的重要方向。本节拟通过对清代关中东部蒲城、富平两县界连地区卤泊滩土盐进行个案分析，从中考察土盐与地方社会的互动关系，有关盐业经济的研究有大量可

参考的文献。①

一、无法全面进入官盐系统的地方土盐

盐本无官、私之分，国家征收盐课以后，就赋予了盐的官、私属性。盐有课为官，无课为私。历史时期，盐课是国家最可靠的财政收入之一。唐中期，"天下之赋，盐利居半"②，因此，历朝历代都非常重视盐业的发展与榷盐政策的执行。进入清朝，盐课仍是清政府的主要财政收入之一，时人称："国家正赋之外，充军国之用，惟盐政、关税与钱法而已。"③为了保证盐课的征收，也为了便于管理，清政府根据产盐规模和产盐地将除蒙古、新疆之外的内地划分为十一个官盐区，其中长芦、奉天、山东、两淮、浙江、福建、广东等七个盐区为海盐区，四川、云南为井盐区，河东、陕甘为池盐区，土盐不征赋税，亦不入官盐区。

所谓土盐，即"利用碱地所含咸卤生产之盐"④。在广大的内陆地区，只要有盐碱地的地方，历史时期大多有土盐的生产。内陆土盐生产主要分布在甘肃、

---

① 周琍：《清代广东盐业与地方社会》，北京：中国社会科学出版社，2008 年，第 4 页；郑志良：《论乾隆时期扬州盐商与昆曲的发展》，《北京大学学报（哲学社会科学版）》2003 年第 6 期，第 99—107 页；黄国信：《盐法考成与盐区边界之关系研究——以康熙初年江西吉安府"改粤入淮"事件为例》，《中山大学学报（社会科学版）》2005 年第 1 期，第 36—40 页；黄国信：《区与界：清代湘粤赣界邻地区食盐专卖研究》，北京：读书·生活·新知三联书店，2006 年；黄国信、叶锦花：《食盐专卖与海域控制——以嘉万年间福州府沿海地区为例》，《厦门大学学报（哲学社会科学版）》2012 年第 3 期，第 101—108 页；李树民：《盐业经济对明清时代戏曲兴盛的促进作用》，《社会科学家》2012 年第 6 期，第 136—139 页；周琍：《清代赣闽粤边区盐粮流通与市镇的发展》，《历史档案》2008 年第 3 期，第 59—63 页；周琍：《清代广东盐商与宗族社会》，《历史教学（高校版）》2008 年第 18 期，第 43—46 页；周琍：《论清代广东盐商与书院发展》，《求索》2006 年第 10 期，第 213—215 页；黄波：《近代自贡盐商的社会角色与慈善行为》，《青海师范大学学报（哲学社会科学版）》2009 年第 3 期，第 42—46 页；杨彩丹：《二十世纪盐业与运城教育文化》，《盐业史研究》2008 年第 2 期，第 57—59 页；吴海波：《两淮盐商与清代社会公益事业》，《湖南工程学院学报（社会科学版）》2008 年第 1 期，第 57—60 页。这些文献对各个盐区的盐业与地方社会进行了各有侧重的研究。集中对土盐的研究有吉成名：《论魏晋南北朝食盐产地》，《盐业史研究》2012 年第 2 期，第 3—15 页；吉成名：《宋代食盐产地研究》，成都：巴蜀书社，2009 年，第 128—137 页；吉成名：《明代土盐产地和石盐产地》，《盐文化研究论丛（第四辑）——回顾与展望：中国盐业体制改革学术研讨会论文集》，成都：巴蜀书社，2009 年，第 270—273 页；吉成名：《论清代土盐产地》，《遵义师范学院学报》2011 年第 1 期，第 1—3 页；唐仁粤主编：《中国盐业史》（地方卷），北京：人民出版社，1997 年，第 764—786 页
② 《新唐书》卷 54《食货志》，北京：中华书局，2000 年，第 906 页。
③ （清）夏骃：《鼓铸议》，（清）贺长龄、魏源等编：《清经世文编》卷 53，北京：中华书局，1992 年，第 1311 页。
④ 宋良曦、林建宇、黄健，等主编：《中国盐业史辞典》，上海：上海辞书出版社，2010 年，第 16 页。

陕西、山西、河南、河北、山东等黄河沿线及晋北黄土高原地区，分布较为分散，产量多寡与盐碱地大小直接相关。土盐生产的原料为碱土，生产过程要经历收集碱土、淋土制卤、结晶成盐三个阶段，最终形成食盐；生产工艺复杂，成本高，盐含杂质多是其主要特征。由于碱土中不仅含有氯化钠，还含有氯化钾、氯化镁、硫酸钙、硫酸钠等物质，以传统加工技术处理，基本无法完全消除以上物质，而这些元素如果含量过高，对人体会造成极大的伤害，且制成的食盐味道亦不佳，历史时期常有记载说，土盐"其味最下"。①如果和海盐、池盐、井盐等盐类相比较，土盐具有"质劣而成本高"、食之有害健康等缺陷。②在市场经济条件下，土盐这些缺陷决定了其必然没有消费市场。但是，在食盐专卖制度下，海盐、池盐、井盐等官盐价格受制于国家，导致有时官盐价过高，或者官盐由于其垄断地位而掺沙，人为导致质劣，再加上远离官盐的地方有转运不及时的后顾之忧，政府对待土盐也非一刀切的禁止政策。清代，仍有部分地区的土盐被允许开发利用，如在晋北太原府、汾州府、辽州府、沁州等41州、县、路行销本地土盐，额引四万二千一百五十一引。③陕北有三眼泉、马湖峪、永乐仓三处土盐产地，其中"三眼泉坐落绥德州西九十里，刮土煎盐，额设盐锅一百八十五面。马湖峪坐落米脂县北四十里，产盐河滩周广约三里，刮土煎盐，额设盐锅二百九十一面。永乐仓坐落鱼河堡康家湾之南，河滩周广五十里，刮土煎盐，额设盐锅三百八十五面"。④每盐锅一口，政府岁征"盐十二斤"，"征解榆林卫"。⑤除了产土盐较多的晋北及陕北土盐因征收盐税进入官盐系统以外，其他区域虽有少量土盐生产，但官府多未加征收盐税，并未进入官盐系统，如清代葭州"县北梨儿湾、袁家沟等村，向产小盐。然产额极少，仅供数村之用，故无盐课"⑥。然而，当政府盐价过高，或运销系统出现问题时，土盐则会风起云涌，不断出现在各地食盐系统当中，成为对抗官盐运销的劲敌，常常引起盐之官私之争，以及地方与国家之间的矛盾。

---

① （宋）戴侗撰，党怀兴、刘斌点校：《六书故·地理四》，北京：中华书局，2012年，第141页。

② 山东省盐务局编著：《山东省盐业志》，济南：齐鲁书社，1992年，第213页。

③ （清）苏昌臣：（康熙）《河东盐政汇纂》，《续修四库全书·史部·政书类》，上海：上海古籍出版社，2002年，第661—663页。

④ 雍正《陕西通志》卷41《盐法》，清雍正十三年刻本，中国西北文献丛书编辑委员会编：《中国西北文献丛书》第一辑《西北稀见方志文献》第3卷，兰州：兰州古籍书店，1990年影印版，第8090页。

⑤ 康熙《延绥镇志》卷2《食志·盐法》，凤凰出版社编选：《中国地方志集成·陕西府县志辑》第38册，南京：凤凰出版社，2007年，第46页。

⑥ 嘉庆《葭州志》卷1《盐茶志》，凤凰出版社编选：《中国地方志集成·陕西府县志辑》第40册，南京：凤凰出版社，2007年，第357页。

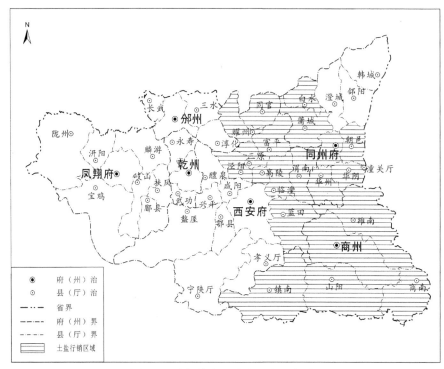

图 5-1   清代关中盐碱地分布示意图①

　　清代陕西卤泊滩土盐却命运多舛，民国《续修陕西通志稿》作者在写到本地土盐时发出无奈感慨："所最不可解者，吴堡、葭州历来独无引课，榆林永丰仓、绥德三眼泉、米脂马湖峪所产土盐向准煎食贩卖，吉兰泰蒙盐明令许至黄甫川、神木交易，四川保宁射洪私盐公然入境，独于蒲富之卤泊滩悬为历禁何？"②那么卤泊滩之盐到底产量如何，它与国家官盐政策有何冲突，其盐业开发对地方政府来讲又有何利害，其实关于这一土盐官营的论争在清代始终未断，可谓跌宕起伏、三起三落，其中所反映出的历史真实绝非民生民利所能解释。

二、陕西卤泊滩土盐的生产与利用

　　卤泊滩古称卤阳湖，有狭义和广义之分。狭义的卤泊滩特指富平界内的一

---

①　本图据"关中东部盐碱地分布示意图"改绘，原图出自李学曾编著：《陕西盐碱地改良·前言》，西安：陕西科学技术出版社，1981 年，第 4 页。

②　民国《续修陕西通志稿》卷 62《盐法》，中国西北文献丛书编辑委员会编：《中国西北文献丛书》第一辑《西北稀见方志文献》第 7 卷，兰州：兰州古籍书店，1990 年影印版，第 592 页。

个滩地，在汉魏之前被称为盐池，唐代以前被称为盐池泽，明代才开始有卤泊滩之名。广义的卤泊滩既包括前者，又包括蒲城县境内的东卤池（安丰滩）和西卤池。广义卤泊滩概念的形成，开始于清后期，至今沿用，其范围大抵位于富平县东南部及蒲城县西南部界连处，"横枕蒲、富，蒲东富西；二者相权，西滩尤烈"①。卤泊滩"东起原任乡之原任村北，西至富平施家镇西之西湖村，东西长约二十华里，南北宽约三、四华里。在蒲城境内约占四分之三"②。如今卤泊滩平面呈纺锤形，东北至西南方向展布，东西长约 30 千米，南北宽 1.5—7千米，总面积 12.24 万亩。③从总体规模上来讲，广义的卤泊滩面积还是十分巨大的，这里不仅产盐历史悠久，盐产量也非常可观。

　　卤泊滩产盐历史较早，至迟发生在魏嘉平四年（252 年）。史载，魏嘉平四年，"关中饥，宣帝表徙冀州农夫五千人佃上邽，兴京兆、天水、南安盐池，以益军实"。④此时，除蒲城境内盐池外，京兆其他县境的盐池还没有文献记载，由此可以推论，这时京兆盐池至少是包括蒲城境内卤泊滩在内的。宋元符元年（1098 年），因"水坏解池"，而"同华等州私土盐"，政府考虑民间缺少食盐，特准其"鬻于本路"⑤，这是官方允许卤泊滩土盐利用的为数不多的两次记载。明代的时候，政府一直明令禁止民间开发卤泊滩私盐，隆庆《华州志》载，东卤池、西卤池、白卤泄渠俱生盐花，民有禁，不敢取盐花利。⑥万历《富平县志》载："卤泊滩即明水滩，一曰东滩，冬夏不涸，可以煮盐。又西二十里为臧村滩，岁旱时，土亦可煎，即西滩地也。利皆微，两滩水一斛盐不二三斤。"但是两处产盐滩地"严禁甚矣"。⑦时至清代，卤泊滩土盐生产的记录增多，但是大多时候与明代相同，被列入禁止私开私运的行列之中，修于清雍正五年（1727年）的《敕修河东盐法志》明确记载："蒲城、富平，有自高椿渚、卤泊滩，越卖之盐。"⑧咸丰二年（1852 年），侍郎王庆云奉命查办河东盐务，他在《酌拟

① （清）宝棻等修，姚楷等纂：《续增河东盐法备览》卷上《律例门》，于浩辑：《稀见明清经济史料丛刊》第 34 册，北京：国家图书馆出版社，2009 年，第 156 页。

② 田武英：《漫话卤泊滩和锅板盐》，中国人民政治协商会议陕西省蒲城县委员会文史资料研究委员会编：《蒲城文史资料》第 4 辑，1989 年内刊，第 132 页。

③ 蒲城县志编纂委员会编：《蒲城县志》，北京：中国人事出版社，1993 年，第 62 页。

④ 《晋书》卷 26《食货志》，北京：中华书局，2000 年，第 509 页。

⑤ 《宋史》卷 181《食货下三》，北京：中华书局，2000 年，第 2967 页。

⑥ 隆庆《华州志》卷 24，凤凰出版社选编：《中国地方志集成·陕西府县志辑》第 23 册，南京：凤凰出版社，2007 年。

⑦ 万历《富平县志》卷 2《山川》，陕西师范大学图书馆据清乾隆四十三年刻本复印本，1981 年，第 9 页。

⑧ （清）觉罗石麟等修，朱一凤等纂：《敕修河东盐法志》卷 5《律例·禁缉事宜》，清雍正五年刻本，收入吴相湘主编：《中国史学丛书》，台北：学生书局，2002 年，第 461 页。

留商改票疏》中指出"蒲城滩及卤泊池，地属陕省，私盐出没"[①]，提请当道加以禁止。

由于历史资料所限，有关清代卤泊滩土盐的生产规模缺乏确切数字记载。光绪十二年（1886 年）卤泊滩土盐禁采调查案中记载，富平境内卤泊滩"置盐锅约有八十余口，席棚数十处"，每锅产盐"成个约百余斤"。[②]假设此时每锅每昼夜出盐一个，则清代富平县境内的卤泊滩日产盐约 8000 斤，又由于此时富平境内卤泊滩是全年封禁的，所以应该具备全年产盐的能力，因而此处年产盐量可达 2 880 000 斤。清代蒲城境内卤泊滩由于主要产硝，产盐是其副产品，其产盐量缺少数量记载。但是卤泊滩横亘富平与蒲城之间，自然条件相差无几，且蒲多富少，其产盐当不比富平境内少，二者相加，当不少于 5 760 000 斤。抗日战争时，山西解盐、青海盐以及沿海地区的盐受战时运输限制，卤泊滩盐成为陕西省主要生活食盐。据李仲仁回忆："卤泊滩共约盐棚二百余家，每个盐棚有盐锅二至三口，共有盐锅五百余口。每口盐锅一昼夜出盐一个，以 540 个计，每个盐平均重 160 斤，共日产盐 86 400 斤。"如此算来，其年产量可达 31 104 000 斤。如今，尽管我们不能确切反推清代卤泊滩土盐的生产规模，但是从抗战时期卤泊滩土盐生产情况可看出此地土盐巨大的生产潜力，且产盐量相当可观，完全可以作为当地的富源加以开发，这也就成为清代不断出现的卤泊滩弛禁之争与山陕两省处之不同态度的主要原因。

三、课归地丁及卤泊滩土盐的官营化

清前期，卤泊滩土盐被明令禁止，关中东部地区为河东盐的行销区。河东盐属池盐，产于山西解州，由于政府实行严格的食盐专卖制度，入清以来关中东部一直是其重要的引地之一。乾隆末年，河东池盐由于额引和余引增长、课额增加，再加上乾隆二十二年（1757 年）河东盐池遭灾、池产下降等原因，官盐价格上涨，引起销售疲滞、私盐泛滥，三省"商力不支，引课虚悬"。[③]再加

---

①　（清）江人镜等修，张元鼎等纂：《增修河东盐法备览》卷 6《奏疏门·（清）王庆云：酌拟留商改票疏》，于浩辑：《稀见明清经济史料丛刊》第 33 册，北京：国家图书馆出版社，2009 年，第 136 页。

②　光绪《富平县志稿》卷 4《经政志·盐法》，凤凰出版社编选：《中国地方志集成·陕西府县志辑》第 14 册，南京：凤凰出版社，2007 年，第 323 页。

③　（清）蒋兆奎撰：《河东盐法备览》卷 11《奏疏门·（清）西宁：会议盐价酌增一厘疏》，四库未收书辑刊编纂委员会编：《四库未收书辑刊》第 1 辑第 24 册，北京：北京出版社，1997 年，第 237 页。

上各级地方官员及盐政胥吏的各种额规、浮费不可胜计，许多地方出现了反对盐禁政策的斗争，导致河东盐政几近瘫痪。在换商增价、加耗、借帑等救助措施失效的境况下，清政府于乾隆五十五年（1790 年）开始寻求解除河东盐政危机的办法，并于乾隆五十七年（1792 年）在河东池盐三大行销地实行"课归地丁"的盐业政策，以期拯救河东盐业，保证政府的财政收入。①

课归地丁使关中东部地区摆脱了河东盐区的束缚，可自行选择所食食盐的来源。乾隆五十六年（1791 年）七月，作为陕西巡抚兼管盐政的秦承恩从富平知县方应恒处了解到，富平县东的卤泊滩和蒲城的高椿渚地方，面积广大，可生产土盐，只是"历任以来，惟恐壅滞官盐，禁采在案"②，于是责令当地官员继续调查卤泊滩土盐开发的潜力，于同年十一月得到当地明确答复，可开采利用，十二月即责成当地下发特谕：

> 乾隆五十六年十二月十九日，富平县贺谕，卤泊滩附近乡练保正人等知悉，查该滩向产盐斤，附近居民私行占地熬煮已非一日，今河东盐课已奉文，改归地亩摊征，所有民间食盐听民自行贩运售卖，向后已无官私之分，查本县地方距河东盐池程途较远，与其远买于数百里之外，何如复兴本处滩盐。但不立定章程、招人分认地段，难免混占争执。除委员前往清查外，合行饬谕，谕到尔乡保人等，即赴滩所，听候委员至日，随同查明该滩四至何处，周围若干里，内中可以熬盐地，约有若干顷亩，现系何人私占。即令分数认地，熬煮出售，以资民食。仍着本人同该乡保齐集来案，具认以凭，批示毋违，特谕。③

富平县继任知县贺某在回复上级垂询时曾说："查志书，既云古盐池利归于官，又云民不敢取，其为官滩明矣"。"又志载，臧村滩在县东北三十里，岁旱时其土可煮盐，谓之西滩，今洇。查此滩名为西滩，与东滩相近，亦为官滩无疑。"④富平县地方官首先从东滩卤泊滩及西滩臧村滩的所属关系上，认定此两

---

① （清）江人镜等修，张元鼎等纂：《增修河东盐法备览》卷 5《奏疏·（清）阿桂：议复课归地丁疏》，于浩辑：《稀见明清经济史料丛刊》第 32 册，北京：国家图书馆出版社，2009 年，第 561—573 页。

② 光绪《富平县志稿》卷 4《经政志·盐法》，凤凰出版社编选：《中国地方志集成·陕西府县志辑》第 14 册，南京：凤凰出版社，2007 年，第 318 页。

③ 光绪《富平县志稿》卷 4《经政志·盐法》，凤凰出版社编选：《中国地方志集成·陕西府县志辑》第 14 册，南京：凤凰出版社，2007 年，第 319 页。

④ 光绪《富平县志稿》卷 4《经政志·盐法》，凤凰出版社编选：《中国地方志集成·陕西府县志辑》第 14 册，南京：凤凰出版社，2007 年，第 318 页。

滩地为官属，在此基础之上令"私占者即令退出"，并"谨拟章程"，官方主持"招人开煮"。①因此，此次卤泊滩土盐之开采为官办无疑，卤泊滩土盐也因之脱去私盐的外衣，化私为官。

课归地丁后，卤泊滩土盐化私为官亦得到中央盐业政策的支持。乾隆五十七年（1792 年），大学士阿桂在"课归地丁善后事宜疏"中提出善后事宜 16 条，第 5 条即指出，河东盐课归地丁后，"私盐之禁宜弛，盐料听便运卖也"，并且进一步说明"有就近买食土盐、花马池盐、蒙古盐之类，亦不许禁阻。并不许私收税钱。则处处有盐，民食无虞缺乏"。②嘉庆十年（1805 年）二月初十日，陕甘总督方维甸在查问阿拉善吉兰泰盐池贩运情形时，也提及陕省课归地丁过程中对土盐的政策，乾隆"五十九年，陕省课归地丁，又题明运盐道路不分疆界，无论土盐、蒙古盐、河东盐悉听到处运卖，不得稍有拦阻"。③自此以后，卤泊滩土盐防检荡然，无复限制。

但是，这种局面持续的时间并不长，嘉庆十二年（1807 年），河东池盐再次改制，恢复商运，政府亦明令禁止土盐贩卖，卤泊滩土盐再次被列入禁止行列，从开禁到终止前后只有 15 年的时间，原因何在？从当时史籍的记载中我们可以看到，河东盐课改归地丁，已严重影响了国家盐利征收，不仅河东盐利不保，两淮盐场也受到威胁。嘉庆十一年（1806 年），山西巡抚兼盐政同兴在《池盐仍归商运疏》中提出河东盐课归地丁后的种种流弊："河东盐课改归地丁，听民间自行贩运，遂无一定口岸"，"人得以任意贩运，官亦无从稽查"，"蒙古盐斤因此侵越内地"，"晋省池盐不能在本地售卖，遂有私越豫省、楚省侵及淮盐各口岸。并又夹入蒙古私盐，以致阿拉善盐斤不但侵越晋省，而且侵越淮纲。节经降旨令该督抚等严禁潞私越境，并不准蒙古盐斤多越内地。办理总无良法"。最后，同兴向中央提出"此时若不将池盐仍归商运，终不足以杜私贩之源"。考虑到以上情况，嘉庆皇帝批准了以上奏疏。④嘉庆十二年（1807 年），河东池盐复归商运后，卤泊滩土盐在清代唯一的一次官办机会也随之寿终正寝。

---

① 光绪《富平县志稿》卷 4《经政志·盐法》，凤凰出版社选编：《中国地方志集成·陕西府县志辑》第 14 册，南京：凤凰出版社，2007 年，第 318—319 页。

② （清）阿桂《议复课归地丁疏》，（清）江人镜等修，张元鼎等纂：《增修河东盐法备览》卷 5《奏疏》，于浩辑：《稀见明清经济史料丛刊》第 32 册，北京：国家图书馆出版社，2009 年，第 581—582 页。

③ 中国第一历史档案馆录副奏折：嘉庆十年二月初十日方维甸署陕甘总督方维甸奏奉旨查问阿拉善吉兰泰盐池贩运情形折，见中国第一历史档案馆：《清嘉庆十一年河东盐务改归商业档案史料选辑》，《盐业史研究》1990 年第 1 期，第 74—80 页。

④ （清）江人镜等修，张元鼎等纂：《增修河东盐法备览》卷 5《奏疏·（清）同兴：池盐仍归商运疏》，于浩辑：《稀见明清经济史料丛刊》第 32 册，北京：国家图书馆出版社，2009 年，第 631—637 页。

四、卤泊滩土盐禁采禁运过程中的争端

自嘉庆十二年（1807 年）土盐被禁以后，卤泊滩土盐再次回归到地下状态，成为民间私盐。由于此地产盐量大，价格又较官盐为低，因此一直受到当地人的喜爱，甚至还远销到秦巴山区以南各县。由于土盐侵夺官盐之利，于是在光绪年间，再次引发弛禁之争，晋陕地方为此形成尖锐的论争。

光绪年间，陕纲额引为一千三百余名。经过光绪八年（1882 年）的整顿，光绪九年（1883 年）、十年（1884 年）两年均有溢额。然而，光绪十一年（1885 年），山西盐院声称陕纲额引销数顿减，"查卤泊滩私晒私熬，为害最甚"，又于光绪十二年（1886 年）夏间，咨陕西布政司盐法道"派员驻滩查缉，并去附近各要隘往来梭巡"，以卫晋省饷源、陕省厘金。陕省奉文后，"拟即拣员驰赴滩地及走私之临潼、渭南、华州属境，亲历梭巡"。[1]陕省又根据卤泊滩土盐的实际情况，提出将卤泊滩土盐弛禁，"化私为官"的建议，"卤泊滩东西绵长六七十里，周围五十余村，俗强人众，素鲜怀刑地，非五谷所宜，又无恒业可守，人一日不再食则饥，欲其弃天地自然之利，忍饥守法，似亦情势所难，夫法立不可更张，法穷亦不可不变，自昔皆然，可否令潞商来滩收买，即运赴潞盐行销地面出售，在潞商将本求利，仍可珠还，在滩民以盐易钞，即得升合，似此化私为官"[2]，以期弛禁卤泊滩土盐。由此，在中央与地方盐利争夺、山陕两省之间利益冲突之下，山西盐院、陕西布政司盐法道展开了一场关于卤泊滩弛与禁的论争。

札到河东道，一石激起千层浪。河东道迅速转行监掣厅，令其传集场岸各员、陕纲民贩等妥议。于是，晋省各级盐政官员、民贩（运商）、坐商等各抒己见。

河东盐场三场大使及三河口督销委员作为基层盐政官员，坚决反对弛禁卤泊滩土盐。三场大使及三河口督销委员称解池产盐，自古称为地宝，"每年所产官盐五千余名"，"患不在盐少，而在盐多"，如若开禁卤泊滩土盐，"公然开晒，较从前私熬、私晒，其数必增倍"，如此则会出现"私池开，官池废"的情形。[3]河东盐引行销三省，引有定额，引有定岸，"潞盐既不能侵而灌邻纲，私盐自不

---

① 光绪《富平县志稿》卷 4《经政志·盐法》，凤凰出版社编选：《中国地方志集成·陕西府县志辑》第 14 册，南京：凤凰出版社，2007 年，第 320 页。

② 光绪《富平县志稿》卷 4《经政志·盐法》，凤凰出版社编选：《中国地方志集成·陕西府县志辑》第 14 册，南京：凤凰出版社，2007 年，第 320—321 页。

③ 光绪《富平县志稿》卷 4《经政志·盐法》，凤凰出版社编选：《中国地方志集成·陕西府县志辑》第 14 册，南京：凤凰出版社，2007 年，第 321 页。

可充斥引地"，然而"卤泊滩居陕省适中之地，四面可通晋豫，相为唇齿"①，
稍弛禁令，即可肆行，损害官盐引岸。运商多买一引卤泊滩土盐，坐商即少卖
一引河东官盐，官盐就会"引悬盐积，减价求售，"盐价愈贱，坐商愈困。清代
盐课随盐纳，盐以课行，有课为官，无课为私，"卤泊滩地属隔省，官无额设，
盘丈掣放，责无专司，产盐、出盐之数，何从稽查？ 既无稽查，课从何征？"②
河东官盐有课而本重，卤泊滩土盐无课而易销。"民贩固乐买无课之滩私，而少
运有课之潞盐"，必会导致"潞课之支绌日甚"。③他们声称陕方名为"化私为官"，
"仍何异陕民贩卖，以私妨官乎？"提出弛禁卤泊滩土盐"断断不可行"。

在这次卤泊滩土盐开禁的讨论中，坐、运两商从盐商的基本利益出发，也
坚决反对陕方提出的化私为官的建议，并且诋毁陕西官方"名为化私为官，暗
实纵私罢课"，极力反对卤泊滩土盐开禁，云：近年"蒲、富之卤泊滩私晒、私
熬"导致河东官盐"销数顿减""销滞引积"，因此，"即欲减价卖盐，尚且无
售主"，在此前提下，如果开禁卤泊滩土盐，危害巨大，"在陕则导民以非法，
在晋则舍此而从彼，将见大股私枭日益多，配运潞盐日益少"，如此一来则"不
特全陕引岸尽归乌有，即晋豫两省亦必售受其侵灌之害"，然而"甘省拨解饷银，
每年不下四五十万之多，均取给于河东道库"，又由于"饷出于课，课出于盐"，
开禁卤泊滩土盐必然导致河东官盐"陈纲之引额日益积，河东之课项日益绌"，
必最终导致"边陲之饷源日益竭，而国用日益匮"。④因此，坐、运两商建议严
厉禁止卤泊滩土盐弛禁，"慎勿以一隅之小小利害，阻挠三省之大计"⑤。

山西盐院作为河东盐政的地方最高长官，获得其下属河东道召集基层官、
商议复之后，采纳了其坚决禁止卤泊滩土盐弛禁的意见，遂谘商陕省。山西盐
院先肯定了陕省"拟拣员驰赴滩地及走私之临潼、渭南、华州属境，亲历梭巡"
之行为，又从河东盐务决策层的高度，谘商陕省"遴派大员，驰赴蒲、富所属
之东西两滩，督饬各该县令严禁私熬、私晒，务期尽绝根株"，做到"有犯必获，

---

① 光绪《富平县志稿》卷 4《经政志·盐法》，凤凰出版社编选：《中国地方志集成·陕西府县志辑》第 14
　　册，南京：凤凰出版社，2007 年，第 321 页。
② 光绪《富平县志稿》卷 4《经政志·盐法》，凤凰出版社编选：《中国地方志集成·陕西府县志辑》第 14
　　册，南京：凤凰出版社，2007 年，第 321 页。
③ 光绪《富平县志稿》卷 4《经政志·盐法》，凤凰出版社编选：《中国地方志集成·陕西府县志辑》第 14
　　册，南京：凤凰出版社，2007 年，第 321 页。
④ 光绪《富平县志稿》卷 4《经政志·盐法》，凤凰出版社编选：《中国地方志集成·陕西府县志辑》第 14
　　册，南京：凤凰出版社，2007 年，第 321—322 页。
⑤ 光绪《富平县志稿》卷 4《经政志·盐法》，凤凰出版社编选：《中国地方志集成·陕西府县志辑》第 14
　　册，南京：凤凰出版社，2007 年，第 322 页。

有获必惩"。①至此，一场关于弛禁卤泊滩土盐的争论，开始演变为如何严禁卤泊滩土盐的调查案。

经过晋陕双方委员、兼管盐政的富平及蒲城县官等地方官的联合实地调查、上报，晋陕双方就严禁卤泊滩土盐政策及实施办法，于光绪十二年（1886年）十二月初七达成一致，卤泊滩之"东滩畦地，晒盐捞硝"于卤旺之月封禁，余月寒冷，听其采硝，遂定于"每岁二月上旬封禁，九月下旬止封"；"其西滩之盐曰锅巴，熬户既多"，"统年设禁"；并规定了具体的封禁措施以保证卤泊滩土盐的封禁顺利进行："会禀请以荆姚、到贤二镇防营，就近会同蒲、富两县，常川巡哨，加以运城缉私委员督带巡役来往梭巡，遇有刮土淋卤熬晒之徒，立时协拿，务获惩办。"②

图 5-2　清代关中东部土盐行销区域示意图

---

① 光绪《富平县志稿》卷 4《经政志·盐法》，凤凰出版社选编：《中国地方志集成·陕西府县志辑》第 14册，南京：凤凰出版社，2007 年，第 322 页。
② 光绪《富平县志稿》卷 4《经政志·盐法》，凤凰出版社选编：《中国地方志集成·陕西府县志辑》第 14册，南京：凤凰出版社，2007 年，第 320 页。

一场轰轰烈烈的卤泊滩土盐"化私为官"案，以晋省胜利而告终，就其本质来讲，这是多方利益博弈的结局，晋商强大的利益优势与清政府官课利益的驱使都决定了这场官司只能以此画上句号。

五、土盐开禁过程中国家与地方的关系

清代以前，卤泊滩土盐除了魏嘉平四年（252 年）、宋元符元年（1098 年）由于自然灾害官盐欠产而特允许此处土盐开采救济军用或民食外，其他时间均禁采在案。整个清代，除乾隆五十七年（1792 年）至嘉庆十二年（1807 年），卤泊滩土盐获得官办资格外，也一直禁采在案。卤泊滩土盐获得的仅有的几次官办机会，并不是由于中央政府的开明，而是由于自然灾害后的顺其自然，或者是河东盐实行课归地丁政策的副产品。在卤泊滩土盐开与禁表象的背后，隐藏着中央政府、地方政府、地方民众三方利益的博弈。在这种博弈中，中央政府、地方政府及普通民众各自有其关注点及利益切中点。

中央政府作为全国盐利的既得利益者和全国盐业政策的制定者，对土盐的开与禁拥有绝对掌控权，其对卤泊滩土盐开与禁的态度取决于官盐是否充足，以及土盐的开采是否影响到盐课的征收。官盐欠产的时候，中央政府会考虑暂时开采土盐等私盐作为必要的食盐补充，如宋元符元年（1098 年）"水坏解池"[1]，民间缺少食盐，北宋王朝考虑到现实情况，特准包括卤泊滩土盐在内的同州、华州等州土盐"鬻于本路"。魏嘉平四年（252 年）、宋元符元年（1098 年）卤泊滩等土盐之所以被允许开采，是由于自然灾害之后救济军用或民食。清乾隆五十七年（1792 年）盐"课归地丁"案中，卤泊滩土盐之所以会化私为官，被弛禁，其根本原因是所有盐课摊入地丁征收，所有盐只要利于民食均被允许开采食用，卤泊滩土盐的开采不再影响到盐课的征收。因此，中央政府对待卤泊滩土盐开与禁的态度完全取决于盐课这一经济利益杠杆。在中央政府与地方政府及普通民众的博弈中，中央政府以绝对的政治优势，保证着政府的利益最大化，以盐法的形式规定卤泊滩土盐的开与禁。

盐法定例，地方官有监督征收官盐盐课、销引及缉私之责，并有严格的考成，因此地方官对待卤泊滩土盐开与禁的态度是以中央政府为唯一导向的，只有在中央政府对卤泊滩土盐严禁开采政策松动时，地方政府才敢站在本辖区利

---

[1] 《宋史》卷 181《食货志·食货下三》，北京：中华书局，2000 年，第 2967 页。

益角度，呼吁充分利用本辖区自然资源，呼吁关心民生。明代万历年间《富平县志》中，地方官员鉴于富平县境内北有山谷，多石沙地，山下多水，易成灾害，山河盐卤之外，可耕地较少，而对官方禁采卤泊滩土盐大有抱怨，"当事者独不可宽一分，令民受一分赐乎？"呼吁中央政府对地方资源予以关注并充分利用。清代地方政府通过比对河东官盐及卤泊滩土盐，认为卤泊滩土盐在盐价及买卖的方便程度等方面占有优势，地方的实际情况是"小民钱来不易，避贵食贱本属恒情，有非法所能绳者，近以官盐既定价奇贵，商盐复查禁太严，贫民相率淡食"；而中央政府"以人生日用必需之物，迫民至此，毋亦非政体所宜耶"①，极力呼吁在意地方实情，而对卤泊滩土盐实行因地制宜的政策。《续增河东盐法备览》更指出，陕"地方官绅往往以大利在民，欲弛滩禁"②。

晋、陕地方政府出于各自的考成及为本地方谋福利、求发展的需要，相互之间也会产生矛盾。陕省地方政府呼吁开发卤泊滩土盐，期望充分利用本地资源为本省民众谋福利的同时，晋省地方官员也针对本省河东盐池（解池）提出相同问题："解池产盐，自古称为地宝，从无间断"，如果开发卤泊滩土盐，则河东盐池"年所产官盐五千余名，势必全行停滞，适足以废官池而害鹾政"，况且"大池周围百二十里，附近数百余村户口繁多，民无恒产所恃以养赡者，则惟赴池佣趁以为生，一旦畦地就荒，将此十数万工人何以安插？"针对陕省地方官员呼吁开发卤泊滩土盐，晋省认为："蒲富官绅意存私见，率以滩私既禁，便失其固有之利，逞彼私贩，藐视王章。"晋省认为陕省地方官员"不权重轻，仅为营私者，脱卸其间"，开发卤泊滩土盐最终会导致"在陕则导民以非法，在晋则舍此而从彼，将见大股私枭日益多，配运潞盐日益少，而陈纲之引额日益积，河东之课项日益绌，课绌则边陲之饷源日益竭，而国用日益匮"，其性质"名为化私为官，暗实纵私罢课"，斥责陕方"当不因考成无关，稍涉壑邻之想"。③

从民众的角度来看，卤泊滩土盐生产有利于当地居民谋生，卤泊滩土盐和河东官盐相比具有更高的性价比。就自然条件而言，卤泊滩土盐生产可为附近居民提供一定的利源。卤泊滩东盐泽"停蓄若湖波"，西盐滩则"水草盐脉日浸，移于良田中"④，形成不利于作物生长的盐碱土。由于缺少可耕地，卤泊滩"周

---

① 民国《续修陕西通志稿》卷62《盐法》，中国西北文献丛书编辑委员会编：《中国西北文献丛书》第一辑《西北稀见方志文献》第7卷，兰州：兰州古籍书店，1990年影印版，第603页。

② （清）宝棻等修，姚楷等纂：《续增河东盐法备览》卷上《律例门》，于浩辑：《稀见明清经济史料丛刊》第34册，北京：国家图书馆出版社，2009年，第157页。

③ 光绪《富平县志稿》卷4《经政志·盐法》，凤凰出版社编选：《中国地方志集成·陕西府县志辑》第14册，南京：凤凰出版社，2007年，第321—332页。

④ 万历《富平县志》卷8《田赋》，陕西师范大学图书馆据清乾隆四十三年刻本复印本，1981年，第6页。

围五十余村"，"人无恒产可守"①，从事土盐生产就成为附近大多数村民的"生业"。从健康需求来看，"卤泊滩旧称锅巴盐，挖土熬煎成巨块，并无颗粒，食则刀刮，可治瘿"②，而且卤泊滩西滩所产的锅钯盐，"性暖，南山水寒，其人多瘦，每喜食之"③。由于生产的历史悠久，产量稳定，产盐质量也高于一般土盐，与河东官盐相较价格偏低，其可利用价值还是不容低估的。陕西巡抚兼盐政恩寿就曾提到，"卤泊滩私煎私晒，并无厘课之盐，必将肆行侵灌。盖官盐价昂，则私销愈畅，私销愈畅，则商贩愈疲"④，而且河东官盐远在千里之外，卤泊滩土盐则地近运便。卤泊滩土盐对于地方民生具有种种独特优势，因此民众屡屡呼吁弛禁，在呼吁不成功的条件下，只能暗中以私盐的形式加以利用。

　　陕西卤泊滩土盐开发历史悠久，生产强度大，在中国传统社会土盐生产行业中占有极其重要的地位。但是，在历代王朝盐铁官营政策之下，卤泊滩土盐却始终无法进入官盐生产系统，中央王朝以土盐质量低、为害民众为由，将之一并排除在官盐系统之外。事实上，质与量的问题从来不是土盐开禁的根本界限，而封建政府对于盐课征收问题才是其最基本的关注点。在官盐系统崩溃的条件下，土盐自然而然为统治者所开发利用，而一旦影响到其官课收入，中央政府就会立刻加以阻断，哪怕形成民众的"淡食"也丝毫不加体恤，卤泊滩土盐弛禁之争足以说明这一点。当然，其中夹杂着的政府官员考成之需、地方保护政策等因素，使各方关系变得更加复杂，这也成为终中国封建时期私盐屡禁不止、从不间断的一个重要原因。

第二节　引岸制度下的明清陕西"凤课"研究

　　引岸，是国家为了便于盐业管理、固定产销关系，为全国各大盐区所产之

---

① 民国《续修陕西通志稿》卷 62《盐法》，中国西北文献丛书编辑委员会编：《中国西北文献丛书·西北史地文献》第 7 卷，兰州：兰州古籍书店，1990 年影印版，第 326 页。

② 光绪《富平县志稿》卷 4《经政志·盐法》，凤凰出版社编选：《中国地方志集成·陕西府县志辑》第 14 册，南京：凤凰出版社，2007 年，第 319 页。

③ 民国《续修陕西通志稿》卷 62《盐法》，中国西北文献丛书编辑委员会编：《中国西北文献丛书》第一辑《西北稀见方志文献》第 7 卷，兰州：兰州古籍书店，1990 年影印版，第 602 页。

④ 恩寿：《陕省开办铁路加抽盐价有碍潞纲疏》，（清）宝棻等修，姚楷等纂：《续增河东盐法备览》卷中《奏疏门》，于浩辑：《稀见明清经济史料丛刊》第 34 册，北京：国家图书馆出版社，2009 年，第 353 页。

盐划分的固定销售区域。国家通过引岸的划分与管理，以期达到避免盐业竞争，保证国家盐课征收之目的。"引盐具在，则必布之州邑，便民买食，而后趋避无争，官私有辨也。"①在引岸制度下，全国各级行政单元都食用固定盐区所产之盐，均在该盐区盐务机构领引纳课。如果食盐不在本盐区引岸内销售，出界则为私盐，这为国家所明令禁止。引岸制度起源于唐代，开元元年（713 年），河中尹姜师度以安邑盐池置为盐屯，收利以供边塞之用，其行盐之地"止于中州，济于横汾，爰距陇坂，东下京郑，而抵于宛"。②自此以后，历宋、元、明、清，引岸制度日趋严密。按照明清以来引岸之划分，陕西布政司所属关中地区凤翔府一直属河东引岸，食用河东盐（也称解盐、潞盐）。然而，万历四十一年（1613年）"凤课"的出现，打破了这种食盐与引岸的统一。

"凤课"，专指明清时期凤翔、邠州、兴安三府州所纳之食盐课税。这一课税与其他省区纳课之制有所区别，即以此时国家引岸之划分，三府州均属河东引岸，领河东引，在河东运库纳课，然事实上却销食陕甘盐区所属花马池盐，形成课税与食盐分离的事实。由于这一现象仅存在于以上三府州，又因其最先产生于凤翔府，故名"凤课"。"凤课"存续于明万历四十一年（1613 年）至清咸丰四年（1854年），历时二百余年，其时凤翔府、邠州、兴安府所属 19 州县所纳之"凤课"在中国盐业经济史上"实为仅有"③。"凤课"这一独特现象是在何背景下产生的？它的形成经历过哪些迂回曲折的变迁？什么样的境况使邠州并所属三县及兴安府七属先后效仿这一特殊的领引、纳课、食盐方式？在引岸背景下，当一个地区的国家盐课收入、官吏考成、盐商利益、民众便食出现矛盾时，国家与地方又是怎样协调的？这种协调又反映出怎样的利益冲突与制度缺失？

一、"凤课"产生的背景及形成过程

西北地区是我国重要的池盐产地，主要生产青盐、红盐、白盐与小白盐，唐宋时期已有开采记载。入明以后，为阻止蒙古残军南下，明廷布重兵于西北，灵州花马大、小盐池得到大规模的开发。随着当地人口增加，民间食盐需求量

---

① （清）苏昌臣：《河东盐政汇纂》卷 6《行销》，康熙二十九年刻本。《续修四库全书》编纂委员会编：《续修四库全书·史部》第 839 册，上海：上海古籍出版社，2002 年，第 658 页。

② （清）蒋兆奎撰：《河东盐法备览》卷 12《艺文·唐》崔散：河东盐池灵庆公神祠颂碑序》，四库未收书辑刊编纂委员会编：《四库未收书辑刊》第 1 辑第 24 册，北京：北京出版社，1997 年，第 277 页。

③ （清）苏昌臣：《河东盐政汇纂》卷 1《花马池》，康熙二十九年刻本。《续修四库全书》编纂委员会编：《续修四库全书·史部》第 839 册，上海：上海古籍出版社，2002 年，第 513 页。

加大，再加上纳马中盐、盐课买马、接济军饷等需要，花马池盐获得快速开发。正统三年（1438 年），"灵州官盐召人中纳宁夏马匹，凡上马一匹，盐一百引；中马一匹，盐八十引"①，此时小池盐每引"载盐六石"，根据单位换算可知，纳上马一匹中盐 6000 斤，纳中马一匹中盐 4800 斤。成化元年（1465 年），"宁夏备边马缺四千五百余匹，开灵州花马池等处盐课"，足见纳马中盐需盐量之大。正德元年（1506 年），"大池每年增课一万五千引""小池增三万引"，新旧盐课均送庆阳固原官库"收贮买马"。嘉靖十四年（1535 年），花马小池"增盐三万引，召商开中三边，轮流买马，或接济军饷支用"。②据孙晋浩研究推算：洪武初，花马池一年产盐 80 余万斤；洪武中后期，花马池岁办盐 286 多万斤；正德元年产销量接近 3600 万斤，其年产量为洪武中后期的 12 倍有余，为洪武初的 45 倍。③花马池盐巨大的生产能力及高速发展趋势大大加快了其作为商品盐的销售空间，而按照当时明政府所规定的销引区域，其行销区基本局限于甘肃、青海一带，这一规定大大局限了花马池盐的行销空间，以私盐进入陕西府县，尤其凤翔、邠州、汉中一带的情况不断出现。

与陕甘盐区花马池盐产量激增，急需扩大引岸相反，河东盐区之河东盐却屡次出现管理不善，产量减少的情况，经常被其他盐区或者中央盐政官员建议缩小引岸。宣德二年（1427 年），总兵官宁阳侯陈懋奏称"今河东盐池久被水潦，盐利不兴"，请求河东盐区割让引岸给灵州花马池盐行销，"上从之，命俟河东盐池有盐之日，仍如旧例"。④成化十七年（1481 年），河东盐出现缺产情况，清理河东盐课员外郎袁江在这一年奏称："河东运司岁办盐课三十万四千引，客商未支者四百七十三万八千六百五十余引，见存止一百二十五万一千八百余引，所缺尚多，以岁计之，至成化二十八年方得补完。"⑤隆庆二年（1568 年），巡盐御史赵睿上奏："河东运司积欠消折盐一百三十余万引，捞补无期。"⑥隆庆

---

① （明）申时行等修，赵用贤等纂：《大明会典》卷 33《户部二十·盐法二·陕西》，《续修四库全书》编纂委员会编：《续修四库全书·史部》第 789 册，上海：上海古籍出版社，2002 年，第 577 页。

② （明）申时行等修，赵用贤等纂：《大明会典》卷 33《户部二十·盐法二·陕西》，《续修四库全书》编纂委员会编：《续修四库全书·史部》第 789 册，上海：上海古籍出版社，2002 年，第 577—578 页。

③ 孙晋浩：《明代解盐行销区域之变迁》，《晋阳学刊》2003 年第 4 期，第 68—73 页。

④ 《明宣宗实录》卷 30，宣德二年八月乙亥，台北："中央研究院"历史语言研究所，1962 年校印本，第 785 页。

⑤ 《明宪宗实录》卷 213，成化十七年三月乙未，台北："中央研究院"历史语言研究所，1962 年校印本，第 3705 页。

⑥ 《明穆宗实录》卷 21，隆庆二年六月戊子，台北："中央研究院"历史语言研究所，1962 年校印本，第 572 页。

五年（1571 年），河南巡盐御史俞一贯言："河东岁办正余盐共六十二万引，近因霪雨决堤，盐花鲜结，乞暂宽本年课额，候盐池盛生之年尽力捞补。"[①]万历四年（1576 年），刑科左给事中李戴称"河东盐花减昔"[②]，请求河东盐区割让部分引岸给长芦、两淮盐区所产之盐行销。

具体到凤翔府、邠州，两者均为河东引岸，河东盐的一切运销事务全归官设商人承办，此外任何人不得参与，官商的垄断地位确保其只顾追求利益最大化，要么无河东盐到岸，要么到岸盐斤价高质劣。"在关中自长安以西，河东美盐绝迹不至，间有至者，皆混泽苦恶，中人不以入口，惟耕夫孀妇黾勉食之。"[③]每当河东盐到岸，因其价高质劣，"唱户分盐"，强买强卖，民人"畏如饮鸩"[④]。隆庆年间（1567—1572 年）河东连续出现水灾，河东盐大幅减产，雨浸卤淡，晋额遍减，供应趋紧，民人乏食，邠州之淳化民众不禁哀叹："夫国初班食盐于民，以征钞也。今钞价征而官盐无班，私贩禁而经商不至，其如食盐何哉？"[⑤]偶有到岸河东之盐，盐价通常也"踊贵"[⑥]，不利民食。

明初，陕西布政司领西安府、凤翔府、延安府、庆阳府、巩昌府、临洮府、平凉府、汉中府等八府[⑦]，其不仅包括今天陕西全省，还包括宁夏回族自治区、甘肃省、青海省等省（自治区）的部分地区。以今天陕西省域来看，明初共下辖西安、延安、凤翔、汉中四府，且四府均为河东引岸。[⑧]因此，明初今陕西全省除去沿边各营堡外均属河东引岸。因河东盐质劣价高，陕西河东引岸民众被迫逐渐接受不断涌现的陕甘盐区花马池私盐。正德以来，花马池私盐盛卖，花马池盐与河东盐在三辅间并行销售，"河东盐上下公行，谓之官盐；花马池盐私

---

① 《明穆宗实录》卷 62，隆庆五年十月庚寅，台北："中央研究院"历史语言研究所，1962 年校印本，第 1512 页。

② 《明神宗实录》卷 47，万历四年二月乙亥，台北："中央研究院"历史语言研究所，1962 年校印本，第 1064 页。

③ 嘉庆《灵州志迹》卷 3《艺文·（明）张炼：盐法议》，凤凰出版社编选：《中国地方志集成·宁夏府县志辑》第 6 册，南京：凤凰出版社，2007 年，第 311—312 页。

④ 嘉庆《灵州志迹》卷 3《艺文·（明）张炼：盐法议》，凤凰出版社编选：《中国地方志集成·宁夏府县志辑》第 6 册，南京：凤凰出版社，2007 年，第 312 页。

⑤ 隆庆《淳化志》卷 5《舆地志下》，凤凰出版社编选：《中国地方志集成·陕西府县志辑》第 9 册，南京：凤凰出版社，2007 年，第 410 页。

⑥ 《明穆宗实录》卷 70，隆庆六年五月戊申，台北："中央研究院"历史语言研究所，1962 年校印本，第 1690 页。

⑦ 周振鹤主编，郭红、靳润成著：《中国行政区划通史·明代卷》，上海：复旦大学出版社，2007 年，第 87 页。

⑧ （清）苏昌臣撰，《河东盐政汇纂》卷 1《解池·（明）吕子固：盐池对问》，《续修四库全书》编纂委员会编：《续修四库全书·史部》第 839 册，上海：上海古籍出版社，2002 年，第 499 页。

自贸易，谓之私盐"。①由于花马池私盐的泛滥与逐渐不合时宜的引岸分配制度，变更河东引岸、陕甘引岸界邻地区引岸的呼声延绵不绝。

嘉靖初年，时人提出将凤翔、汉中二府改归陕甘引岸。当时河东盐课专供宣府边储，盐课的征收取决于食盐的足额销售，河东盐区不会自削其足，甘心减小其引岸。嘉靖四年（1525 年），巡按山西御史初果认为河东行盐地方在陕西境内只有"凤翔、汉中等府道兼水陆，商贩颇利。今若以灵州地（池）盐于凤、汉二府行发，则河东所积之盐阻滞。且河东、灵州各有行盐地方，乞行禁治，毋得越境贩卖，便正课流通，边储不乏"②。为了保证正课的征收，户部复议从之。凤翔府改归陕甘引岸的第一次提议，以失败告终。

隆庆初，陕西巡抚张瀚提出花马大小二池随着产量的增加每年都有余盐，原有行销地面狭小，"宜兼行之西、延、凤、汉四郡"。③在当时客观情况下，此提议产生了巨大作用，隆庆四年（1570 年），不但延安府被划归陕甘引岸，行销花马池盐④，花马池盐还被允许兼行陕西河东引岸之西安、凤翔、汉中三府。然而，这种行盐调整大大损害了河东盐区的利益，再加上万历四年（1576 年）刑科左给事中李戴以"河东盐花减昔"⑤，请求河东盐区割让部分引岸给长芦、两淮所产之盐做行销区域。两者引起河东巡盐御史金阶奋起反抗，其反复辩称河东"盐花独隆庆间堤堰不固，客水侵入，以至微鲜，今春琼珠布满，盛夏捞采，可足数年"，"淮商富，解商贫，数年盐少以来，微本压垫，负累已久，今盐花甫盛，而复夺其行盐之地，此辈有委而去耳，如边饷何？"⑥万历六年（1578 年），户部题奏花马、河东二盐"即于本各地方食用为便"⑦，花马池盐不再进入西安、凤翔、汉中三府行销。凤翔府改归陕甘引岸的第二次提议，最终也以失败告终。

① 嘉庆《灵州志迹》卷 3《艺文·（明）张炼：《盐法议》，凤凰出版社编选：《中国地方志集成·宁夏府县志辑》第 6 册，南京：凤凰出版社，2007 年，第 311 页。

② 《明世宗实录》卷 57，嘉靖四年十一月丙辰，台北："中央研究院"历史语言研究所，1962 年校印本，第 1376 页。

③ 《明穆宗实录》卷 70，隆庆六年五月戊申，台北："中央研究院"历史语言研究所，1962 年校印本，第 1690 页。

④ （明）陈仁锡撰：《皇明世法录》卷 28《盐法》，吴相湘：《中国史学丛书》（8），台北：学生书局，1965 年，第 813 页。

⑤ 《明神宗实录》卷 47，万历四年二月乙亥，台北："中央研究院"历史语言研究所，1962 年校印本，第 1064 页。

⑥ 《明神宗实录》卷 50，万历四年五月丙申，台北："中央研究院"历史语言研究所，1962 年校印本，第 1145—1146 页。

⑦ 《明神宗实录》卷 72，万历六年二月庚寅，台北："中央研究院"历史语言研究所，1962 年校印本，第 1548 页。

　　然而，金阶企盼的河东盐丰产并未出现。万历二年（1574 年），因为河东盐官"捞采不预，约束太烦，始执硝气未化，不许丁夫下池；继虑人众混淆，不听贫民协采。倏被阴雨，数万盐课一旦消沉"①。自万历七年（1579 年）起，河东盐池更是连年"淫潦为灾，捞办不敷"②。与此相反，花马池却盐产丰富，万历十七年（1589 年），仅花马小池就达 26 万引③，寻求扩张引岸成为必然。万历三十八年（1610 年），河东巡盐御史陈于庭因凤翔府内贩卖花马池盐者众，"私贩拒捕，无日不闻"，请求将凤翔府"改食灵盐"④，以顺民意。万历三十八年（1610 年），经多方协调，政府间沟通，最终达成协议，正式规定凤翔府属改食花马小池盐，但仍为河东引岸，在河东运库纳课，称为"凤课"，"凤课"就此产生。⑤崇祯年间，汉中府亦改食花马池大盐，划归陕甘引岸。⑥

二、"凤课"实践过程中的危机

　　"凤课"确立之初，于国课民食均带来了好的效果，"课则按年征完，解赴山西运库交纳；引则按年请领，散给里甲派销；领引赴灵支盐运县，卖完之日，将退引交纳，转缴盐院，从无壅滞"⑦。然而好景不长，万历四十一年（1613 年）之前，凤翔府境内晋商为官方指定盐商，民众所食乃晋商运销之河东盐，实行"凤课"以后，凤翔府属改食灵州花马小池盐，晋商退出，灵商继充官商。"久之，灵商又折缺不愿赴，而议召凤商。"⑧凤商不知利害，遂任官商，"嗣因

① 《明神宗实录》卷 57，万历四年十二月乙亥，台北："中央研究院"历史语言研究所，1962 年校印本，第1311—1312 页。
② 《明神宗实录》卷 87，万历七年五月乙卯，台北："中央研究院"历史语言研究所，1962 年校印本，第1811 页。
③ 《明神宗实录》卷 210，万历十七年四月庚辰，台北："中央研究院"历史语言研究所，1962 年校印本，第3930 页。
④ 《明神宗实录》卷 477，万历三十八年十一月辛未，台北："中央研究院"历史语言研究所，1962 年校印本，第 9015 页。
⑤ （清）苏昌臣：《河东盐政汇纂》卷 1《花马池》，《续修四库全书》编纂委员会编：《续修四库全书·史部》第 839 册，上海：上海古籍出版社，2002 年，第 513 页。
⑥ 雍正《陕西通志》卷 41《盐法》，中国西北文献丛书编辑委员会编：《中国西北文献丛书·西北稀见方志文献》，兰州：兰州古籍书店，1990 年影印版，第 43 页。
⑦ 乾隆《宝鸡县志》卷 3《赋役·课税》，凤凰出版社编选：《中国地方志集成·陕西府县志辑》第 32 册，南京：凤凰出版社，2007 年，第 62 页。
⑧ 乾隆《凤翔县志》卷 3《盐法》，凤凰出版社编选：《中国地方志集成·陕西府县志辑》第 29 册，南京：凤凰出版社，2007 年，第 404 页。

灵盐窎远，所得不偿所费，而凤商逐困"，凤翔八属再失官商，而"引课又不敢缺额，不得已，签报商人于里下，驱百姓而驮之，无不家产立破，其有自缢者，有投井者"。①其窘况可见一斑，百般无奈，乃裁去官商，实行"民运民销"，"每年征收课银，照人丁摊派"②，解赴河东运库，这是明中期处理盐引与盐商矛盾的一个重要环节。

明末"闯逆蹂躏小池，井坍夫散，煎熬无人"③，花马小池作为凤翔府境内唯一官盐乏产，官方因为"秦饷催提紧急"，要求"凤课"等河东盐课"酌量损益，不失原额"④，凤属之民徒有纳课之苦，却无食用花马池官盐之实。而此时河东盐也因"明末兵荒迭至，又兼池遭水患，盐花不生者数年"⑤。综合当时花马池盐、河东盐境况，时人称："然今之弊，不在有私盐，而在无官盐。有官盐，则私贩自止。若无官商而复禁私贩，不惟无益于国，将小民且无盐食，必起而报本地之人，又蹈当年故辙矣"。此人提议尽快恢复官商以运官盐，此时清朝刚刚建立不长，陕西地方社会尚不稳定，又因凤翔府属无人充任官商，遂折中建议"莫若仍招晋商，不拘解灵二盐，酌量妥便者，详明发卖，则国课不亏，民困立苏"。⑥然而此时民众虽困，国家照收盐课不误，河东盐课额不缺，户部以"凤翔八属，食花马小池盐，俱照旧例，毋容再议"终结此次讨论。⑦事实上，凤翔府属食盐窘况并未解决。

顺治十二年（1655 年），河东巡盐御史朱绂呈请"仍招解商，往行解盐"，即招晋商认凤翔课，行河东盐而禁花马池盐，使凤翔府属恢复为河东引岸，并"招有新商胡、吕、刘等一十七名"，万事俱备，只欠东风。谁知户部回复的结果仍是"凤翔八属，食灵州小池之盐，系万历年间所行之例，我朝定鼎以来，

① （清）苏昌臣：《河东盐政汇纂》卷 1《花马池》，《续修四库全书》编纂委员会编：《续修四库全书·史部》第 839 册，上海：上海古籍出版社，2002 年，第 513 页。
② 乾隆《宝鸡县志》卷 3《赋役·课税》，凤凰出版社编选：《中国地方志集成·陕西府县志辑》第 32 册，南京：凤凰出版社，2007 年，第 62 页。
③ （清）苏昌臣：《河东盐政汇纂》卷 1《花马池》，《续修四库全书》编纂委员会编：《续修四库全书·史部》，第 839 册，上海：上海古籍出版社，2002 年，第 513 页。
④ 《户部尚书车克等为招商认课何以宽期五年事题本》顺治十年五月二十二日，中国第一历史档案馆：《顺治年间河东盐务题本》，《历史档案》1990 年第 1 期，第 3—8 页。
⑤ 《户部尚书车克等为招商认课何以宽期五年事题本》顺治十年五月二十二日，中国第一历史档案馆：《顺治年间河东盐务题本》，《历史档案》1990 年第 1 期，第 3—8 页。
⑥ （清）苏昌臣：《河东盐政汇纂》卷 1《花马池》，《续修四库全书》编纂委员会编：《续修四库全书·史部》第 839 册，上海：上海古籍出版社，2002 年，第 513 页。
⑦ 《户部尚书车克等为招商行盐不得分道理远近次第举行事题本》，顺治十年六月二十五日，中国第一历史档案馆：《顺治年间河东盐务题本》，《历史档案》1990 年第 1 期，第 3—8 页。

课额不缺，若禁灵盐而行解盐，似不合理，相应照旧，不必纷更"①，在凤翔府招晋商、行河东盐之议再次搁浅。这样处理的结果虽然使国课不缺，但凤翔府属民众食盐问题却仍然没有解决。

如此一来，凤翔府属既无官商，又无官盐，徒纳"凤课"。既然官方认定凤翔府属食用花马小池盐，于是在康熙七年（1668 年），凤属自行招商前往灵州花马池运盐，到达目的地却发现"灵原原无实事，灵池并无支发凤属之盐"，"若欲凤商挖井于灵，以供捞运，则残困之民，不能越险阻而措巨资"。②在凤翔府属招凤商、行花马小池盐之议，也遭搁置。康熙十二年（1673 年），河东巡盐御史何元英疏称：凤翔八属"有课无盐，终为民累，岂足以垂一代之大政。请旨敕部妥议"。③户部仍援照顺治十二年（1655 年）之例，维持"凤课"。

嘉庆十一年（1806 年），凤翔府属改食河东盐，回归河东引岸，"凤课"暂时停止，此为"凤课"最严重危机。嘉庆十一年（1806 年）河东盐复商案内，陕西巡抚方维甸通过观察发现，自乾隆五十七年（1792 年）河东盐课归地丁至嘉庆十一年（1806 年）河东盐复商的 15 年，河东盐"由渭河直达宝鸡，水运行销，较花马池盐价值稍贱"④，因此咨商山西巡抚成龄，希望停止"凤课"，使凤翔八属招晋商行河东盐。山西巡抚成龄疏称："查凤翔府属向食花马池盐而纳河东之课，本属两歧。今因水运便易，盐价较贱，该处民人愿食潞盐，不食花马池盐，不惟难以勉强，且亦事归画一。此后凤翔府八属应请即改销潞盐，派商行运，以顺民情。"户部议复："查挈、配盐引自应详查地势，体察舆情，随时量为调剂。今陕西凤翔府八属向食花马池盐，纳河东之课。该抚等既因潞盐水运便易，价值较贱，民人愿食，请改配行销，应如所奏办理，以利运道而顺民情。"⑤

---

① （清）苏昌臣：《河东盐政汇纂》卷 1《花马池》，《续修四库全书》编纂委员会编：《续修四库全书·史部》第 839 册，上海：上海古籍出版社，2002 年，第 513 页。
② （清）苏昌臣：《河东盐政汇纂》卷 1《花马池》，《续修四库全书》编纂委员会编：《续修四库全书·史部》第 839 册，上海：上海古籍出版社，2002 年，第 513—514 页。
③ （清）苏昌臣：《河东盐政汇纂》卷 1《花马池》，《续修四库全书》编纂委员会编：《续修四库全书·史部》第 839 册，上海：上海古籍出版社，2002 年，第 514 页。
④ （清）江人镜等修，张元鼎等纂：《增修河东盐法备览》卷 5《奏疏·复商应行条款部议（嘉庆十一年）》，于浩辑：《稀见明清经济史料丛刊》第 32 册，北京：国家图书馆出版社，2009 年，第 660—661 页。
⑤ （清）江人镜等修，张元鼎等纂：《增修河东盐法备览》卷 5《奏疏·复商应行条款部议（嘉庆十一年）》，于浩辑：《稀见明清经济史料丛刊》第 32 册，北京：国家图书馆出版社，2009 年，第 660—661 页。

三、"凤课"的稳定及地域扩展

早在雍正八年（1730 年），户部因邠州之长武县属河东引岸，领河东之引却食花马池盐，"甚称民便"，遂题准"即照凤翔之例，改食池盐"①，"凤课"获得第一次地域扩展。乾隆十六年（1751 年），山西、陕西、河南三省抚臣及河东盐政在会议上曾明确肯定"凤课"实施功效，四者合词具奏，"陕西凤翔一府、邠州属之长武县例销河东之引，食花马池盐，州县按引征课，名曰凤课"，其"引既无多，盐复任便，经久相安，税课不误，无可置议"。②

嘉庆十二年（1807 年），户部又议准凤翔八属仍食灵州花马池盐，"凤课"被重新启用。嘉庆十二年，山西巡抚成龄等疏称，凤翔府属自嘉庆十一年（1806 年）设立官商后，以前因课归地丁而减免的课务官钱"五千一百四十四两零"又需重新交纳，盐税加重；再加上河东盐运发凤翔八属需由渭水"逆流牵挽"，运费倍增。两者相加导致凤翔府属境内河东盐成本过重，商人不肯认办，"招募多时，始有孙庆余、张复原承认行销。而本商不能亲往，商伙等将混盐发售，藉免赔累"③。混盐为劣质盐，如此一来凤翔府属所食河东盐价高质劣，民众难食。且"定边花马大池盐应行销汉中，由凤翔经过，官私莫辨，盘诘维艰"，给地方官吏盐业缉私造成很大困难，遂"请将陕西凤翔府属八州县仍食灵州花马小池盐，行销河东之引，摊纳课银，毋庸设商经理"。④户部复称："分配引地，以裕商便民为主。该抚等既因改食潞盐商民交称不便，而定边花马大池盐越境行销又复难于稽查，自属实在情形，应如所奏，将陕西省凤翔府所属之八州县一并仍食甘肃灵州花马小池盐，领引纳课俱照未复商以前旧例办理。"⑤至此，"凤课"进入一个长达近 50 年的稳定期。

① 托津等纂：《钦定大清会典事例》卷 224《户部·盐法·河东花马池》，《近代中国史料丛刊三编》第 658 册，台北：文海出版社有限公司，1988 年，第 8268 页。

② （清）稽璜等纂：《清朝文献通考》卷 29《征榷考四·盐》，光绪八年刊本，杭州：浙江书局，第 2 函第 6 册，第 28—29 页。

③ （清）江人镜等修，张元鼎等纂：《增修河东盐法备览》卷 5《奏疏·陕西凤翔府属改食灵盐并邠州等处按烟户交纳课银部议（嘉庆十二年）》，于浩辑：《稀见明清经济史料丛刊》第 32 册，北京：国家图书馆出版社，2009 年，第 673—674 页。

④ （清）江人镜等修，张元鼎等纂：《增修河东盐法备览》卷 5《奏疏·陕西凤翔府属改食灵盐并邠州等处按烟户交纳课银部议（嘉庆十二年）》，于浩辑：《稀见明清经济史料丛刊》第 32 册，北京：国家图书馆出版社，2009 年，第 674 页。

⑤ （清）江人镜等修，张元鼎等纂：《增修河东盐法备览》卷 5《奏疏·陕西凤翔府属改食灵盐并邠州等处按烟户交纳课银部议（嘉庆十二年）》，于浩辑：《稀见明清经济史料丛刊》第 32 册，北京：国家图书馆出版社，2009 年，第 675 页。

嘉庆十一年（1806 年），邠州并所属三水、淳化二县仿"凤课"例，改食灵州花马池盐，"凤课"获得第二次地域扩张。邠州并所属三水、淳化二县距离河东盐池路途较远，在专商引岸制度下，为防止运商沿途销售，河东盐运往三水、淳化二县需要走官方规定路线，并在规定时间内到岸，否则以私盐处置。河东盐"自运城二十里至龙曲，三十里至客头，四十里至七计镇，六十里至下马头，二十里至黄河口，上船八十里至三河口，二百五十里至交口，起旱，一百一十里至云阳镇，七十里至淳化县，八十里至三水县"，共 680 里、760 里不等，并需在规定的十五六日内到达。①其间陆运、水运，上船起旱，颇费人力物力，运输成本较高。再加上"该州县山路崎岖"，"潞盐至彼费重而价昂"，陕西抚臣方维甸以邠州并三水、淳化二县"距花马池较近，小民贪贱，乘便买食，难以禁阻"等语提请将其改食灵州花马池盐。户部回复："查陕西邠州并所属之三水、淳化二县向行河东盐引，今该抚既称该州县山路崎岖，潞盐到彼，费重价昂，其地距花马池较近，小民乘便买食，亦如凤翔府属之不愿舍近就远，请各从其便等因，亦应如所奏，准其改食花马池盐，以省运费而便民食。"②至此，邠州并所属长武、三水、淳化三县皆从"凤课"例。

嘉庆十六年（1811 年），兴安府属仿"凤课"例改食花马池盐，"凤课"获得第三次地域扩张。兴安府属地处南山，其地崇山峻岭，林深箐密，山径丛杂，民众"依山盖屋，或一家或二三家零星居住，聚落甚少"。官商因运盐费用较高，并不入山，而是"转交小贩运卖"，"穷山僻径，无处不到"，"南山肩贩贫民藉资生计"由来已久。③无业贫民以挑贩池盐为生，已成恒业。嘉庆十六年（1811年），山西巡抚衡龄疏请将兴安府属"改食灵州花马池盐，应征盐课照凤翔府之案，于七属地丁内摊征。其随征公务等银，仍行减免"。嘉庆帝着户部查复，户部疏称，兴安七属"自用兵之后，无业贫民以肩挑池盐为生，数年以来，已成恒业，遽行拿禁，转恐别生事端。若不亟为调剂，必致官引滞销，贻误正课。臣部悉心察核，似属实在情形，自应量为调剂，俾得商民两便，应如所奏，将兴安府七属准其改食灵州花马池盐，听民贩运。所有应征盐课、纸价、余平等项银一千九百七十七两零，照凤翔府之例，在于该府七属地丁内摊征，其每年

---

① （清）觉罗石麟等修，朱一凤等纂：《敕修河东盐法志》卷 4《运程》，清雍正五年刻本，吴相湘主编：《中国史学丛书》，台北：学生书局，2002 年，第 337 页。

② （清）江人镜等修，张元鼎等纂：《增修河东盐法备览》卷 5《奏疏·复商应行条款部议（嘉庆十一年）》，于浩辑：《稀见明清经济史料丛刊》第 32 册，北京：国家图书馆出版社，2009 年，第 661—662 页。

③ （军机处录副奏折）《陕西巡抚方维甸奏为筹议河东盐务事宜折》，嘉庆十二年二月初五日，中国第一档案馆：《清嘉庆十一年河东盐务改归商业档案史料选辑（续三）》，《盐业史研究》1990 年第 4 期，第 68—72 页。

应销额余引四千八百一十道，仍赴河东道衙门照旧领缴"。①

四、"凤课"背后的国家、地方与民众利益权衡

明初，凤翔、西安、延安、汉中四府均属河东引岸，"虽因宋至道之旧制，而形势诚所宜然"②。明万历四十一年（1613 年）后，凤翔府改食花马池盐，定例仍领河东盐引，为河东引岸，因其"盐味佳羡耶，抑亦转运为便耶"。③既然一切都是顺其自然，令人不免心生疑惑：既然凤翔府改食花马池盐，成为花马池盐的行销地面，明廷为何还要求它继续在河东运司领引纳课，为河东引岸，并巧立名目立为"凤课"，造成食盐与引岸、承课的长久分离？

明前中期，在民间食盐及食盐开中法所需食盐的共同作用下，花马池盐获得急速发展，急需扩大行盐地面，而河东盐由于天然原因产量极不稳定，销盐地面不得不缩小。在引岸制度下，花马池盐、河东盐分属河东及陕甘两大盐区，相互之间不能借地行销，花马池盐只能以私盐方式侵占河东引岸，两大盐区引岸的调整成为迫切需要。但是在固有的引岸体制下，两大盐区之间的引岸调整所关非细，国课民食、盐商利益、官吏考成、民众诉求均涉其中，"凤课"的出现，正是四者利益相互博弈、妥协的结果。

"凤课"的核心特征是凤翔府、邠州、兴安府所属 19 州县食盐与引岸的两歧，即 19 州县食花马池盐，却归河东引岸，在河东运库纳课。问题的焦点在于凤翔府、邠州、兴安府所属 19 州县行销花马池盐还是河东盐？为陕甘引岸还是河东引岸？按照花马池盐还是河东盐区标准纳课？后两者实为一个问题，因为在引岸制度下，为某一个盐区的引岸，必按照某盐区的标准纳课。

"凤课"确立前夕，凤翔府内花马池"盐味佳羡"，河东盐味苦，"民不堪食"。④从盐课上看，"河东盐一引三钱有奇，二池盐一石六分有奇"⑤，河东盐

①　（清）江人镜等修，张元鼎等纂：《增修河东盐法备览》卷 5《奏疏·奏兴安府七属引地仍请改食花马池盐按丁摊课部议（嘉庆十六年）》，于浩辑：《稀见明清经济史料丛刊》第 32 册，北京：国家图书馆出版社，2009 年，第 700—701 页。

②　（清）苏昌臣：《河东盐政汇纂》卷 1《花马池》，《续修四库全书》编纂委员会编：《续修四库全书·史部》第 839 册，上海：上海古籍出版社，2002 年，第 512 页。

③　（清）苏昌臣：《河东盐政汇纂》卷 1《花马池》，康熙二十九年刻本，《续修四库全书》编纂委员会编：《续修四库全书·史部》第 839 册，上海：上海古籍出版社，2002 年，第 512 页。

④　《明神宗实录》卷 209，万历十七年三月甲戌，台北："中央研究院"历史语言研究所，1962 年校印本，第 3927 页。

⑤　嘉庆《灵州志迹》卷 3《艺文·（明）张炼：盐法议》，凤凰出版社编选：《中国地方志集成·宁夏府县志辑》第 6 册，南京：凤凰出版社，2007 年，第 315 页。

每引 200 斤，花马大小二池盐一石约 100 斤，前者税率为后者的 2.5 倍。高盐课必然导致高盐价，如此一来，河东盐质劣价高，花马池盐则质优价廉，悬殊甚大。从交通方面看，花马池盐亦比河东盐转运为便，明代庆阳府环县、庆阳为延绥、宁夏、固原三镇重要的物资供应点，官方颇为重视安边营、三山堡、饶阳水堡与两地的交通道路，其中一线"自定边营南行，经三山堡、饶阳水堡南至环县，以达庆阳府"，是联系花马池与庆阳府的交通孔道。[①]此时庆阳、平凉均为花马池引岸，二地又与凤翔府在在可通，而凤翔府属"去解池千有余里，山险难行"[②]，两相比较，凤属民众自然"不愿舍近就远"[③]。通过盐质、盐价、便食比较，民众必然选择食花马池盐、纳花马池盐课，归陕甘引岸。从盐商角度看，万历年间凤翔府境内花马池私盐盛行，河东盐销额遍减，晋商作为官商赔累难支，"旧商带支坐困，新商起纳无几"[④]，他们自然也希望凤翔府属改食花马池盐，从而退出官商之列，得以"卸担"。[⑤]

引岸制度下，地方官吏有缉私之责，"但其受命而来也，惟以行官盐禁私盐为职，而反是则骇矣"，因此地方官吏基于其职责惯性，拒绝凤翔府改归陕甘引岸。河东盐课税重，花马池盐课税轻，国家以维护高额盐税收入为要务，在一个地区人口一定、食盐量一定的前提下，当然也希望维持原来的引岸分配，同样拒绝凤翔府属改归陕甘引岸。与此相反，凤翔府内少数民众，为衣食所驱，冒险去花马池贩盐，一旦被缉私官兵所获，则"比屋破产，接踵丧生"。[⑥]他们则希望本府改归陕甘引岸，只有这样，花马池盐在凤翔府境内才可以化私为官，他们就可以脱掉私贩的身份，堂堂正正地去花马池贩盐，以解决其民生问题。

由上可见，河东盐商苦累难支，凤翔府民众出于食盐之利及民生之便均期望凤翔府属改归陕甘引岸。而国家为了维持高额盐课收入，地方官吏出于职责惯性，均极力维持凤翔府属为河东引岸。在河东盐因欠产不能致远，花马池盐

---

① 张萍：《地域环境与市场空间——明清陕西区域市场的历史地理学研究》，北京：商务印书馆，2006 年，第 129 页。

② 《明神宗实录》卷 477，万历三十八年十一月辛未，台北："中央研究院"历史语言研究所，1962 年校印本，第 9015 页。

③ （清）江人镜等修，张元鼎等纂：《增修河东盐法备览》卷 5《奏疏·复商应行条款部议（嘉庆十一年）》，于浩辑：《稀见明清经济史料丛刊》第 32 册，北京：国家图书馆出版社，2009 年，第 662 页。

④ 嘉庆《灵州志迹》卷 3《艺文·（明）张炼：盐法议》，凤凰出版社编选：《中国地方志集成·宁夏府县志辑》第 6 册，南京：凤凰出版社，2007 年，第 314 页。

⑤ 康熙《河东盐政汇纂》卷 1《花马池》，《续修四库全书》编纂委员会编：《续修四库全书·史部》第 839 册，上海：上海古籍出版社，2002 年，第 513 页。

⑥ 嘉庆《灵州志迹》卷 3《艺文·（明）张炼：盐法议》，凤凰出版社编选：《中国地方志集成·宁夏府县志辑》第 6 册，南京：凤凰出版社，2007 年，第 318、315 页。

以私盐身份行销于凤翔府属的境况下，国家作为盐业政策的制定者，开禁花马池盐，使之行销于凤翔府境内，但又维持凤翔府属为河东引岸，按照河东盐标准缴纳盐课，达到"借灵产以足解课"之目的①，这是政府受益最大的解决之方。

回归"凤课"的两个侧面：一是凤翔府、邠州、兴安府所属 19 州县改食花马池盐，二是三府州所属 19 州县仍为河东引岸，按照河东盐标准缴纳盐课。前者解决了 19 州县民众的食盐问题，在裁去官商，实行民运民销的运销制度后，又解决了部分无业贫民的生业问题；后者则达到了国家追求高额盐课征收之目的。"凤课"的出现，虽没有突破严格、僵化的引岸制度，但在很大程度上考虑了地方民众的食盐与生业，在当时也算是因地制宜，是一个不小的进步。

只要国家还在追求高额盐税收入，即使三府州被改归陕甘引岸，也必定要求其承担与河东盐相同的课税，重课之后必有重价，河东官盐的一切弊端必会转移到花马池盐身上。花马池盐之所以不断侵占河东引岸，在于其课税低于河东盐，再加上私盐没有纸价、平余等盐务官钱，没有官吏的需索，故盐价远低于河东盐。然而，如果改归陕甘引岸，"欲行盐则必认课，欲认课则必增价"②，花马池盐的这些优势必定丧失。课银的负担，也即国家对高额盐课的追求，是三府州改归陕甘引岸的最大障碍。

"凤课"的存在以国家对盐政的绝对控制为前提。道光以后，鸦片战争造成社会经济的破坏，国家财政困难的加剧。规模空前的太平天国农民起义更对国家包括盐政在内的财政管理体制造成巨大冲击，为筹集军费镇压农民起义，国家不得不给地方较大的财权，中央高度集中的财政管理体制逐步瓦解。③在这种背景下，由国家直接控制的盐业专商引岸制度在全国 11 大盐区内逐渐崩溃。咸丰四年（1854 年），陕西省盐课请归地丁摊征案内，户部复准凤翔、邠州、兴安三府州在继续食用花马池盐的前提下，盐课一律解缴陕西藩库，盐课归地方分配使用④，三府州县脱离河东引岸，"凤课"终结。

① 康熙《河东盐政汇纂》卷 1《花马池》，《续修四库全书》编纂委员会编：《续修四库全书·史部》第 839 册，上海：上海古籍出版社，2002 年，第 512 页。
② 《明神宗实录》卷 214，万历十七年八月癸未，台北："中央研究院"历史语言研究所，1962 年校印本，第 4013 页。
③ 周志初：《晚清财政经济研究》，济南：齐鲁书社，2002 年，第 50 页。
④ （清）江人镜等修，张元鼎等纂：《增修河东盐法备览》卷 7《奏疏·陕省盐课请归地丁摊征部议（咸丰四年）》，于浩辑：《稀见明清经济史料丛刊》第 33 册，北京：国家图书馆出版社，2009 年，第 202 页。

参 考 文 献

一、历史资料

1. 档案、统计资料

督办运河工程总局编辑处：《调查河套报告书》，北京：北京京华印书局，1923 年。

樊士杰编：民国《陕绥划界纪要》，民国二十一年静修斋印制。

经济学会编辑：《甘肃清理财政说明书》，民国铅印本。

梁方仲编著：《中国历代户口、田地、田赋统计》，上海：上海人民出版社，1980 年。

彭泽益：《中国近代手工业史资料》（1840—1949），北京：生活・读书・新知三联书店，1957 年。

陕西清理财政局编辑：《陕西全省财政税明书》，清宣统元年排印本。

孙毓堂：《中国近代工业史资料》第一、二辑，北京：科学出版社，1957 年。

许道夫编：《中国近代农业生产及贸易统计资料》，上海：上海人民出版社，1983 年。

严中平等编：《中国近代经济史统计资料选辑》，北京：科学出版社，1955 年。

2. 正史、政书

（明）龚辉撰：《全陕政要》，四库全书存目丛书编纂委员会编：《四库全书存目丛书》，济南：齐鲁书社，1996 年影印本。

（明）张学颜等撰：《万历会计录》，国立北平图书馆民国二十四年据万历刻本晒印本。

（清）宝菜等修，姚楷等纂，《续增河东盐法备览》3 卷，宣统刻本。

（清）贺长龄、魏源等编：《清经世文编》，北京：中华书局，1992 年。

（清）嵇璜等纂：《清朝文献通考》，光绪八年浙江书局刊本。

（清）江人镜等修，张元鼎等纂：《增修河东盐法备览》8 卷，光绪八年刻本。

（清）托律等重修：《钦定大清会典事例》，清嘉庆二十三年刻本。

（清）周庆云纂：《盐法通志》，上海：文明书局，1914 年铅印本。

《明会典》，文渊阁《四库全书》本。

《明实录》，民国二十九年据江苏国学图书馆传抄本影印。

《明史》，北京：中华书局，1974 年。

《清实录》，北京：中华书局，1987 年影印版。

《清史稿》，北京：中华书局，1977 年。

民国盐务署：《清盐法志》300 卷，1920 年。

3. 方志

（明）苟好善纂修：崇祯《醴泉县志》6 卷、首 1 卷，明崇祯十一年刻本。

（明）郭实修，王学谟纂：万历《续朝邑县志》8 卷，明万历十二年刻本。

（明）夹璋纂修：嘉靖《醴泉县志》4 卷，明嘉靖十四年刘佐刻本。

（明）康海纂：正德《武功县志》3 卷，明正德十四年冯玮刻本。

（明）李东纂修，李进思续修：隆庆《蓝田县志》2 卷，明嘉靖八年修，隆庆五年续修刻本。

（明）李可久修，张光孝纂：隆庆《华州志》24 卷，明隆庆六年刻本。

（明）李思孝修，冯从吾等纂：万历《陕西通志》35 卷，万历三十九年刻本。

（明）李廷宝修，乔世宁纂：嘉靖《耀州志》11 卷，明嘉靖三十六年刻本。

（明）李贤等撰：《大明一统志》，西安：三秦出版社，1990 年。

（明）李宗仁修，杨怀纂：弘治《延安府志》8 卷，明弘治十七年刻本。

（明）连应魁修，李锦纂：嘉靖《泾阳县志》12 卷，明嘉靖二十六年刻本。

（明）蔺世贤修，魏廷揆纂：嘉靖《邰阳县志》2 卷，明嘉靖二十年刻本。

（明）刘兑修，孙丕扬纂：万历《富平县志》10 卷，明万历十二年刻本。

（明）刘九经纂，（清）陈超祚续修：万历《鄜志》8 卷，明万历刻、清顺治康熙递修本。

（明）刘梦阳纂修：万历《白水县志》6 卷，明万历三十七年刻本。

（明）刘璞修，赵崡纂：万历《鄠县志》11 卷，明万历年间刻本。

（明）刘泽远修，寇慎纂、孔尚标增修：崇祯《同官县志》10 卷，明崇祯十三年增补本。

（明）罗廷绣纂修：隆庆《淳化志》8 卷，明隆庆四年童恩善刻本。

（明）吕柟纂修：嘉靖《高陵县志》7 卷，明嘉靖二十年刻本。

（明）南轩纂，南师仲增订：万历《渭南县志》16 卷，明万历十八年刻，天启元年增刻本。

（明）石道立原纂，（清）姚钦明增修，路世美增纂：顺治《澄城县志》2 卷、首 1 卷，清顺治六年刻本。

（明）宋廷佐纂修：嘉靖《乾州志》2 卷，明嘉靖年间刻本。

（明）苏进修，张士佩纂：万历《韩城县志》8 卷，明万历三十五年刻本。

（明）王道修，韩邦靖纂：正德《朝邑县志》2 卷，清康熙五十一年王兆鳌刻本。

（明）王江、王正纂修：正德《凤翔府志》8 卷，明正德十六年刻本。

（明）王九畴修，张毓翰纂：万历《华阴县志》9 卷，明万历四十二年修，四十九年刻本。

（明）王联芳修，武士望纂：万历《临潼县志》4 卷，明万历三十六年刻本。

（明）徐效贤、敖佐修，石道立纂：嘉靖《澄城县志》2 卷，明嘉靖二十八年修，清咸丰元年重刻明嘉靖三十年本。

（明）杨殿元纂修：崇祯《乾州志》2 卷，明崇祯六年刻本。

（明）姚本修，阎奉恩纂，（清）苏东柱续修：顺治《邠州志》4 卷，清顺治六年刻本。

（明）姚本修，阎奉恩纂：嘉靖《邠州志》4 卷，明万历年间刻本。

（明）于邦栋修，南宫纂：万历《重修岐山县志》6 卷，明万历十九年刻本。

（明）张琏纂修：嘉靖《耀州志》2 卷，明嘉靖六年修，二十年重刻本。

（明）张信纂修：嘉靖《重修三原县志》16 卷，明嘉靖年间刻本。

（明）张一英修，马朴纂：天启《同州志》18 卷，明天启五年刻本。

（明）赵德纂修：弘治《咸阳县志》10 卷，明弘治七年刻本。

（明）赵廷瑞修，马理纂：嘉靖《陕西通志》40 卷，嘉靖二十一年刻本。

（明）郑汝璧修，刘余泽纂：万历《延绥镇志》8 卷，明万历三十五年刻本。

（明）周易纂修：万历《重修凤翔府志》5 卷，明万历五年刻本。

（明）朱昱纂修：成化《重修三原县志》16 卷，明成化刻本。

（清）《邠县乡土志》1 卷，清光绪年间修稿本。

（清）《大荔县乡土志》，抄本。

（清）《蓝田县乡土志》2 卷，清宣统二年抄本。

（清）《咸阳县乡土志》1 卷，清光绪三十三年修，稿本。

（清）安守和修，杨彦修纂：光绪《临潼县续志》2 卷，清光绪十六年刻本。

（清）拜斯呼朗纂修：雍正《重修陕西乾州志》6 卷，清雍正四年刻本。

（清）查遴纂修，沈华订正：雍正《宜君县志》，清雍正十年刻本。

（清）常毓坤修，李开甲等纂：光绪《孝义厅志》12 卷、首 1 卷，清光绪九年刻本。

（清）陈爌修，李楷、东荫商纂：顺治《洛川志》2 卷，清顺治十八年刻本。

（清）陈仕林纂修：嘉庆《耀州志》10 卷，清嘉庆七年刻本。

（清）陈天植修，刘尔樺纂：康熙《延安府志》10 卷、首 1 卷，清康熙十九年修，四十三年增
　　刻本。

（清）陈尧书纂修：道光《续修咸阳县志》1 卷，清道光十六年刻本。

（清）程维雍修，白遇道纂：光绪《高陵县志》8 卷，清光绪七年修、十年刻本。

（清）褚成昌纂修：《华州乡土志》1 卷，清光绪年间抄本。

（清）达灵阿修，周方炯、高登科纂：乾隆《凤翔府志》12 卷、首 1 卷，清乾隆三十一年刻本。

（清）戴治修，洪亮吉、孙星衍纂：乾隆《澄城县志》20 卷，清乾隆四十九年刻本。

（清）邓梦琴修，董诏纂：《宝鸡县志》16 卷，清乾隆五十年刻本。

（清）邓梦琴原本，曹骥观续修，强振志修纂：民国《宝鸡县志》16 卷，民国十一年陕西印刷局
　　铅印本。

（清）邓永芳修，李馥蒸纂：康熙《蒲城志》4 卷，清康熙五年刻本。

（清）丁瀚修，张永清等纂：嘉庆《续修中部县志》4 卷、首 1 卷，清嘉庆十二年刻本。

（清）丁锡奎修，白翰章、辛居乾纂：光绪《靖边志稿》4 卷，清光绪二十五年刻本。

（清）丁应松修，樊景颜纂：雍正《高陵县志》10 卷、序图 1 卷，清雍正十年刻本。

（清）樊士锋修，洪亮吉、李泰交纂：乾隆《长武县志》12 卷，清乾隆四十八年刻本。

（清）樊增祥、刘锟修，田兆岐纂：光绪《富平县志稿》10 卷、首 1 卷，清光绪十七年刻本。

（清）冯昌奕修，刘遇奇纂：康熙《续华州志》4 卷，清康熙年间刻本。

（清）傅应奎修，钱坫纂：乾隆《韩城县志》16 卷、首 1 卷，清乾隆四十九年刻本。

（清）高廷法、沈琮修，陆耀通，等纂：嘉庆《咸宁县志》26 卷、首 1 卷。

（清）高锡华编：《武功县乡土志》1 卷，清光绪末年抄本。

（清）高珣修，龚玉麟纂：嘉庆《葭州志》2 卷，清嘉庆十五年刻本。

（清）高昱修，王开沃纂，马学赐续修，王芾续纂：嘉庆《蓝田县志》16 卷，清嘉庆元年刻本。

（清）高照煦纂，高增融校订：光绪《米脂县志》12 卷，清光绪三十三年铅印本。

（清）葛晨纂修：乾隆《泾阳县志》10 卷，清乾隆四十三年刻本。

（清）宫耀亮修，陈我义纂：乾隆《醴泉县续志》3 卷、首 1 卷，清乾隆十六年刻本。

（清）顾耿臣修，任于峤纂：康熙《鄜州志》8 卷，清康熙五年刻本。

（清）顾声雷修，张埙纂：乾隆《兴平县志》25 卷，清乾隆四十四年刻本。

（清）郭显贤修，杨呈藻纂：顺治《蓝田县志》4 卷、首 1 卷，清顺治十七年刻本。

（清）郭显贤原本，李元昇增修，李大捷等增纂：雍正《蓝田县志》4 卷、首 1 卷，清雍正八年增
　　刻顺治本。

（清）韩铺纂修：雍正《凤翔县志》10 卷，清雍正十一年刻本。

（清）何耿绳修，姚景衡纂：道光《重辑渭南县志》18 卷，清道光九年刻本。

（清）何锡爵修，吴之翰纂：康熙《宝鸡县志》3 卷，清康熙二十一年刻本。

（清）贺云鸿纂修：乾隆《大荔县志》26 卷、首 1 卷，清乾隆五十一年刻本。

（清）洪蕙纂修：嘉庆《重修延安府志》80 卷，清嘉庆七年刻本。

（清）侯昌铭纂修：光绪《保安县志略》2 卷，清光绪二十四年修，抄本。

（清）胡蛟龄纂修：乾隆《兴平县志》8 卷，清乾隆元年刻本。

（清）胡昇猷修，张殿元纂：光绪《岐山县志》8 卷，清光绪十年刻本。

（清）胡元焕修，蒋湘南纂：道光《泾阳县志》30 卷，清道光二十二年刻本。

（清）胡元焕修，蒋湘南纂：道光《蓝田县志》16 卷，清道光十九年修，二十二年刻本。

（清）黄家鼎修，陈大经、杨生芝纂：康熙《咸宁县志》8 卷，清康熙七年刻本。

（清）冀兰泰修，陆耀遹纂：嘉庆《韩城县续志》5 卷，清嘉庆二十三年刻本。

（清）贾汉复修，李楷纂：康熙《陕西通志》32 卷、首 3 卷，清康熙六年刻本。

（清）江山秀修，师从德等纂，张枚增补：康熙《咸阳县志》4 卷，清康熙四十四年增刻顺治本。

（清）姜瑞庭编：《洛川县乡土志》1 卷，清光绪三十三年抄本。

（清）姜桐冈修，郭四维纂：同治《三水县志》12 卷、首 1 卷，清同治十一年刻本。

（清）蒋基修，王开沃纂：乾隆《永寿县新志》10 卷、首 1 卷，清乾隆五十六年刻本。

（清）蒋基修纂：《永寿县志余》2 卷，清嘉庆元年刻本。

（清）蒋骐昌修，孙星衍纂：乾隆《醴泉县志》14 卷、图 1 卷，清乾隆四十九年刻本。

（清）焦思善修，张元璧、王润纂：光绪《增续汧阳县志》2 卷，清光绪十三年刻本。

（清）焦云龙修，贺瑞麟纂：光绪《三原县新志》8 卷，清光绪六年刻本。

（清）金嘉琰、朱廷模修，钱坫纂：乾隆《朝邑县志》11 卷、首 1 卷，清乾隆四十五年刻本。

（清）金玉麟修，韩亚熊纂：咸丰《澄城县志》30 卷，清咸丰元年刻本。

（清）康行僴修，康乃心纂：康熙《韩城县续志》8 卷，清康熙四十二年刻本。

（清）康如琏修，康弘祥纂：康熙《鄠县志》12 卷、图 1 卷，清康熙二十一年刻本。

（清）孔繁朴修，高维岳纂：光绪《绥德直隶州志》8 卷、首 1 卷，清光绪三十一年刻本。

（清）李带双修，张若纂：乾隆《郿县志》18 卷、首 1 卷，清乾隆四十三年刻本。

（清）李带双原本，沈锡荣增补：宣统《郿县志》18 卷、首 1 卷，清宣统二年陕西图书馆铅印本。

（清）李恩继、文廉修，蒋湘南纂：咸丰《同州府志》34 卷、首 1 卷，清咸丰二年刻本。
（清）李嘉续纂：《汧阳述古编》2 卷，清光绪十五年李氏代耕堂刻本。
（清）李寿昌修，任佺纂：光绪《葭州志》1 卷，清光绪二十年刻本。
（清）李体仁修，王学礼纂：光绪《蒲城县新志》13 卷、首 1 卷，清光绪三十一年刻本。
（清）李熙龄纂修：道光《榆林府志》50 卷、首 1 卷，清道光二十一年刻本。
（清）李瑄修，刘尔怡纂：康熙《中部县志》4 卷，清康熙三十二年修，刻本。
（清）李瀛修，温德嘉、焦之序纂：康熙《三原县志》7 卷，清康熙四十四年刻本。
（清）李元春纂：咸丰《朝邑县志》3 卷，清咸丰元年华原书院刻本。
（清）李暲修，郭指南纂：顺治《安塞县志》10 卷，清顺治十八年修，抄本。
（清）梁善长纂修：乾隆《白水县志》4 卷、首 1 卷，清乾隆十九年刻本。
（清）梁禹甸纂修：康熙《长安县志》8 卷，清康熙七年刻本。
（清）林逢泰修，文倬天纂：康熙《三水县志》4 卷，清康熙十六年刻本。
（清）刘毂纂修：顺治《延川县志》1 卷，清顺治十八年刻本。
（清）刘瀚芳、陈允锡修，冯文可纂：顺治《扶风县志》4 卷，清顺治十八年刻本。
（清）刘懋官修，宋伯鲁、周斯亿纂：宣统《重修泾阳县志》16 卷、首 1 卷、末 1 卷，清宣统三年天津华新印刷局铅印本。
（清）刘绍攽纂：乾隆《三原县志》18 卷、首 1 卷，清乾隆四十八年刻本。
（清）刘於义修，沈青崖纂：雍正《陕西通志》100 卷、首 1 卷，清雍正十三年刻本，中国西北文献丛书编辑委员会编：《中国西北文献丛书・西北史地文献》，兰州：兰州古籍书店，1990 年影印版。
（清）刘毓秀修，贾构纂：嘉庆《洛川县志》20 卷、首 1 卷，清嘉庆十一年刻本。
（清）刘组曾纂修：乾隆《凤翔府志略》3 卷，清乾隆二十六年刻本。
（清）卢坤：《秦疆治略》，清道光年间刻本。
（清）鲁一佐修，周梦熊纂：雍正《鄠县重续志》5 卷，清雍正十年刻本。
（清）陆维垣、许光基修，李天秀等纂：乾隆《华阴县志》22 卷、首 1 卷，清乾隆五十二年修，五十八年刻本。
（清）罗鳌修，周方炯、刘震纂：乾隆《凤翔县志》8 卷、首 1 卷，清乾隆三十二年刻本。
（清）罗日璧纂修：道光《重修汧阳县志》12 卷、首 1 卷，清道光二十一年刻本。
（清）罗彰彝纂修：康熙《陇州志》8 卷、首 1 卷，清康熙五十二年刻本。
（清）吕懋勋修，袁廷俊纂：光绪《蓝田县志》16 卷，清光绪元年刻本。
（清）闵鉴修，吴泰来纂：乾隆《同州府志》60 卷、首 1 卷，清乾隆四十六年刻本。
（清）宁养气纂修：康熙《米脂县志》8 卷，清康熙二十年刻本。
（清）彭瑞麟修，武东旭纂：咸丰《保安县志》8 卷，清咸丰六年刻本。
（清）彭洵纂修：光绪《麟游县新志草》10 卷、首 1 卷，清光绪九年刻本。
（清）平世增、郭履恒修，蒋兆甲纂：乾隆《岐山县志》8 卷，清乾隆四十四年刻本。
（清）乔履信纂修：乾隆《富平县志》8 卷，清乾隆五年刻本。
（清）裘陈佩纂修：康熙《醴泉县志》6 卷、首 1 卷，清康熙三十八年刻本。

（清）饶应祺修，马先登、王守恭纂：光绪《同州府续志》16 卷、首 1 卷，清光绪七年刻本。

（清）尚九迁修，朱可衬纂：顺治《渭南县志》16 卷，清顺治十三年刻本。

（清）沈锡荣修，王锡璋、鱼献珍纂：宣统《长武县志》12 卷，清宣统二年刻本。

（清）沈应俞修，叶超懋纂：乾隆《大荔县志》16 卷、首 1 卷，清乾隆七年刻本。

（清）施劢修，谭麿纂：光绪《临潼县续志》4 卷，清光绪二十一年刻本。

（清）史传远纂修：乾隆《临潼县志》9 卷、图 1 卷，清乾隆四十一年刻本。

（清）舒其绅修，严长明纂：乾隆《西安府志》80 卷、首 1 卷，清乾隆四十四年刻本。

（清）宋世荦修，吴鹏翱、王树棠纂：嘉庆《扶风县志》18 卷、首 1 卷，清嘉庆二十四年刻本。

（清）苏其炤原本，何丙勋增补：道光《增修怀远县志》4 卷，清道光二十二年刻本。

（清）苏其炤纂修：乾隆《怀远县志》3 卷，清乾隆十二年刻本。

（清）孙芳馨修，樊锺秀纂：康熙《延长县志》10 卷、首 1 卷，清康熙五十三年刻本。

（清）谭吉聪纂修：康熙《延绥镇志》6 卷，清康熙十二年刻本。

（清）谭绍裘编：《扶风县乡土志》4 卷，清光绪三十二年编，抄本。

（清）谭瑀纂修：道光《吴堡县志》4 卷、首 1 卷，清道光二十七年刻本。

（清）唐秉刚修，谭一预纂：乾隆《泾阳县后志》4 卷，清乾隆十二年刻本。

（清）唐松森修，丁全斌纂：《陇州乡土志》15 章，清光绪三十二年抄本。

（清）唐咨伯修，杨瑞本纂：康熙《潼关卫志》3 卷，清康熙二十四年刻本。

（清）潼关采访局辑：《潼关乡土志稿》1 卷，清光绪三十四年抄本。

（清）屠楷纂修：雍正《泾阳县志》8 卷，清雍正十年刻本。

（清）万廷树修，洪亮吉纂：乾隆《淳化县志》30 卷，清乾隆四十九年刻本。

（清）汪灏修，钟麟书纂：乾隆《续耀州志》11 卷，清乾隆二十七年刻本。

（清）汪以诚修，史尊纂：乾隆《再续华州志》12 卷，清乾隆五十四年刻本。

（清）汪以诚纂修：乾隆《渭南志》14 卷，清乾隆四十三年刻本。

（清）汪永聪纂修：乾隆《甘泉县志》8 卷，清乾隆三十年抄本。

（清）汪元仕修，何芬纂：康熙《蒲城县续志》4 卷，清康熙五十三年刻本。

（清）王朝爵、王灼修，孙星衍纂：乾隆《直隶邠州志》25 卷，清乾隆四十九年刻本。

（清）王崇礼纂修：乾隆《延长县志》10 卷，清乾隆二十七年刻本，乾隆《延长县志》民国补
　　抄本。

（清）王毅修，王业隆纂：顺治《重修岐山县志》4 卷，清顺治十四年刻本。

（清）王国玮纂修：顺治《汧阳志》，清顺治十年刻本。

（清）王际有纂修：康熙《泾阳县志》8 卷，清康熙九年刻本。

（清）王嘉孝修，李根茂纂：康熙《凤翔县志》10 卷，清康熙三十三年刻本。

（清）王介纂：《泾阳鲁桥镇志》，清道光元年刻本。

（清）王希伊纂修：乾隆《白水县志续稿》2 卷，清乾隆四十四年刻本。

（清）王以诚修，孙景烈纂：乾隆《鄠县新志》6 卷，清乾隆四十二年刻本。

（清）王永命纂修：顺治《白水县志》2 卷，清顺治四年刻本。

（清）王元士修，郝鸿图纂：顺治《绥德州志》8 卷，清顺治十八年刻本。

（清）王兆螯修，王鹏翼纂：康熙《朝邑县后志》8卷，清康熙五十一年刻本。

（清）王志沂纂：道光《陕西志辑要》6卷、首1卷，清道光七年朝坂谢氏赐书堂刻本。

（清）王致云修，朱壎纂：道光《神木县志》8卷附补编1卷，清道光二十一年刻本。

（清）吴炳南修，刘域纂：光绪《三续华州志》12卷，清光绪八年刻本。

（清）吴炳纂修：乾隆《陇州续志》8卷、首1卷、末1卷，清乾隆三十一年刻本。

（清）吴炳纂修：乾隆《宜川县志》8卷、首1卷、末1卷，清乾隆十八年刻本。

（清）吴宸吾等补修，管施增续：雍正《增补汧阳志》，清雍正十年增刻康熙五十七年本。

（清）吴六螯修，胡文铨纂：乾隆《富平县志》8卷，清乾隆四十三年刻本。

（清）吴鸣捷修，谭瑀纂：道光《鄜州志》5卷、首1卷，清道光十三年刻本。

（清）吴命新修，贺廷瑞纂：《定边县乡土志》3卷，清光绪三十二年修，抄本。

（清）吴其琰纂修：乾隆《清涧县续志》8卷，清乾隆十七年刻本。

（清）吴汝为修，刘元泰纂：顺治《重修麟游志》4卷，清顺治十四年刻本。

（清）吴汝为原本，范光曦续修，罗魁续纂：康熙《麟游县志》5卷，清顺治十四年刻，康熙四十七年增刻本。

（清）吴瑛修，王鸿荐纂：雍正《安定县志》，清雍正八年抄本。

（清）吴忠诰修，李继峤纂：乾隆《绥德直隶州志》8卷，清乾隆四十九年刻本。

（清）席奉乾修，孙景烈纂：乾隆《郃阳县全志》4卷，清乾隆四十三年刻本。

（清）向淮修，王森文纂：嘉庆《续修潼关厅志》3卷，清嘉庆二十二年刻本。

（清）萧锺秀编：《郃阳县乡土志》1卷，清光绪三十二年抄本。

（清）谢长清纂修：道光《续修延川县志》5卷、首1卷，清道光十一年刻本。

（清）熊家振修，张埙纂：乾隆《扶风县志》18卷，清乾隆四十四年刻本。

（清）熊兆麟纂修：道光《大荔县志》16卷、首1卷，清道光三十年刻本。

（清）徐观海、戴元燮纂，黄沛增修，宋谦、江廷球增纂：《定边县志》14卷、首1卷，清嘉庆二十五年刻本。

（清）许起凤修，高登科纂：乾隆《宝鸡县志》10卷、首1卷，清乾隆二十九年刻本。

（清）严书麐修，焦联甲纂：光绪《新续渭南县志》12卷，清光绪十八年刻本。

（清）杨江：咸丰《榆林府志辨讹》1卷，清咸丰七年刻本。

（清）杨仪修，王开沃纂：乾隆《重修盩厔县志》14卷，清乾隆五十年刻本。

（清）姚国龄修，米毓璋纂：道光《安定县志》8卷、首1卷，清道光二十一年刻本。

（清）叶子循纂修：顺治《重修郃阳县志》7卷，清顺治十年刻本。

（清）佚名编：《白水县乡土志》，清末抄本。

（清）佚名编：《富平县乡土志》，清末抄本。

（清）佚名编：《甘泉县乡土志》1卷，清光绪年间修，稿本。

（清）佚名编：《鄠县乡土志》3卷，清光绪末年刻本。

（清）佚名编：《葭州乡土志》1卷，抄本。

（清）佚名编：《泾阳县乡土志》3卷，清光绪二十三年稿本。

（清）佚名编：《岐山县乡土志》3卷，清光绪年间稿本。

（清）佚名编：《吴堡县乡土志》1 卷，清光绪年间抄本。

（清）佚名编：《宜川县乡土志》1 卷，清末编，稿本。

（清）佚名编：《中部县乡土志》1 卷，清光绪年间抄本。

（清）佚名编：康熙《靖边县志》，清乾隆年间传抄康熙二十二年本。

（清）佚名纂：《府谷县乡土志》，清光绪年间修，清末稿本。

（清）袁文观纂修：乾隆《同官县志》10 卷，清乾隆三十三年刻本。

（清）岳冠华纂修：雍正《渭南县志》15 卷，清雍正十年刻本。

（清）臧应桐纂修：乾隆《咸阳县志》22 卷、首 1 卷，清乾隆十六年刻本。

（清）张纯儒修，莫琛纂：康熙《长武县志》2 卷，清康熙十六年刻本。

（清）张聪贤修，董曾臣纂：嘉庆《长安县志》36 卷，清嘉庆二十年修清刻本，清嘉庆二十四年刻本。

（清）张奎祥修，李之兰、张德泰纂：乾隆《同州府志》20 卷、首 1 卷，清乾隆六年刻本。

（清）张焜修，赵运熙纂：康熙《永寿县志》7 卷、首 1 卷，清康熙七年刻本。

（清）张娄度修，于开泰纂：雍正《扶风县志》4 卷，清雍正九年刻本。

（清）张如锦纂修：康熙《淳化县志》8 卷，清康熙四十年吏隐堂刻本。

（清）张瑞机编：《韩城县乡土志》1 卷，清光绪年间抄本。

（清）张世英修，巨国桂纂：光绪《武功县续志》2 卷，清光绪十四年刻本。

（清）张树勋修，王森文纂：嘉庆《续武功县志》5 卷，清嘉庆二十一年绿野书院刻本。

（清）张嗣贤修，王政新纂：顺治《保安县志》7 卷，清顺治十八年抄本。

（清）张素修，张执中纂：雍正《郿县志》10 卷、首 1 卷，清雍正十一年刻本。

（清）张象魏纂修：乾隆《三原县志》22 卷、首 1 卷，清乾隆三十一年刻本。

（清）张心镜修，吴泰来纂：乾隆《蒲城县志》15 卷，清乾隆四十七年刻本。

（清）张元际编：《兴平县乡土志》6 卷，清光绪三十三年活字本。

（清）张宗商纂：乾隆《葭州志》，清乾隆三十年修，抄本。

（清）章泰纂修：康熙《鳌屋县志》10 卷，清康熙二十年刻本。

（清）赵于京纂修：康熙《临潼县志》8 卷，清康熙四十年刻本。

（清）郑德枢修，赵奇龄纂：光绪《永寿县重修新志》10 卷、首 1 卷，清光绪十四年刻本。

（清）郑居中、麟书纂修：乾隆《府谷县志》4 卷，清乾隆四十八年刻本。

（清）钟章元修，陈颂第等纂：道光《清涧县志》8 卷、首 5 卷，清道光八年刻本。

（清）周铭旂修，李志复纂：光绪《大荔县续志》12 卷、首 1 卷，清光绪五年修，十一年冯翊书院刻本。

（清）周铭旂纂：《乾州志稿补正》1 卷，清光绪十七年刻本。

（清）周铭旂纂修：光绪《乾州志稿》14 卷、首 1 卷，清光绪十年乾阳书院刻本。

（清）周煊纂修：顺治《宝鸡县志》3 卷，清顺治十四年刻本。

（清）朱奇纂修：康熙《重修凤翔府志》5 卷，清康熙四十九年刻本。

（清）朱廷模、葛德新修，孙星衍纂：乾隆《三水县志》11 卷，清乾隆五十年刻本。

（清）朱续馨编：《朝邑县乡土志》1 卷，清宣统抄本。

（清）邹儒修，王璋纂：乾隆《鳌屋县志》15 卷，清乾隆十四年刻本。

（清）左一芬纂修：《鳌屋县乡土志》15 卷，清末抄本。

《神木县志》编纂委员会：《神木县志》，北京：经济日报出版社，1990 年。

安庆丰修，郭永清纂：《安塞县志》12 卷、首 1 卷，民国三年铅印本。

白水县县志编纂委员会编：《白水县志》，西安：西安地图出版社，1989 年。

宝鸡市渭滨区地方志编纂委员会：《宝鸡市渭滨区志》，西安：陕西人民出版社，1996 年。

宝鸡县志编纂委员会：《宝鸡县志》，西安：陕西人民出版社，1996 年。

陈琯修，赵思明纂：民国《葭县志》2 卷，民国二十二年石印本。

陈禄修，雷葆谦纂：《邰阳县新志材料》1 卷，民国年间铅印本。

陈少先、聂雨润修，张树枃、李泰纂：民国《续修大荔县旧志存稿》12 卷、首 1 卷，民国二十五
　　年铅印本。

澄城县志编纂委员会编：《澄城县志》，西安：陕西人民出版社，1991 年。

大荔县志编纂委员会编：《大荔县志》，西安：陕西人民出版社，1994 年。

冯庚修，郭思锐纂：《续修泾阳县鲁桥镇城乡志》12 卷，民国十二年西安精益印书馆铅印本。

扶风县地方志编纂委员会：《扶风县志》，西安：陕西人民出版社，1993 年。

府谷县志编纂委员会：《府谷县志》，西安：陕西人民出版社，1994 年。

富平县地方志编纂委员会编著：《富平县志》，西安：三秦出版社，1994 年。

富县地方志编纂委员会编纂：《富县志》，西安：陕西人民出版社，1994 年。

高陵县公署编：《高陵县乡土志》，民国初年稿本。

郭涛修，顾耀离纂：民国《重修华县县志稿》17 卷，民国三十八年铅印本。

韩城市志编纂委员会编：《韩城市志》，西安：三秦出版社，1991 年。

郝兆先修，牛兆濂纂：民国《续修蓝田县志》22 卷，民国二十四年修，三十年餐雪铅印本。

户县志编纂委员会编：《户县志》，西安：西安地图出版社，1987 年。

华县地方志编纂委员会编：《华县志》，西安：陕西人民出版社，1992 年。

黄陵县地方志编纂委员会编：《黄陵县志》，西安：西安地图出版社，1995 年。

黄照临纂修：民国《鄜州志续补》1 卷，民国十八年石印本。

嘉靖《宁夏新志》，《中国方志丛书·塞北地方》第 8 号，台北：成文出版社，1968 年。

姜献琛纂修：民国《洛川县志续编》2 卷，抄本。

泾阳县地方志编纂委员会编纂：《泾阳县志》，西安：陕西人民出版社，1987 年。

靖边县地方志编纂委员会：《靖边县志》，西安：陕西人民出版社，1993 年。

蓝田县地方志编纂委员会：《蓝田县志》，西安：陕西人民出版社，1994 年。

刘安国修，吴廷锡、冯光裕纂：（民国）《重修咸阳县志》8 卷，民国二十一年铅印本。

刘必答修，史秉贞等纂：民国《邠县新志稿》20 卷，民国十八年铅印本。

刘福谦主编，蒲城县志编纂委员会编：《蒲城县志》，北京：中国人事出版社，1993 年。

刘济南、张斗山修，曹子正纂、曹思聪续纂：民国《横山县志》4 卷，民国十八年榆林东顺斋石
　　印本。

刘昆玉纂修：民国《广两曲志》二编，民国十年修，十九年铅印本。

罗传甲修，赵鹏超纂：民国《潼关县新志》2 卷，民国二十年铅印本。

洛川县志编纂委员会：《洛川县志》，西安：陕西人民出版社，1994 年。

米登岳修，张崇善、王之彦纂：民国《华阴县续志》8 卷，民国二十一年铅印本。

民国《延川县新志》，民国十六年修，抄本。

聂雨润修，李泰纂：民国《大荔县新志存稿》11 卷、首 1 卷，民国二十六年陕西省印刷局铅印本。

庞文中修，任肇新、路孝愉纂：民国《鳌屋县志》8 卷，民国十四年西安艺林印书社铅印本。

强云程、赵葆真修，吴继祖纂：民国《重修鄠县志》10 卷、首 1 卷，民国二十二年西安酉山书局
　　铅印本。

清涧县志编纂委员会编：《清涧县志》，西安：陕西人民出版社，2001 年。

裘世廉修，贾路云纂：民国《榆林县志》50 卷，民国十八年稿本。

全国公共图书馆古籍文献编委会编：《中国西北稀见方志续集》（1—10 卷），中华全国图书馆文献
　　缩微复制中心，1997 年。

三原县志办：《三原工商行政管理志》，油印本。

三原县志编纂委员会：《三原县志》，西安：陕西人民出版社，2000 年。

陕西省栒邑县行政公署编：民国《栒邑县新志》，民国十七年修，抄本。

绥远通志馆编纂：《绥远通志稿》，呼和浩特：内蒙古人民出版社，2007 年。

田惟均修，白岫云纂：民国《岐山县志》10 卷，民国二十四年西安酉山书局铅印本。

潼关县志编辑委员会：《潼关县志》，西安：陕西人民出版社，1992 年。

王怀斌修，姬新命纂：民国《澄城县续志》15 卷、首 1 卷，民国十五年铅印本。

王怀斌修，赵邦楹纂：民国《澄城县附志》12 卷、首 1 卷，民国十五年铅印本。

王俊让修，王九皋纂：民国《府谷县志》10 卷，民国三十三年石印本。

王廷珪修，张元际、冯光裕纂：（民国）《重修兴平县志》8 卷，民国十二年西安艺林印书局铅
　　印本。

渭南县志编纂委员会编纂：《渭南县志》，西安：三秦出版社，1987 年。

翁柽修，宋联奎纂：民国《咸宁长安两县续志》22 卷，民国二十五年铅印本。

咸阳市秦都区地方志编纂委员会编：《咸阳市秦都区志》，西安：陕西人民出版社，1995 年。

续俭、田屏轩修，范凝续纂：民国《乾县新志》14 卷、首 1 卷，民国三十年铅印本。

薛观骏纂修：民国《宜川续志》10 卷，民国十七年石印本。

延川县志编纂委员会：《延川县志》，西安：陕西人民出版社，1999 年。

延长县地方志编纂委员会：《延长县志》，西安：陕西人民出版社，1991 年。

延长县公署纂：民国《延长县志书》10 卷，民国二年修，稿本。

严建章、高仲谦等修，高照初纂：民国《米脂县志》10 卷，民国三十三年榆林松涛斋铅印本。

杨必栋编：《最近宝鸡乡土志》1 卷，民国二十四年关西四知堂石印本。

杨虎城、邵力子、宋伯鲁，等纂：民国《续修陕西通志稿》224 卷、首 1 卷，民国二十三年铅印
　　本，中国西北文献丛书编辑委员会编：《中国西北文献丛书·西北史地文献》，兰州：兰州古籍
　　书店，1990 年影印版。

杨瑞霆修，霍光绺纂：民国《平民县志》4 卷，民国二十一年铅印本。

杨元焕修，郭超群纂：《安塞县志》12 卷、首 1 卷，民国十四年铅印本。

宜川县地方志编纂委员会：《宜川县志》，西安：陕西人民出版社，2000 年。

宜君县志编纂委员会：《宜君县志》，西安：三秦出版社，1992 年。

佚名编：《保安县乡土志》，民国初年编，抄本。

佚名编：《神木县乡土志》4 卷，稿本。

佚名编：《延长县乡土志》，民国三年编，抄本。

佚名编：《榆林县乡土志》1 卷，民国六年编，抄本。

余正东修，黎锦熙、吴致勋纂：民国《洛川县志》26 卷、首 1 卷、末 1 卷，民国年间泰华印刷厂
　　铅印本。

余正东修，黎锦熙纂：民国《同官县志》30 卷、首 1 卷、末 1 卷，民国三十三年铅印本。

余正东修，吴致勋纂：《黄陵县志》21 卷、首 1 卷，民国三十三年铅印本。

余正东纂修，黎锦熙校订：民国《宜川县志》27 卷、首 1 卷、末 1 卷，民国三十三年铅印本。

榆林市志编纂委员会编：《榆林市志》，西安：三秦出版社，1996 年。

张道芷、胡铭荃修，曹骥观纂：民国《续修礼泉县志稿》14 卷，民国二十四年铅印本。

张立主编，铜川市地方志编纂委员会编：《铜川市志》，西安：陕西师范大学出版社，1997 年。

长安县志编纂委员会编：《长安县志》，西安：陕西人民出版社，1999 年。

赵本荫修，程仲昭纂：民国《韩城县续志》4 卷，民国十四年韩城县德兴石印馆石印本。

周至县志编纂委员会编，王安泉主编：《周至县志》，西安：三秦出版社，1993 年。

4. 文集、笔记及史料丛刊

（明）陈子龙等选辑：《明经世文编》，北京：中华书局，1962 年影印本。

（明）何景明：《何大复集》，清乾隆十五年何辉少刻本。

（清）黄宗羲编：《明文海》，上海：上海古籍出版社，1994 年点校本。

（明）焦竑撰，李剑雄点校：《焦氏笔乘》6 卷，续集 8 卷，上海：上海古籍出版社，1986 年。

（明）刘大夏：《刘忠宣公年谱》，《刘忠宣公集》，（明）俞宪：《盛明百家诗后编》，隆庆五年刻本。

（明）马理：《溪田文集》，清刻本。

（明）瞿九思：《万历武功录》，北京：中华书局，1962 年影印本。

（明）王恕：《王端毅公文集》，清刻本，瑞之堂家藏。

（明）温纯：《温恭毅公文集》，《温氏丛书》，民国二十五年铅印本。

（明）张瀚撰，盛冬铃点校：《松窗梦语》，北京：中华书局，1985 年点校本。

（清）顾骙：《榆塞纪行录》，中国西北文献丛书编辑委员会编：《中国西北文献丛书》，兰州：兰
　　州古籍书店，1990 年影印版。

（清）顾祖禹：《读史方舆纪要》，上海：上海书店出版社，1998 年。

（清）贺长龄、魏源等编：《清经世文编》，北京：中华书局，1992 年。

（清）贺长龄辑：《皇朝经世文补编》，清咸丰元年来鹿堂刻本。

（清）嵇璜等纂：《续文献通考》，清光绪二十六年北洋石印官书局石印本。

（清）蒋廷锡等辑：《古今图书集成》，北京：中华书局；成都：巴蜀书社，1986 年。

（清）李元春选，石泉润辑录：《关中两朝文抄》，道光十二年刻本。

（清）刘光蕡撰：《烟霞草堂文集》，民国四年刻本。

（清）王锡祺辑：《小方壶斋舆地丛钞》，杭州：杭州古籍书店，1985 年影印版。

（清）薛瑄：《文清公薛先生文集》，清刻本。

（清）杨屾：《知本提纲》，清乾隆十二年刻，光绪三十年、民国十二年补版印本。

（清）杨一臣：《农言著实》，光绪刊本。

（清）杨一清：《关中奏议》，《四库全书》本。

（清）臧励和：《陕西乡土地理教科书》，清光绪三十四年陕西学务公所图书馆排印本。

行政院农村复兴委员会编：《陕西省农村调查》，上海：商务印书馆，1934 年。

胡竟良：《中国棉产改进史》，上海：商务印书馆，1945 年。

黎小苏：《陕西之特产（续）》，《陕行汇刊》1943 年第 2 期。

李国桢主编：《陕西棉业》，西安：陕西省农业改进所，1946 年。

刘安国：《陕西交通挈要》，上海：中华书局，1928 年。

迈公：《陕西之特产（二）》，《陕行汇刊》1943 年第 1 期。

陕西省农业改进所农业经济组编：《民国卅年陕西省夏季作物面积最后估计》，《陕西农情》第 1 卷第 2 期。

陕西省农业改进所农业经济组编：《民国卅一年陕西省牲畜估计》，《陕西农情》第 1 卷第 7 期。

陕西实业考察团编辑，陇海铁路管理局主编：《陕西实业考察》，上海：上海汉文正楷印书局，1933 年。

宋联奎编：《关中丛书》，1934 年陕西通志馆铅印本。

中国西北文献丛书编辑委员会编：《中国西北文献丛书》，兰州：兰州古籍书店，1990 年影印版。

〔日〕东亚同文书会编纂：《支那省别全志》第 7 卷《陕西省》，东京：东亚同文书会，1917 年。

二、今人论著

1. 专著

艾冲：《明代陕西四镇长城》，西安：陕西师范大学出版社，1990 年。

丁世良、赵放主编：《中国地方志民俗资料汇编·西北卷》，北京：北京图书馆出版社，1989 年。

樊树志：《明清江南市镇探微》，上海：复旦大学出版社，1990 年。

方行、经君健、魏金玉主编：《中国经济通史》（清代经济卷），北京：经济日报出版社，2000 年。

耿占军：《清代陕西农业地理研究》，西安：西北大学出版社，1997 年。

顾朝林：《中国城镇体系——历史·现状·展望》，北京：商务印书馆，1992 年。

郭敬仪：《旧社会西安东关商业掠影》，中国人民政治协商会议陕西省委员会文史资料研究委员会编：《陕西文史资料》第 16 辑，西安：陕西人民出版社，1984 年。

郭琦、史念海、张岂之主编：《陕西通史》（1—14 卷），西安：陕西师范大学出版社，1997 年。

侯建新主编：《经济—社会史：历史研究的新方向》，北京：商务印书馆，2002 年。

李伯重：《理论、方法、发展趋势：中国经济史研究新探》，北京：清华大学出版社，2002 年。

李刚：《陕西商帮史》，西安：西北大学出版社，1997 年。

李清凌：《西北经济史》，北京：人民出版社，1997年。

李文治编：《中国近代农业史资料》第一辑（1840—1911），北京：生活·读书·新知三联书店，1957年。

梁方仲：《明代粮长制度》，上海：上海人民出版社，2001年。

林永匡、王熹编著：《清代西北民族贸易史》，北京：中央民族学院出版社，1991年。

聂树人编著：《陕西自然地理》，西安：陕西人民出版社，1981年。

秦燕：《清末民初的陕北社会》，西安：陕西人民出版社，2000年。

陕西师范大学地理系《榆林地区地理志》编写组：《陕西省榆林地区地理志》，西安：陕西人民出版社，1987年。

石忆邵：《中国农村集市的理论与实践》，西安：陕西人民出版社，1995年。

史念海：《河山集》（一），北京：生活·读书·新知三联书店，1963年。

史若民、牛白琳编著：《平、祁、太经济社会史料与研究》，太原：山西古籍出版社，2002年。

谭其骧主编：《中国历史地图集》第七、八册，北京：地图出版社，1987年。

唐海彬主编，马拓副主编，王良田、李健超、陈宗兴，等编著：《陕西省经济地理》，北京：新华出版社，1988年。

田培栋：《明清时代陕西社会经济史》，北京：首都师范大学出版社，2000年。

王笛：《跨出封闭的世界——长江上游区域社会研究（1644—1911）》，北京：中华书局，2001年。

王开主编：《陕西古代道路交通史》，北京：人民交通出版社，1989年。

西北大学历史系民族研究室调查整编，马长寿主编：《同治年间陕西回民起义历史调查记录》，西安：陕西人民出版社，1993年。

许涤新、吴承明主编：《中国资本主义发展史》第1卷《中国资本主义的萌芽》，北京：人民出版社，2003年。

许檀：《明清时期山东商品经济的发展》，北京：中国社会科学出版社，1998年。

薛平拴：《陕西历史人口地理》，北京：人民出版社，2001年。

严耕望撰：《唐代交通图考》，台北：商务印书馆，1986年。

严中平：《中国棉纺织史稿》，北京：科学出版社，1955年。

杨念群主编：《空间·记忆·社会转型——"新社会史"研究论文精选集》，上海：上海人民出版社，2001年。

杨绳信编著：《清末陕甘概况》，西安：三秦出版社，1997年。

杨正泰：《明代驿站考》，上海：上海古籍出版社，1994年。

张正明：《晋商兴衰史》，太原：山西古籍出版社，1995年。

赵冈、刘永成、吴慧，等编著：《清代粮食亩产量研究》，北京：中国农业出版社，1995年。

赵俪生主编：《古代西北屯田开发史》，兰州：甘肃文化出版社，1997年。

政协甘肃、陕西、宁夏、青海、新疆五省（区）暨西安市政协文史资料委员会编：《西北近代工业》，兰州：甘肃人民出版社，1989年。

中共中央马克思恩格斯列宁斯大林著作编译局译：《马克思恩格斯全集》，北京：人民出版社，1972年。

中共中央马克思恩格斯列宁斯大林著作编译局编：《马克思恩格斯选集》，北京：人民出版社，
　　1972 年。

中国人民政治协商会议陕西省户县委员会文史资料研究委员会编：《户县文史资料》第 1—7 辑，
　　内部发行，1985—1991 年。

中国人民政治协商会议陕西省西安市委员会文史资料研究委员会编：《西安文史资料》第 1—14
　　辑，内部发行，1981—1990 年。

中国人民政治协商会议西安市碑林区委员会文史资料研究委员会编：《碑林文史资料》第 1—10
　　辑，内部发行，1987—1995 年。

〔法〕费尔南·布罗代尔：《十五至十八世纪的物质文明、经济与资本主义》第 1、2、3 卷，施康
　　强、顾良译，北京：生活·读书·新知三联书店，1993 年。

〔美〕道格拉斯·C. 诺思：《经济史中的结构与变迁》，陈郁、罗华平等译，上海：上海三联书店、
　　上海人民出版社，1994 年。

〔美〕德怀特·希尔德·帕金斯：《中国农业的发展（1368—1968 年）》，宋海文等译，上海：上海
　　译文出版社，1984 年。

〔美〕施坚雅：《中国封建社会晚期城市研究——施坚雅模式》，王旭等译，长春：吉林教育出版社，
　　1991 年。

〔美〕施坚雅：《中国农村的市场和社会结构》，史建云、徐秀丽译，北京：中国社会科学出版社，
　　1998 年。

〔美〕施坚雅主编：《中华帝国晚期的城市》，叶光庭、徐自立、王嗣均，等合译，北京：中华书局，
　　2000 年。

〔日〕寺田隆信：《山西商人研究》，张正明、道丰、孙耀，等译，太原：山西人民出版社，1986
　　年。

2. 论文

艾冲：《余子俊督筑延绥边墙的几个问题》，《陕西师大学报（哲学社会科学版）》1986 年第 1 期。

白振声：《茶马互市及其在民族经济发展史上的地位和作用》，《中央民族学院学报》1982 年第 3
　　期。

曹世雄：《陕北农业经营制度的历史变迁以及对未来农业的设想》，《延安大学学报（社会科学版）》
　　1991 年第 1 期。

常青：《近三百年陕西植棉业述略》，《中国农史》1987 年第 2 期。

钞晓鸿：《明清时期的陕西商人资本》，《中国经济史研究》1996 年第 1 期。

钞晓鸿：《晚清时期陕西移民入迁与土客融合》，《中国社会经济史研究》1998 年第 1 期。

从翰香：《十四世纪后期至十六世纪末华北平原农村经济发展的考察》，《中国经济史研究》1986
　　年第 3 期。

从翰香：《试述明代植棉和棉纺织业的发展》，《中国史研究》1981 年第 1 期。

岱宗：《明清西北城市的市民社会经济生活》，《兰州学刊》1988 年第 1 期。

樊铧：《民国年间北京城庙市与城市市场结构》，《经济地理》2001 年第 1 期。

樊铧：《民国时期陕北高原与渭河谷地过渡地带商业社会初探——陕西同官县的个案研究》，《中国历史地理论丛》2003 年第 1 辑。

方行：《封建社会的自然经济和商品经济》，《中国经济史研究》1988 年第 1 期。

方行：《清代前期农村高利贷资本问题》，《经济研究》1984 年第 4 期。

方行：《清代陕西地区资本主义萌芽兴衰条件的探索》，《经济研究》1979 年第 12 期。

冯风：《明清陕西农书及其农学成就》，《中国农史》1990 年第 4 期。

冯筱才：《中国商会史研究之回顾与反思》，《历史研究》2001 年第 5 期。

高松凡：《历史上北京城市场变迁及其区位研究》，《地理学报》1989 年第 2 期。

侯仁之、袁樾方：《风沙威胁不可怕"榆林三迁"是谣传——从考古发现论证陕北榆林城的起源和地区开发》，《文物》1976 年第 2 期。

侯仁之：《城市历史地理的研究与城市规划》，《地理学报》1979 年第 4 期。

李德民、周世春：《论陕西近代旱荒的影响及成因》，《西北大学学报（哲学社会科学版）》1994 年第 3 期。

李登弟、朱凯：《史籍方志中关于陕西水旱灾情的记述》，《人文杂志》1982 年第 5 期。

李刚、刘向军：《明清陕西棉纺织业发展初探》，《唐都学刊》1999 年第 1 期。

李刚、刘向军：《试论明清陕西的商路建设》，《西北大学学报（哲学社会科学版）》1998 年第 2 期。

李建国：《清代西北地区盐政考议》，《中国边疆史地研究》2007 年第 2 期。

李三谋、李震：《清朝河东盐池的生产方式》，《盐业史研究》2007 年第 4 期。

李三谋、李著鹏：《河东盐运销的组织管理——清代河东盐的贸易问题研究之二》，《盐业史研究》2004 年第 1 期。

李三谋、李著鹏：《河东盐运销政策——清代河东盐的贸易问题研究之一》，《盐业史研究》2003 年第 3 期。

李三谋：《清代食盐贸易中的引岸制度》，《盐业史研究》1992 年第 1 期。

李文治：《论明清时代农民经济商品率》，《中国经济史研究》1993 年第 1 期。

李之勤：《陕西种植棉花的开端》，《人文杂志》1981 年第 2 期。

李之勤：《鸦片战争以后陕西植棉业的重要变化》，《西北历史资料》1980 年第 3 期。

林永匡：《明清时期的茶马贸易》，《青海社会科学》1983 年第 4 期。

林永匡：《乾隆时期河东盐课归丁改革》，《历史档案》1982 年第 3 期。

林永匡：《清初的陕甘与宁夏盐政》，《宁夏社会科学》1984 年第 3 期。

林永匡：《清代的茶马贸易》，《清史论丛》第 3 辑，北京：中华书局，1982 年。

林永匡：《清代嘉道时期的河东盐政》，《晋阳学刊》1982 年第 2 期。

刘建生、王瑞芬：《浅析山西典当业的衰落及原因》，《中国社会经济史研究》2002 年第 3 期。

吕卓民：《陕北地区中心聚落的发展与演变》，《国土开发与整治》1996 年第 1 期。

马正林：《论西安城址选择的地理基础》，《陕西师大学报（哲学社会科学版）》1990 年第 1 期。

潘敏德：《中国近代典当业之研究（1644—1937）》，台湾师范大学历史研究所专刊，1985 年。

全汉昇：《中国庙市之史的考察》，《食货》1934 年第 2 期。

任放：《二十世纪明清市镇经济研究》，《历史研究》2001 年第 5 期。

孙健：《明清时期商业资本的发展及其历史作用》，《人文杂志》1988 年第 2 期。

万江红、涂上飙：《民国会馆的演变及其衰亡原因探析》，《江汉论坛》2001 年第 4 期。

吴承明：《论清代前期我国国内市场》，《历史研究》1983 年第 1 期。

谢丰斋：《从"长途贸易"论到"内部根源"论——西方学者对英国中世纪市场的研究》，《史学理论研究》2002 年第 2 期。

辛德勇：《长安城兴起与发展的交通基础——汉唐长安交通地理研究之四》，《中国历史地理论丛》1989 年第 2 辑。

颜玉怀、樊志民：《〈秦疆治略〉中所见清末陕西农业》，《中国农史》1995 年第 4 期。

杨彩丹：《清末陕西私盐问题研究》，《盐业史研究》2006 年第 3 期。

郑磊：《鸦片种植与饥荒问题——以民国时期关中地区为个案研究》，《中国社会经济史研究》2002 年第 2 期。

志勤：《明代陕西植棉业的发展》，《西北历史资料》1980 年第 2 期。

志勤：《清代前期陕西植棉业的发展》，《西北历史资料》1980 年第 1 期。

竺可桢：《中国近五千年来气候变迁的初步研究》，《考古学报》1972 年第 1 期。

〔日〕薄井由：《清末以来会馆的地理分布——以东亚同文书院调查资料为依据》，《中国历史地理论丛》2003 年第 3 辑。

〔日〕加藤繁：《清代村镇的定期市》，《东方学报》1934 年第 2 期，王兴瑞译：《食货》1937 年第 5 卷第 1 期。

〔日〕寺田隆信：《明代的陕西商人》，《陕西历史学会会刊》1980 年第 2 期。

后　记

我生长在东北，父母是 20 世纪五十年代开发北大荒时去的黑龙江。那时间东北人口少，土地肥沃，三年自然灾害也没有内地受灾程度深。东北大平原，交通四达，五十年代的东部地区，火车已经能够直通村镇一级单位，名曰"乘降所"。因此，即便像父母那样的江苏人，进关内回老家，似乎交通也不是大问题。1990 年秋，笔者负笈远游大西北，去西安读研究生。第一次来到黄土高原，深深感觉到交通的不便，深处黄土高原中心的陕西省只有两条铁路，一是陇海铁路西兰线，一是宝成铁路，西安以北几乎不通火车。西安到延安的西延铁路1973 年才开始规划，迟至 1991 年才完成铺轨。经榆林至神木的神延铁路更晚至 1998 年才正式开工，2001 年 4 月全线铺通，2002 年 2 月 8 日首部列车运营。"要想富，先修路"，可对于黄土高原来讲，虽不至于像"蜀道之难，难于上青天"，但这里的沟、峁、塬、梁，当真也是七曲八折，没有"鬼斧神工"，那时修个铁路也着实不是容易的事情。

从西安至榆林的大道是明代最终完成的。明置九边，陕北设榆林镇，自西安府至榆林，为保证边镇粮饷供应以及信息传递，政府倾注人力、物力，修理并维护这条贯通陕西南北的驿路，其间，自北而南共设驿站 14 处。当时西安府的税收主要作为民运粮运往陕北，以充军饷。尽管当时政府多方修筑，维护费用不低，但仍成为农民不能承受的负担。农民送粮，以骡马为运输工具，还要自备干粮，来回一趟走下来需要月余。自备干粮已不少，所载粮食有限，一趟下来运不了多少，自身费用所耗无数，农民苦不堪言。到了清代，没有了这种输边任务，索性不再用这条路，能绕道得就绕道，能走黄河水路得就走水路，去榆林有时从山西过去，干脆沿黄州县渡黄河走东西向道路。到民国时，农村调查人员看到的西安至榆林的南北大道也就只余"旧时官道"了，行者寥寥。交通不达，想富也难，所以，黄土高原一直给我们"穷山恶水"的感觉，经济落后，农村贫困。

黄土高原的环境变迁，史念海先生致力很多，研究成果已成为学术精品，也为一方环境保护提供了难得的历史借鉴。而黄土高原环境扰动所带来的社会变迁也较诸其他区域显著许多。例如，明代榆林镇的设置与周边开发，直接奠定了今天陕西行政区划、交通网络的基本格局。民国十八年的"大年馑"，是陕西泾惠渠工程修筑的直接动力，也是陕西自 1840 年以来彻底断绝罂粟种植的外在动力。1932 年的霍乱，成为陕西近代卫生观念变革与卫生组织机构建设的催化剂。明清时期陕西民众常食土盐，由土盐与官盐行销所带来的摩擦，直接促成"凤课"的产生。这些独具地方特色的制度与习俗，皆是这片土地滋生出来的，也成为黄土高原自身经济、社会发展的内在特征与外在动力。历史时期每一次大的社会变动都会给这片土地留下不可磨灭的印痕，就像烙印在这片土地上的深深的沟壑与破碎的塬面一般。

2007 年笔者的博士论文《明清陕西商业地理研究》有幸入选"全国百篇优秀博士论文"，在此深深感谢学界前辈对我论文的肯定。次年笔者以"近五百年黄土高原环境的扰动与社会变迁"为题，申请了项目资助。当时刚刚完成博士论文不久，感觉论文的有些部分还需延展。从比较长的历史时段来观察，方能看出黄土高原上所发生的一件一件历史事件对后世的影响，于是设计成以专题的形式再延伸下去。但随后工作纷纭，项目不断，很多想法并未完全实现，目前呈现的这几个专题实在挂一漏万，敬请方家教正！第五编由笔者的博士生杨蕊执笔，笔者最终修改完成，也是杨蕊博士论文的一部分，在此特做说明。

本书得以顺利付梓，要感谢科学出版社编辑，她们为本书的出版颇费苦心，从编校到装帧，再到地图的修改送审，一个个环节无不用心设计，且处处为作者着想。没有她们的努力，就不会有这样精美的小书呈现给大家。

作　者

己亥年杏月于台北"中央研究院"近代史研究所 1613 室